普通高等教育"十一五"国家级规划教材
高等职业技术教育机电类专业系列教材
普通高等专科教育机电类系列教材
机械工业出版社精品教材

电气控制与PLC应用

第5版

主　编　许　翏　赵建光
副主编　王淑英　谢青海
参　编　薛建芳

机械工业出版社

本书是普通高等教育"十一五"国家级规划教材，也是高等职业技术教育机电类专业系列教材。

本书以电气控制与可编程序控制器控制为主线，以工厂电气控制设备电气控制为核心，阐述了电气控制与可编程序控制器的内在联系，前后承接，相互呼应，前者突出了控制原理和逻辑控制思路，后者突出了程序设计和应用系统设计。

本次修订本着"抓住典型、突出重点、重在应用、不断更新"的原则进行，体现了"以理论教学为基础、以能力培养为核心、以实践教学为主线"的教学新思路，强调了理论与实践的结合。书中主要内容有常用低压电器，电气控制电路基本环节，典型设备电气控制电路分析，电气控制系统设计，PLC 的基本知识，S7-200 系列 PLC 的基本指令、功能指令，PLC 程序设计方法，PLC 应用系统的设计及网络通信，PLC 在逻辑控制系统中的应用实例等。

本书可作为高职高专、成人教育电气自动化技术、机电一体化技术等机电类专业的教材，也可供电气工程人员自学参考。

为方便教学，本书配有免费电子课件、习题答案、模拟试卷及答案，供教师参考。凡选用本书作为授课教材的教师，均可来电（010-88379375）索取，或登录机械工业出版社教育服务网（www. cmpedu. com）网站，注册、免费下载。

图书在版编目（CIP）数据

电气控制与 PLC 应用/许翏，赵建光主编. —5 版. —北京：机械工业出版社，2019.6（2023.9 重印）

普通高等教育"十一五"国家级规划教材　高等职业技术教育机电类专业系列教材

ISBN 978-7-111-62592-6

Ⅰ.①电…　Ⅱ.①许…②赵…　Ⅲ.①电气控制-高等学校-教材②PLC 技术-高等学校-教材　Ⅳ.①TM571.2②TM571.6

中国版本图书馆 CIP 数据核字（2019）第 078538 号

机械工业出版社（北京市百万庄大街 22 号　邮政编码 100037）
策划编辑：于　宁　责任编辑：于　宁　冯睿娟
责任校对：张　薇　封面设计：马精明
责任印制：任维东
北京中科印刷有限公司印刷
2023 年 9 月第 5 版第 8 次印刷
184mm×260mm · 17.75 印张 · 435 千字
标准书号：ISBN 978-7-111-62592-6
定价：43.00 元

电话服务	网络服务
客服电话：010-88361066	机 工 官 网：www.cmpbook.com
010-88379833	机 工 官 博：weibo.com/cmp1952
010-68326294	金 书 网：www.golden-book.com
封底无防伪标均为盗版	机工教育服务网：www.cmpedu.com

第5版前言

电气控制与 PLC 应用是高职高专电气类、机电类专业中一门应用型的专业课。随着自动化技术的发展，PLC 逐渐替代复杂的电器及接线而成为控制设备的核心。为此，在教学中削弱电气控制中复杂的电路分析，加强 PLC 的程序设计实为生产实际之所需。本书是对《电气控制与 PLC 应用》第 4 版的修订。

本次修订本着"抓住典型、突出重点、重在应用、不断更新"的原则进行，体现了"以理论教学为基础、以能力培养为核心、以实践教学为主线"的教学新思路，强调理论与实践的结合。在电气控制中突出了典型控制环节，重在典型设备电气控制电路的分析与理解，用以解决生产实际中电气控制的问题，将 X62W 型卧式铣床更新为 XA6132 型卧式铣床。在 PLC 应用中删除了 FX_2 系列 PLC 的内容，保留了 S7-200 系列 PLC 内容，为突出 PLC 实用性，增添了功能指令的内容和例题，突出了 PLC 程序设计的方法。在实践教学上安排了多个工程实例作为基本技能和综合技能的训练。使本书更具有实用性、先进性，提高了学生能力的培养。

本书内容分为两部分，共 9 章：前 4 章阐述了常用低压电器，电气控制电路的基本环节，典型生产机械（车、钻、镗、铣、起重机）电气控制电路分析和电气控制系统设计等基本教学内容；后 5 章为 PLC 应用内容，选择了具有代表性的西门子 S7-200 系列 PLC 产品，详述了 PLC 工作原理、程序设计方法、PLC 应用系统设计等内容，以提高学生应用 PLC 进行电气线路设计和控制软件编写的能力。

本书在教学使用过程中，可根据不同专业要求、课时多少进行删减，有些内容和实例可安排在电气实训、课程设计、毕业设计中进行。由于本书前后两部分既相互联系，又相互独立，可供分别开设"电器控制技术"与"PLC 应用技术"课程的院校选用。

本书由河北机电职业技术学院许翠、赵建光任主编，王淑英、谢青海任副主编，薛建芳参编。其中，第 1 章由薛建芳编写；第 2、3 章由许翠编写；第 4、5、6 章由赵建光编写；第 7、8 章由谢青海编写；第 9 章、附录由王淑英编写；由许翠、王淑英进行统稿。

由于编者水平有限，书中错误与不足在所难免，恳请广大读者批评指正。

编　者

目　录

绪 论

一、本课程的性质和任务

本课程是一门实用性很强的专业课，主要内容是以电动机或其他执行电器为控制对象，介绍继电接触器控制系统和 PLC 控制系统的工作原理、典型机械的电气控制电路以及电气控制系统的设计方法。现在 PLC 控制系统应用越来越普遍，已成为实现工业自动化的重要手段之一。所以本课程的重点是可编程序控制器，但这并不意味着继电接触器控制系统就不重要了。首先，继电接触器控制在小型电气控制系统中还普遍使用，而且它是组成电气控制系统的基础；其次，尽管可编程序控制器取代了继电器，但它所取代的主要是逻辑控制部分，而电气控制系统中的信号采集和驱动输出部分仍要由电气元器件及控制电路来完成。所以对继电接触器控制系统的学习仍是非常必要的。本课程的目的是让学生掌握非常实用的工业控制技术以及培养他们的实际应用和动手能力。

本课程的基本任务是：

1. 熟悉常用控制电器的结构原理、用途及型号，达到正确使用和选用的目的。

2. 熟练掌握电气控制电路的基本环节，具备阅读和分析电气控制电路的能力，能设计简单的电气控制电路。

3. 熟悉 PLC 的基本工作原理及应用发展概况。

4. 熟练掌握 PLC 的基本指令系统和典型电路的编程，掌握 PLC 的程序设计方法，能够根据生产过程要求进行系统设计，编制应用程序。

5. 了解 PLC 的网络和通信原理。

二、电气控制技术的发展概况

随着科学技术的不断发展，生产工艺不断提出新的要求，电气控制技术经历了从手动控制到自动控制，从简单的控制设备到复杂的控制系统，从有触点的硬接线控制系统到以计算机为中心的存储控制系统的转变。新的控制理论和新型电器及电子器件的出现，推动了电气控制技术不断发展。作为生产机械动力的电机拖动，初期的拖动方式为一台电动机拖动多台设备，或使一台机床的多个动作由一台电动机拖动，称为集中拖动。后随着生产机械功能增多和自动化程度的提高发展成为单独拖动，即一台设备由一台电动机单独拖动。为进一步简化机械传动机构，更好地满足设备各部分对机械特性的不同要求，又采用了多台电动机拖动，即设备的各运动部件分别采用不同的电动机拖动。

在电力拖动方式的演变过程中，电力拖动的控制方式由手动控制向自动控制发展。最初的自动控制系统是由接触器、继电器、按钮、行程开关等组成的继电接触器控制系统。这种控制具有使用的单一性，即一台控制装置仅针对某一种固定程序的设备而设计，一旦程序变动，就得重新配线。而且这种控制的输入、输出信号只有通和断两种状态，因而这种控制是断续的，不能连续反映信号的变化，故称为断续控制。这种系统具有结构简单、价格低廉、维护容易、抗干扰能力强的优点，至今仍是机床和其他许多机械设备广泛使用的基本电气控制方式，也是学习先进电气控制的基础。这种控制系统的缺点是采用固定的接线方式，灵活性差，工作频率低，触点易损坏，可靠性差。

为了使控制系统获得更好的静态和动态特性，采用了反馈控制系统，它是由连续控制元件组成，它不仅能反映信号的通或断，而且能反映信号的大小和变化，称为连续控制系统。用作连续控制的元件，以前采用的是电机扩大机和磁放大器，随着半导体器件和晶闸管的发展，采用了晶闸管作为控制元件的控制系统。

20世纪60年代出现了一种能够根据生产需要，方便地改变控制程序的顺序控制器。它是通过组合逻辑元件的插接或编程来实现继电接触器控制电路的装置，能满足程序经常改变的控制要求，使控制系统具有较大的灵活性和通用性，但仍采用硬件手段且装置体积大，功能也受到一定限制。对于复杂的控制系统则采用计算机控制，但掌握难度较大。70年代出现了用软件手段来实现各种控制功能，以微处理器为核心的新型工业控制器——可编程序控制器，它把计算机的完备功能、灵活性、通用性等优点和继电接触器控制系统的操作方便、价格低、简单易懂等优点结合起来，是一种适应工业环境需要的通用控制装置，并独具风格地采用以继电器梯形图为基础的形象编程语言和模块化的软件结构，使编程方法和程序输入方法简化，且使不熟悉计算机的人员也能很快掌握其使用技术。现在PLC已作为一种标准化通用设备普遍应用于工业控制，由最初的逻辑控制为主发展到能进行模拟量控制，具有数字运算、数据处理和通信联网等功能，PLC已成为电气自动化控制系统中应用最为广泛的控制装置。

在机械加工业方面，1952年美国研制成第一台三坐标数控铣床，它综合应用了当时计算机、自动控制、伺服驱动、精密检测与新型机床结构等多方面的最新技术成就，成为一种新型的通用性很强的高效自动化机床，标志着机械制造技术进入了一个新阶段。随着微电子技术的发展，由小型或微型计算机再加上通用或专用大规模集成电路组成计算机数控装置（CNC）性能更加完善，几乎所有的机床品种都实现了数控化，出现了具有自动更换刀具功能的数控加工中心机床（MC），工件在一次装夹后可以完成多种工序的加工。

自20世纪70年代以来，电气控制相继出现了直接数字控制系统（DDC）、柔性制造系统（FMS）、计算机集成制造系统（CIMS）、智能机器人、综合运用计算机辅助设计（CAD）、计算机辅助制造（CAM）、集散控制系统（DCS）及现场总线控制系统等高技术，形成了从产品设计及制造和生产管理的智能化生产的完整系统，将自动化生产技术推进到更高的水平。

由上可知，电气控制技术的发展是伴随着社会生产规模的扩大、生产水平的提高而前进的。电气控制技术的进步又促进了社会生产力的提高。随着微电子技术、电力电子技术、检测传感技术及机械制造技术的发展，21世纪电气控制技术必将给人类带来更加繁荣的明天。

第1章

常用低压电器

按国家标准 GB 14048.1—2012 对低压电器的定义，低压电器是指工作在交流 1200V、直流 1500V 及以下的电路中，以实现对电路或非电对象的控制、检测、保护、变换、调节等作用的电器。利用电磁原理构成的低压电器，称为电磁式低压电器；利用集成电路或电子元器件构成的低压电器，称为电子式低压电器；利用现代控制原理构成的低压电器，称为自动化电器、智能化电器或可通信电器等。

1.1 低压电器基本知识

1.1.1 低压电器的分类

低压电器种类繁多，功能多样，用途广泛，结构各异，工作原理也各不相同，按用途可分为以下几类：

1. 低压配电电器

用于供、配电系统中进行电能输送和分配的电器。如刀开关、低压断路器和熔断器等。对这类电器要求分断能力强，限流效果好，动稳定及热稳定性能好。

2. 低压控制电器

用于各种控制电路和控制系统中的电器。如转换开关、按钮、接触器、继电器、电磁阀、热继电器、熔断器和各种控制器等。对这类电器要求有一定的通断能力，操作频率高，电气和机械寿命长。

3. 低压主令电器

用于发送控制指令的电器。如按钮、主令开关、行程开关、主令控制器和转换开关等。对这类电器要求操作频率高，电气和机械寿命长，抗冲击等。

4. 低压保护电器

用于对电路及用电设备进行保护的电器。如熔断器、热继电器、电压继电器和电流继电器等。对这类电器要求可靠性高，反应灵敏，具有一定的通断能力。

5. 低压执行电器

用于完成某种动作或传送某种功能的电器。如电磁铁、电磁离合器等。

上述电器还可按使用场合分为一般工业用电器、特殊工矿用电器、航空用电器、船舶用电器、建筑用电器和农用电器等；按操作方式分为手动电器和自动电器；按工作原理分为电磁式电器、非电量控制电器等，其中电磁式低压电器是传统低压电器中应用最广泛，结构最典型的一种。

低压电器产品型号类组代号见附录 A 低压电器产品的型号编制方法。我国编制的低压电器产品型号适用于 12 大类产品：刀开关和转换开关、熔断器、断路器、控制器、接触器、起动器、控制继电器、主令电器、电阻器、变阻器、调整器和电磁铁等。并用字母 H、R、D、K、C、Q、J、L、Z、B、T、M 和 A 分别表示这 12 大类和其他电器产品。

1.1.2　电磁式低压电器的基本结构

从结构上看，电器一般都具有两个基本组成部分，即感受部分与执行部分。感受部分接受外界输入的信号，并通过转换、放大与判断做出规律的反应，使执行部分动作，输出相应的指令，实现控制的目的。对于有触头的电磁式电器，感受部分是电磁机构，执行部分是触头系统。

1. 电磁机构

（1）电磁机构的结构形式　电磁机构由吸引线圈、铁心和衔铁组成。吸引线圈通以一定的电压和电流产生磁场及吸力，并通过气隙转换成机械能，从而带动衔铁运动使触头动作，完成触头的断开和闭合，实现电路的分断和接通。图 1-1 是几种常用电磁机构的结构形式，根据衔铁相对铁心的运动方式，电磁机构有直动式与拍合式，拍合式又有衔铁沿棱角转动和衔铁沿轴转动两种。

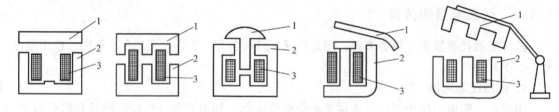

a) 直动式电磁机构　　　　　　　　　　　　　　　b) 拍合式电磁机构

图 1-1　电磁机构
1—衔铁　2—铁心　3—吸引线圈

吸引线圈用以将电能转换为磁能，按吸引线圈通入电流性质不同，电磁机构分为直流电磁机构和交流电磁机构，其线圈称为直流电磁线圈和交流电磁线圈。直流电磁线圈一般做成无骨架、高而薄的瘦高型，线圈与铁心直接接触，易于线圈散热；交流电磁线圈由于铁心存在磁滞和涡流损耗，造成铁心发热，为此铁心与衔铁用硅钢片叠制而成，且为改善线圈和铁心的散热，线圈设有骨架，使铁心和线圈隔开，并将线圈做成短而厚的矮胖型。另外，根据线圈在电路中的连接方式，又有串联线圈和并联线圈。串联线圈采用粗导线、匝数少，其又称为电流线圈；并联线圈匝数多，线径较细，又称为电压线圈。

（2）电磁机构工作原理　当吸引线圈通入电流后，产生磁场，磁通经铁心、衔铁和工作气隙形成闭合回路，产生电磁吸力，将衔铁吸向铁心。与此同时，衔铁还受到反作用弹簧的拉力，只有当电磁吸力大于弹簧反力时，衔铁才可靠地被铁心吸住。而当吸引线圈断电时，电磁吸力消失，在弹簧作用下，衔铁与铁心脱离，即衔铁释放。电磁机构的工作特性常用吸力特性和反力特性来表述。

当电磁机构吸引线圈通电后，铁心吸引衔铁吸合的力与气隙的关系曲线称为吸力特性。电磁机构使衔铁释放（复位）的力与气隙的关系曲线称为反力特性。

1）反力特性。电磁机构使衔铁释放的力大多是利用弹簧的反力，由于弹簧的反力与其机械变形的位移量 x 成正比，其反力特性可写成

$$F = Kx \qquad (1-1)$$

电磁机构的反力特性如图1-2a所示。其中 δ_1 为电磁机构气隙的初始值；δ_2 为动、静触头开始接触时的气隙长度。考虑到常开触头闭合时超行程机构的弹力作用，反力特性在 δ_2 处有一突变。

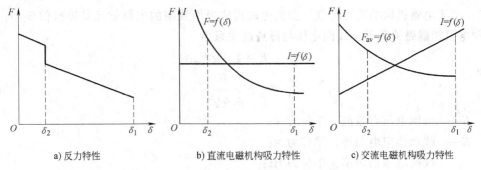

a) 反力特性　　　　b) 直流电磁机构吸力特性　　　　c) 交流电磁机构吸力特性

图1-2　电磁机构反力特性与吸力特性

2）直流电磁机构的吸力特性。电磁机构的吸力与很多因素有关，当铁心与衔铁端面互相平行，且气隙较小时，吸力可按下式求得：

$$F = 4B^2 S \times 10^5 \qquad (1-2)$$

式中　F——电磁机构衔铁所受的吸力，单位为N；

　　　B——气隙的磁感应强度，单位为T；

　　　S——吸力处端面积，单位为 m^2。

当端面积 S 为常数时，吸力 F 与 B^2 成正比，也可以认为 F 与磁通 Φ^2 成正比，与端面积 S 成反比，即

$$F \propto \frac{\Phi^2}{S} \qquad (1-3)$$

电磁机构的吸力特性是指电磁吸力与气隙的相互关系。

直流电磁机构当直流励磁电流稳定时，直流磁路对直流电路无影响，所以励磁电流不受磁路气隙的影响，即其磁通势 IN 不受磁路气隙的影响，根据磁路欧姆定律

$$\Phi = \frac{IN}{R_m} = \frac{IN}{\dfrac{\delta}{\mu_0 S}} = \frac{IN\mu_0 S}{\delta} \qquad (1-4)$$

而电磁吸力 $F \propto \dfrac{\Phi^2}{S}$，则

$$F \propto \Phi^2 \propto \left(\frac{1}{\delta}\right)^2 \qquad (1-5)$$

即直流电磁机构的吸力 F 与气隙 δ 的平方成反比。其吸力特性如图1-2b所示。由此看出，衔铁吸合前后吸力变化很大，气隙越小，吸力越大。但衔铁吸合前后吸引线圈励磁电流不变，故直流电磁机构适用于动作频繁的场合，且衔铁吸合后电磁吸力大，工作可靠。但当

直流电磁机构吸引线圈断电时，由于电磁感应，将会在吸引线圈中产生很大的反电动势，其值可达线圈额定电压的十多倍，将使线圈因过电压而损坏，为此，常在吸引线圈两端并联一个放电回路，该回路由放电电阻与一个硅二极管组成，正常励磁时，因二极管处于截止状态，放电回路不起作用，而当吸引线圈断电时，放电回路导通，将原先储存在线圈中的磁场能量释放出来消耗在电阻上，不致产生过电压。一般，放电电阻阻值取线圈直流电阻的 6~8 倍。

3）交流电磁机构的吸力特性。交流电磁机构吸引线圈的电阻远比其感抗值要小，在忽略线圈电阻和漏磁情况下，线圈电压与磁通的关系为

$$U \approx E = 4.44 f \Phi_{\mathrm{m}} N \tag{1-6}$$

$$\Phi_{\mathrm{m}} = \frac{U}{4.44 f N} \tag{1-7}$$

式中　　U——线圈电压有效值，单位为 V；

$\quad\quad E$——线圈感应电动势，单位为 V；

$\quad\quad f$——线圈电压的频率，单位为 Hz；

$\quad\quad N$——线圈匝数；

$\quad\quad \Phi_{\mathrm{m}}$——气隙磁通最大值，单位为 Wb。

当外加电源电压 U、频率 f 和线圈匝数 N 为常数时，则气隙磁通 Φ_{m} 亦为常数，且电磁吸力 F 的平均值 F_{av} 为常数。这是由于交流励磁时，电压、磁通都随时间做正弦规律变化，电磁吸力也做周期性变化，现分析如下：

令气隙中磁感应强度按正弦规律变化

$$B(t) = B_{\mathrm{m}} \sin\omega t \tag{1-8}$$

交流电磁机构电磁吸力的瞬时值

$$
\begin{aligned}
F(t) &= 4B^2(t)S \times 10^5 \\
&= 4B_{\mathrm{m}}^2 S \times 10^5 \sin^2\omega t \\
&= 2 \times 10^5 B_{\mathrm{m}}^2 S (1 - \cos 2\omega t) \\
&= 4B^2 S (1 - \cos 2\omega t) \times 10^5 \\
&= 4B^2 S \times 10^5 - 4B^2 S \times 10^5 \cos 2\omega t \\
&= F_- - F_\sim
\end{aligned}
\tag{1-9}
$$

式中，$B = B_{\mathrm{m}}/\sqrt{2}$ 为正弦量 $B(t)$ 的有效值。若 $t=0$，则 $\cos 2\omega t = 1$，于是 $F(t) = 0$ 为最小值；若 $t = T/4$，则 $\cos 2\omega t = -1$，于是 $F(t) = 8B^2 S \times 10^5 = F_{\mathrm{m}}$ 为最大值，在一周期内的平均值为

$$F_{\mathrm{av}} = \frac{1}{T}\int_0^T F(t)\,\mathrm{d}t = 4 \times 10^5 B^2 S \left[\frac{1}{T}\int_0^T (1 - \cos 2\omega t)\,\mathrm{d}t\right] = 4B^2 S \times 10^5 \tag{1-10}$$

由式（1-10）可知，磁感应强度 $B(t)$ 虽按正弦规律变化，但其交流电磁吸力却是脉动的，且方向不变，并由两部分组成：一部分为平均吸力 F_{av}，其值为瞬时吸力最大值的一半，即 $F_{\mathrm{av}} = 4B^2 S \times 10^5$；另一部分为以两倍电源频率变化的交流分量 $F_\sim = 4B^2 S \times 10^5 \cos 2\omega t$。所以交流电磁机构电磁吸力随时间变化如图 1-3 所示。其吸力在 0 和最大值 $F_{\mathrm{m}} = 8B^2 S \times 10^5$ 的范围内以两倍电源频率变化。

由以上分析可知，交流电磁机构具有以下特点：

① $F(t)$ 是脉动的,在 50Hz 的工频下,1s 内有 100 次过零点,因而引起衔铁的振动,产生机械噪声和机械损坏,应加以克服。

② 因 $U \approx 4.44fN\Phi_m$,当 U 一定时,Φ_m 也一定。不管有无气隙,Φ_m 基本不变。所以,交流电磁机构电磁吸力平均值基本不变,即平均吸力与气隙 δ 的大小无关。实际上,考虑到漏磁通的影响,吸力 F_{av} 随气隙 δ 的减少而略有增加,其吸力特性如图 1-2c 所示。

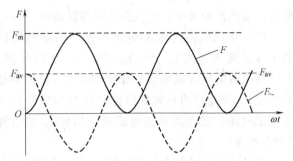

图 1-3　交流电磁机构电磁吸力随时间变化情况

③ 交流电磁机构在衔铁未吸合时,磁路中因气隙磁阻较大,维持同样的磁通 Φ_m,所需的励磁电流即线圈电流,比吸合后无气隙时所需的电流大得多。对于 U 形交流电磁机构的励磁电流在线圈已通电,但衔铁尚未动作时的电流为衔铁吸合后的额定电流的 5~6 倍;对于 E 形电磁机构则高达 10~15 倍。所以,交流电磁机构的线圈通电后,衔铁因卡住而不能吸合,或交流电磁机构频繁工作,都将因线圈励磁电流过大而烧坏线圈。

为此,交流电磁机构不适用于可靠性要求高与频繁操作的场合。

④ 剩磁的吸力特性。由于铁磁物质存有剩磁,它使电磁机构的励磁线圈断电后仍有一定的剩磁吸力存在,剩磁吸力随气隙 δ 增大而减小。剩磁的吸力特性如图 1-4 曲线 4 所示。

⑤ 吸力特性与反力特性的配合。电磁机构欲使衔铁吸合,应在整个吸合过程中,吸力都必须始终大于反力,但也不宜过大,否则会影响电器的机械寿命。这就要求吸力特性在反力特性的上方且尽可能靠近。在释放衔铁时,其反力特性必须大于剩磁吸力特性,这样才能保证衔铁的可靠释放。这就要求电磁机构的反力特性必须介于电磁吸力特性和剩磁吸力特性之间,如图 1-4 所示。

⑥ 交流电磁机构短路环的作用。交流电磁机构电磁吸力由式 (1-9) 可知,它是一个周期函数,该周期函数由直流分量和 2ω 频率的正弦分量组成。虽然交流电磁机构中的磁感应强度是正、负交变的,但电磁吸力总是正的,它最大值为 $2F_{av}$ 和最小值为零的范围内脉动变化。因此在每一个周期内,必然有某一段时刻吸力小于反力,这时衔铁释放,而当吸力大于反力时,衔铁又被吸合。这样,在 $f=50$Hz 时,电磁机构就出现了频率为 $2f$ 的持续抖动和撞击,发出噪声,并容易损坏铁心。

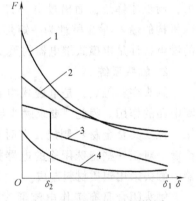

图 1-4　电磁机构吸力特性与
反力特性的配合

1—直流吸力特性　2—交流吸力特性
3—反力特性　4—剩磁吸力特性

为了避免衔铁振动,通常在铁心端面开一小槽,在槽内嵌入铜质短路环,如图 1-5 所示。短路环把端面 S 分成两部分,即环内部分 S_1 与环外部分 S_2,短路环仅包围了磁路磁通 Φ 的一部分。这样,铁心端面处就有两个不同相位的磁通 Φ_1 和 Φ_2,它们分别产生电磁吸力 F_1 和 F_2,而且这两个吸力之间也存在一定的相位差。这样,虽然这两部分电磁吸力各自都有到达零值的时候,但到零值的时刻已错开,二者的合力就大于零,只要总吸力始终大于反力，衔铁便被吸牢，也就能消除衔铁的振动。

（3）电磁机构的输入-输出特性　电磁机构的吸引线圈加上电压（或通入电流），产生电磁吸力，从而使衔铁吸合。因此，也可将线圈电压（或电流）作为输入量 x，而将衔铁的位置作为输出量 y，则电磁机构衔铁位置（吸合与释放）与吸引线圈的电压（或电流）的关系称为电磁机构的输入-输出特性，通常称为"继电特性"。

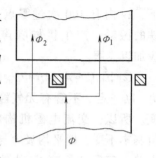

若将衔铁处于吸合位置记作 $y=1$，释放位置记作 $y=0$。由以上分析可知，当吸力特性处于反力特性上方时，衔铁被吸合；当吸力特性处于反力特性下方时，衔铁被释放。若使吸力特性处于反力特性上方的最小输入量用 x_0 表示，称为电磁机构的动作值；使吸力特性处于反力特性下方的最大输入量用 x_r 表示，称为电磁机构的复归值。

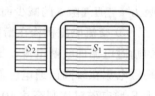

图 1-5　交流电磁
机构短路环

电磁机构的输入-输出特性或继电特性如图 1-6 所示，当输入量 $x<x_0$ 时衔铁不动作，其输出量 $y=0$；当 $x=x_0$ 时，衔铁吸合，输出量 y 从"0"跃变为"1"；再进一步增大输入量使 $x>x_0$，输出量仍为 $y=1$。当输入量 x 从 x_0 减小的时候，在 $x>x_r$ 的过程中，虽然吸力减小，但因衔铁吸合状态下的吸力仍比反力大，衔铁不会释放，其输出量 $y=1$。当 $x=x_r$ 时，因吸力小于反力，衔铁才释放，输出量由"1"变为"0"；再减小输入量，输出量仍为"0"。所以，电磁机构的输入-输出特性为一矩形曲线。动作值与复归值均为继电器的动作参数，电磁机构的继电特性是电磁式继电器的重要特性。

2. 触头系统

触头亦称触点，是电磁式电器的执行部分，起接通和分断电路的作用。因此，要求触头导电导热性能好，通常用铜、银、镍及其合金材料制成，有时也在铜触头表面电镀锡、银或镍。对于一些特殊用途的电器如微型继电器和小容量的电器，触头采用银质材料制成。

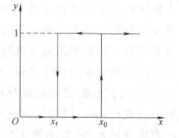

图 1-6　电磁机构的继电特性

触头闭合且有工作电流通过时的状态称为电接触状态，电接触状态时触头之间的电阻称为接触电阻，其大小直接影响电路工作情况。若接触电阻较大，电流流过触头时造成较大的电压降，这对弱电控制系统影响较严重。同时电流流过触头时电阻损耗大，将使触头发热导致温度升高，严重时可使触头熔焊，这样既影响工作的可靠性，又降低了触头的寿命。触头接触电阻大小主要与触头的接触形式、接触压力、触头材料及触头表面状况等有关。

（1）触头的接触形式　触头的接触形式有点接触、线接触和面接触三种，如图 1-7 所示。

点接触由两个半球形触头或一个半球形与一个平面形触头构成，常用于小电流的电器中，如接触器的辅助触头和继电器触头。线接触常做成指形触头结构，它们的接触区是一条直线，触头通、断过程是滚动接触的，并产生滚动摩擦，适用于通电次数多，电流大的场合，多用于中等容量电器。面接触触头一般在接触表面镶有合金，允许通过较大电流，中小

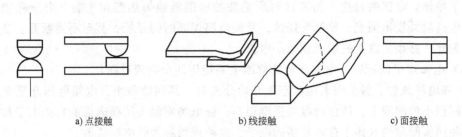

图 1-7 触头的接触形式

容量的接触器的主触头多采用这种结构。

（2）触头的结构形式 触头在接触时，要求其接触电阻尽可能小，为使触头接触更加紧密以减小接触电阻，同时消除开始接触时产生的振动，在触头上装有接触弹簧，使触头刚刚接触时产生初压力，随着触头闭合逐渐增大触头互压力。

触头按其原始状态可分为常开触头和常闭触头。原始状态时（吸引线圈未通电时）触头断开，线圈通电后闭合的触头叫常开触头（动合触头）。原始状态闭合，线圈通电断开的触头叫常闭触头（动断触头）。线圈断电后所有触头回复到原始状态。

按触头控制的电路可分为主触头和辅助触头。主触头用于接通或断开主电路，允许通过较大的电流，辅助触头用于接通或断开控制电路，只能通过较小的电流。

触头的结构形式主要有桥式触头和指形触头，如图 1-8 所示。

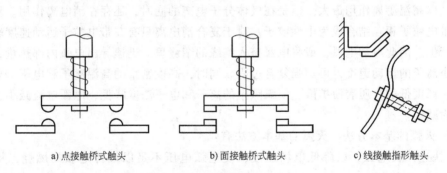

a) 点接触桥式触头　　　　b) 面接触桥式触头　　　　c) 线接触指形触头

图 1-8 触头的结构形式

桥式触头在接通与断开电路时由两个触头共同完成，对灭弧有利。这类结构触头的接触形式一般是点接触和面接触。指形触头在接通或断开时产生滚动摩擦，能去掉触头表面的氧化膜，从而减小触头的接触电阻。指形触头的接触形式一般采用线接触。

（3）减小接触电阻的方法 首先触头材料选用电阻系数小的材料，使触头本身的电阻尽量减小；其次增加触头的接触压力，一般在动触头上安装触头弹簧；再次改善触头表面状况，尽量避免或减小触头表面氧化膜形成，在使用过程中尽量保持触头清洁。

3. 电弧的产生和灭弧方法

（1）电弧的产生 在自然环境下开断电路时，如果被开断电路的电流（电压）超过某一数值时（根据触头材料的不同其值约在 $0.25 \sim 1A$，$12 \sim 20V$ 之间），在触头间隙中就会产生电弧。电弧实际上是触头间气体在强电场作用下产生的放电现象。这时触头间隙中的气体被游离产生大量的电子和离子，在强电场作用下，大量的带电粒子做定向运动，使绝缘的气体变成了导体。电流通过这个游离区时所消耗的电能转换为热能和光能，由于光和热的效应，产生高温并发出强光，使触头烧蚀，并使电路切断时间延长，甚至不能断开，造成严重事故。为此，必须采取措施熄灭或减小电弧。

（2）电弧产生的原因　电弧产生的原因主要经历四个物理过程：

1）强电场放射。触头在通电状态下开始分离时，其间隙很小，电路电压几乎全部降落在触头间很小的间隙上，使该处电场强度很高，强电场将触头阴极表面的自由电子拉出到气隙中，使触头间隙的气体中存在较多的电子，这种现象称为强电场放射。

2）撞击电离。触头间的自由电子在电场作用下，向正极加速运动，经一定路程后获得足够大的动能，在其前进途中撞击气体原子，将气体原子分裂成电子和正离子。电子在向正极运动过程中将撞击其他原子，使触头间隙中气体电荷越来越多，这种现象称为撞击电离。

3）热电子发射。撞击电离产生的正离子向阴极运动，撞击在阴极上使阴极温度逐渐升高，并使阴极金属中电子动能增加，当阴极温度达到一定程度时，一部分电子有足够动能将从阴极表面逸出，再参与撞击电离。由于高温使电极发射电子的现象称为热电子发射。

4）高温游离。电弧间隙中的气体温度升高会使气体分子热运动速度加快，当电弧温度达到或超过3000℃时，气体分子发生强烈的不规则热运动并造成相互碰撞，使中性分子游离成为电子和正离子。这种因高温使分子撞击所产生的游离称为高温游离。

由以上分析可知，在触头刚开始分断时，首先是强电场放射。当触头完全打开时，由于触头间距离增加，电场强度减弱，维持电弧存在主要靠热电子发射、撞击电离和高温游离，而其中又以高温游离作用最大。但是在气体分子电离的同时，还存在消电离作用。消电离是指正负带电粒子相互结合成为中性粒子。对于复合消电离只有在带电粒子运动速度较低时才有可能产生。因此冷却电弧，或将电弧挤入绝缘的窄缝里，迅速导出电弧内部热量，降低温度，减小离子的运动速度，可加强复合过程。同时，高度密集的高温离子和电子，要向周围密度小、温度低的介质表面扩散，使弧隙中的离子和电子浓度降低，电弧电流减小，使高温游离大为减弱。

（3）灭弧的基本方法　灭弧的基本方法有：

1）快速拉长电弧，以降低电场强度，使电弧电压不足以维持电弧的燃烧，从而熄灭电弧。

2）用电磁力使电弧在冷却介质中运动，降低弧柱周围的温度，使离子运动速度减慢，离子复合速度加快，从而使电弧熄灭。

3）将电弧挤入绝缘壁组成的窄缝中以冷却电弧，加快离子复合速度，使电弧熄灭。

4）将电弧分成许多串联的短弧，增加维持电弧所需的近极电压降。

交流电弧主要是电流过零点后如何防止重燃的问题，这使交流电弧比较容易熄灭；而直流电流没有过零的特性，产生的电弧相对不容易熄灭，因此一般还需附加其他灭弧措施。

（4）常用的灭弧装置　常用灭弧装置有：

1）电动力吹弧。图1-9是一种桥式结构双断口触头，当触头断开电路时，在断口处产生电弧，电弧电流在两电弧之间产生图中所示的磁场，根

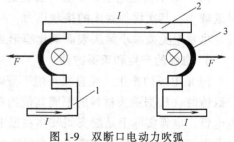

图1-9　双断口电动力吹弧

1—静触头　2—动触头　3—电弧

据左手定则，电弧电流将受到指向外侧的电动力 F 的作用，使电弧向外运动并拉长，从而迅速冷却并熄灭。此外，也具有将一个电弧分为两个来削弱电弧的作用。这种灭弧方法常用于小容量的交流接触器中。

2）磁吹灭弧。为加强弧区的磁场强度，以获得较大的电弧运动速度，在触头电路中串入磁吹线圈，如图1-10所示。该线圈产生的磁场由导磁夹板引向触头周围。磁吹线圈产生的磁场6与电弧电流产生的磁场7相互叠加，这两个磁场在电弧下方方向相同，在电弧上方方向相反，所以电弧下方的磁场强于上方的磁场。在下方磁场作用下，电弧受力方向为 F 所指的方向，在 F 的作用下，电弧被吹离触头，经引弧角引进灭弧罩，使电弧熄灭。这种灭弧方法常用于直流灭弧装置中。

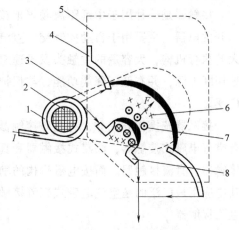

图1-10　磁吹灭弧原理

1—磁吹线圈　2—铁心　3—导磁夹板
4—引弧角　5—灭弧罩　6—磁吹线圈磁场
7—电弧电流磁场　8—动触头

3）栅片灭弧。灭弧栅是由多片镀铜薄钢片（称为栅片）和石棉绝缘板组成，它们安放在电器触头上方的灭弧室内，彼此之间互相绝缘，片间距离约2~5mm。当触头分断电路时，在触头之间产生电弧，电弧电流产生磁场，由于钢片磁阻比空气磁阻小得多，使灭弧栅上方的磁通非常稀疏，而灭弧栅处的磁通非常密集，这种上疏下密的磁场将电弧拉入灭弧罩中，电弧进入灭弧栅后，被分割成一段段串联的短弧，如图1-11所示。这样每两片灭弧栅片可看做一对电极，而每对电极间都有150~250V的绝缘强度，使整个灭弧栅的绝缘强度大大加强，以致外加电压无法维持，电弧迅速熄灭。同时，栅片还能吸收电弧热量，使电弧迅速冷却也利于电弧熄灭。由于灭弧栅对交流电弧更有灭弧作用，故灭弧栅常用于交流灭弧装置中。

4）窄缝灭弧。这种灭弧方法是利用灭弧罩的窄缝来实现的。灭弧罩内有一个或数个纵缝，缝的下部宽上部窄，如图1-12所示。当触头断开时，电弧在电动力的作用下进入缝内，窄缝可将弧柱分成若干直径较小的电弧，同时将电弧直径压缩，使电弧同缝壁紧密接触，加强冷却和消游离作用，同时也加大了电弧运动的阻力，使电弧运动速度下降，将电弧迅速熄灭。灭弧罩通常用陶土、石棉水泥或耐弧塑料制成。

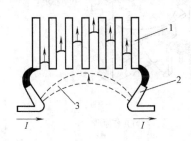

图1-11　栅片灭弧示意图

1—灭弧栅片　2—触头　3—电弧

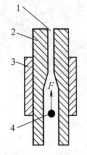

图1-12　窄缝灭弧

1—纵缝　2—介质　3—磁性夹板　4—电弧

实际中，为加强灭弧效果，通常不是采用单一的灭弧方法，而是采用两种或多种方法灭弧。

1.2　电磁式接触器

接触器是一种用于中远距离频繁地接通与断开交直流主电路及大容量控制电路的一种自动开关电器。主要用于自动控制交、直流电动机，电热设备，电容器组等设备。接触器具有大的执行机构，大容量的主触头及迅速熄灭电弧的能力。当电路发生故障时，能迅速、可靠地切断电源，并有低压释放功能，与保护电器配合可用于电动机的控制及保护，故应用十分广泛。

接触器按操作方式分，有电磁接触器、气动接触器和电磁气动接触器；按灭弧介质分，有空气电磁式接触器、油浸式接触器和真空接触器等；按主触头控制的电流性质分，有交流接触器、直流接触器。而按电磁机构的励磁方式可分为直流励磁操作与交流励磁操作两种。其中应用最广泛的是空气电磁式交流接触器和空气电磁式直流接触器，简称为交流接触器和直流接触器。

1.2.1　接触器的结构及工作原理

1. 接触器的结构

接触器由电磁机构、触头系统、灭弧装置、释放弹簧、缓冲弹簧、触头压力弹簧、支架及底座等组成，如图 1-13a 所示。

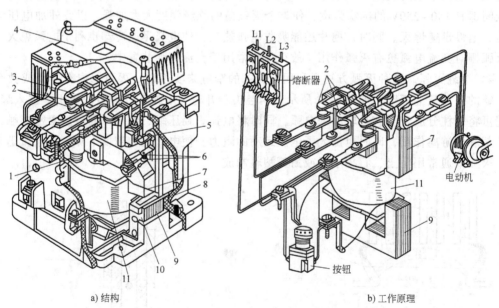

a) 结构　　　　　　　　　　b) 工作原理

图 1-13　交流接触器结构和工作原理

1—释放弹簧　2—主触头　3—触头压力弹簧　4—灭弧罩　5—常闭辅助触头
6—常开辅助触头　7—动铁心　8—缓冲弹簧　9—静铁心　10—短路环　11—线圈

电磁机构由线圈、铁心和衔铁组成，用于产生电磁吸力，带动触头动作。

触头系统有主触头和辅助触头两种，中小容量的交、直流接触器的主、辅助触头一般都采用直动式双断口桥式结构，大容量的主触头采用转动式单断口指形触头。辅助触头在结构上通常是常开和常闭成对的。当线圈通电后，衔铁在电磁吸力作用下吸向铁心，同时带动动触头动作，实现常闭触头断开，常开触头闭合。当线圈断电或线圈电压降低时，电磁吸力消失或减弱，衔铁在释放弹簧作用下释放，触头复位，实现低压释放保护功能。

由于接触器主触头用来接通或断开主电路或大电流电路，在触头间隙中就会产生电弧。为了灭弧，小容量接触器常采用电动力吹弧、灭弧罩灭弧；对于大容量接触器常采用纵缝灭弧装置或栅片灭弧装置灭弧。直流接触器常采用磁吹式灭弧装置来灭弧。

2. 接触器的工作原理

因接触器最主要的用途是控制电动机，现以接触器控制电动机为例来说明其工作原理。如图 1-13b 所示，当将按钮按下时，电磁线圈就经过按钮和熔断器接到电源上。线圈通电后，会产生一个磁场将静铁心磁化，吸引动铁心，使它向着静铁心运动，并最终与静铁心吸合在一起。接触器触头系统中的动触头是同动铁心经机械机构固定在一起的，当动铁心被静铁心吸引向下运动时，动触头也随之向下运动，并与静触头结合在一起。这样，电动机便经接触器的触头系统和熔断器接通电源，开始起动运转。一旦电源电压消失或明显降低，以致电磁线圈没有励磁或励磁不足，动铁心就会因电磁吸力消失或过小而在释放弹簧的反作用力作用下释放，与静铁心分离。与此同时，和动铁心固定安装在一起的动触头也与静触头分离，使电动机与电源脱开，停止运转，这就是所谓的失电压保护。

接触器图形符号与文字符号如图 1-14 所示。

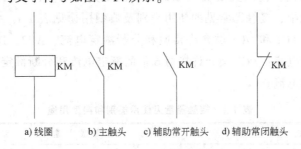

　　a) 线圈　　　b) 主触头　　c) 辅助常开触头　　d) 辅助常闭触头

图 1-14　接触器的符号

1.2.2　接触器的主要技术参数

接触器的主要技术参数有极数和电流种类、额定工作电压、额定工作电流（或额定控制功率）、约定发热电流、额定通断能力、线圈额定工作电压、允许操作频率、机械寿命和电气寿命、接触器线圈的起动功率和吸持功率、使用类别等。

（1）接触器的极数和电流种类　按接触器接通与断开主电路电流种类不同，分为直流接触器和交流接触器，按接触器主触头的个数不同又分为两极、三极与四极接触器。

（2）额定工作电压　接触器额定工作电压是指主触头之间的正常工作电压值，也就是指主触头所在电路的电源电压。直流接触器额定电压有：110V、220V、440V 及 660V；交流接触器额定电压有：127V、220V、380V、500V 及 660V。

（3）额定工作电流　接触器额定工作电流是指主触头正常工作时通过的电流值。直流接触器的额定工作电流有 40A、80A、100A、150A、250A、400A 及 600A；交流接触器的额定工作电流有 10A、20A、40A、60A、100A、150A、250A、400A 及 600A。

（4）约定发热电流　指在规定条件下试验时，电流在 8h 工作制下，各部分温升不超过极限时接触器所承载的最大电流。

（5）额定通断能力　指接触器主触头在规定条件下能可靠地接通和分断的电流值。在此电流值下接通电路时主触头不应发生熔焊；在此电流下分断电路时，主触头不应发生长时间燃弧。电路中超出此电流值的分断任务，则由熔断器、断路器等承担。

（6）线圈额定工作电压　指接触器电磁吸引线圈正常工作电压值。常用接触器线圈额定电压等级为：对于交流线圈，有 127V、220V、380V；对于直流线圈，有 110V、220V、440V。

（7）允许操作频率　指接触器在每小时内可实现的最高操作次数。交、直流接触器允许操作频率有 600 次/h、1200 次/h。

（8）机械寿命和电气寿命　机械寿命是指接触器在需要修理或更换机构零件前所能承受的无载操作次数。电气寿命是在规定的正常工作条件下，接触器不需修理或更换的有载操作次数。

（9）接触器线圈的起动功率和吸持功率　直流接触器起动功率和吸持功率相等。交流接触器起动视在功率一般为吸持视在功率的 5~8 倍。而线圈的工作功率是指吸持有功功率。

（10）使用类别　接触器用于不同负载时，其对主触头的接通和分断能力要求不同，按不同使用条件来选用相应使用类别的接触器便能满足其要求。按 GB 14048.4—2010 标准，在电力拖动控制系统中，接触器常见的使用类别及典型用途见表 1-1。它们的主触头达到的接通和分断能力为：AC1 和 DC1 类允许接通和分断额定电流；AC2、DC3 和 DC5 类允许接通和分断 4 倍的额定电流；AC3 类允许接通 6 倍的额定电流和分断额定电流；AC4 类允许接通和分断 6 倍的额定电流。

表 1-1　接触器常见使用类别和典型用途

电流种类	使用类别	典型用途
AC （交流）	AC1	无感或微感负载、电阻炉
	AC2	绕线转子异步电动机的起动、分断
	AC3	笼型异步电动机的起动、运转和分断
	AC4	笼型异步电动机的起动、反接制动或反向运行、点动
DC （直流）	DC1	无感或微感负载、电阻炉
	DC3	并励电动机的起动、或反向转动、点动、电阻制动
	DC5	串励电动机的起动、或反向转动、点动、电阻制动

1.2.3　常用典型接触器

1. 空气电磁式交流接触器

在接触器中，空气电磁式交流接触器应用最广泛，产品系列、品种最多，其结构和工作原理基本相同。常用典型产品有 CJ20、CJ40 系列交流接触器，CJ24 系列重任务支流接触器，CJX1，CJX8、B 系列交流接触器，CJX4 机械联锁交流接触器等。

CJ20 系列型号含义：

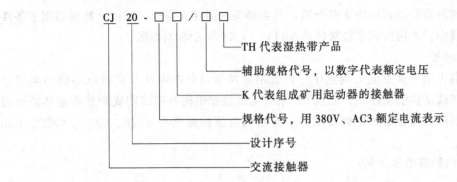

B 系列型号含义：

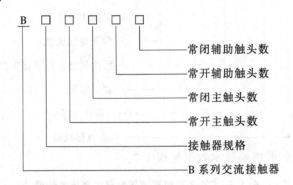

部分 CJ20 系列交流接触器主要技术数据见表 1-2。

表 1-2 部分 CJ20 系列交流接触器主要技术数据

型 号	约定发热电流 I/A	额定工作电压 U_N/V	额定工作电流 I_N/A（AC3）	额定操作频率（AC3）/（次/h）	寿命/万次		380V、AC3 类工作制下控制电动机功率 P/kW	辅助触头组合
					机械	电气		
CJ20-10	10	220	10	1200			2.2	1 开 3 闭
		380	10	1200			4	2 开 2 闭
		660	5.2	600			7	3 开 1 闭
CJ20-16	16	220	16	1200			4.5	
		380	16	1200			7.5	
		660	13	600			11	
CJ20-25	32	220	25	1200	1000	100	5.5	2 开 2 闭
		380	25	1200			11	
		660	14.5	600			13	
CJ20-40	55	220	40	1200			11	
		380	40	1200			22	
		660	25	600			22	

2. 切换电容器接触器

切换电容器接触器是专用于低压无功补偿设备中投入或切除并联电容器组，以调整用电系统的功率因数的接触器。常用产品有 CJ16、CJ19、CJ39、CJ41、CJX4、CJX2A、LC1-D、6C 系列等。

3. 真空交流接触器

真空交流接触器是以真空为灭弧介质，其主触头密封在真空开关管内。特别适用于条件恶劣的危险环境中。常用的真空接触器有 3RT12、CKJ 和 EVS 系列等。

4. 直流接触器

直流接触器应用于直流电力线路中，供远距离接通与分断电路及直流电动机的频繁起动、停止、反转或反接制动控制，以及 CD 系列电磁操作机构合闸线圈或频繁接通和断开起重电磁铁、电磁阀、离合器和电磁线圈等。常用的直流接触器有 CZ18、CZ21、CZ22、CZ0 和 CZT 系列等。

CZ18 系列接触器型号含义：

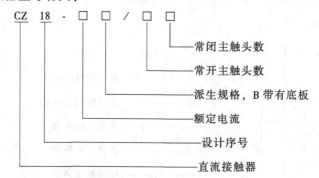

CZ18 系列直流接触器主要技术数据见表 1-3。

表 1-3　CZ18 系列直流接触器主要技术数据

型　号	额定工作电压 U_N/V	约定发热电流 I/A	额定操作频率/(次·h⁻¹)	使用类别	常开主触头数	辅 助 触 头		
						常开	常闭	约定发热电流 I/A
CZ18-40/10	440	40（20、10、5①）	1200	DC2②	1	2	2	6
CZ18-40/20					2			
CZ18-80/10		80	1200		1			
CZ18-80/20					2			
CZ18-160/10		160			1			
CZ18-315/10		315	600		1			10
CZ18-630/10		630			1			
CZ18-1000/10		1000			1			

①　5A、10A、20A 为吹弧线圈的额定工作电流。

②　当使用类别为 DC2 时，在 440V 下，额定工作电流等于约定发热电流。

1.2.4　接触器的选用

1）接触器极数和电流种类的确定。根据主触头接通或分断电路的性质来选择直流接触器还是交流接触器。三相交流系统中一般选用三极接触器，当需要同时控制中性线时，则选用四极交流接触器。单相交流和直流系统中则常用两极或三极并联。一般场合选用电磁式接触器；易爆易燃场合应选用防爆型及真空接触器。

2）根据接触器所控制负载的工作任务来选择相应使用类别的接触器。如负载是一般任务则选用 AC3 使用类别；负载为重任务则应选用 AC4 类别；如果负载为一般任务与重任务混合时，则可根据实际情况选用 AC3 或 AC4 类接触器，如选用 AC3 类时，应降级使用。

3）根据负载功率和操作情况来确定接触器主触头的电流等级。当接触器使用类别与所控制负载的工作任务相对应时，一般按控制负载电流值来决定接触器主触头的额定电流值；若不对应时，应降低接触器主触头电流等级使用。

4）根据接触器主触头接通与分断主电路电压等级来决定接触器的额定电压。

5）接触器吸引线圈的额定电压应由所接控制电路电压确定。

6）接触器触头数和种类应满足主电路和控制电路的要求。

1.3 电磁式继电器

继电器是一种利用各种物理量的变化，将电量或非电量信号转化为电磁力或使输出状态发生阶跃变化，从而通过其触头或突变量促使在同一电路或另一电路中的其他器件或装置动作的一种控制元件。它用于各种控制电路中进行信号传递、放大、转换、联锁等，控制主电路和辅助电路中的器件或设备按预定的动作程序进行工作，实现自动控制和保护的目的。

被转化或施加于继电器的电量或非电量称为继电器的激励量（输入量），继电器的激励量可以是电量，如交流或直流的电流、电压，也可以是非电量，如位置、时间、温度、速度、压力等。当输入量高于它的吸合值或低于它的释放值时，继电器动作，对于有触头式继电器是其触头闭合或断开，对于无触头式继电器是其输出发生阶跃变化，以此提供一定的逻辑变量，实现相应的控制。

常用的继电器按动作原理分，有电磁式、磁电式、感应式、电动式、光电式、压电式、热继电器与时间继电器等。按激励量不同分，有交流、直流、电压、电流、中间、时间、速度、温度、压力、脉冲继电器等。其中以电磁式继电器种类最多，应用最广泛。本节仅介绍常用的电磁式继电器。

任何一种继电器都具有两个基本机构，一是能反应外界输入信号的感应机构；二是对被控电路实现"通""断"控制的执行机构。前者又由变换机构和比较机构组成，变换机构是将输入的电量或非电量变换成适合执行机构动作的某种特定物理量，如电磁式继电器中的铁心和线圈，能将输入的电压或电流信号变换为电磁力，比较机构用于对输入量的大小进行判断，当输入量达到规定值时才发出命令使执行机构执行，电磁式继电器中的返回弹簧，由于事先的压缩产生了一定的预压力，使得只有当电磁力大于此力时触头系统才动作。至于继电器的执行机构，对有触头继电器就是触头的接通与断开，对无触头半导体继电器则为晶体管具有截止、饱和两种状态来实现对电路的通断控制。

虽然继电器与接触器都是用来自动闭合或断开电路的，但是它们仍有许多不同之处，其主要区别如下：

1）继电器一般用于控制小电流的电路，触头额定电流不大于 5A，所以不加灭弧装置；接触器一般用于控制大电流的电路，主触头额定电流不小于 5A，往往加有灭弧装置。

2）接触器一般只能对电压的变化做出反应，而各种继电器可以在相应的各种电量或非电量作用下动作。

1.3.1　电磁式继电器的基本结构及分类

1. 电磁式继电器的结构

电磁式继电器的结构和工作原理与电磁式接触器相似，其典型结构如图 1-15 所示。该继电器由电磁机构和触头系统两部分组成，因继电器的触头均接在控制电路中，电流小，无须再设灭弧装置，但继电器为满足控制要求，需调节动作参数，故有调节装置。

（1）电磁机构　直流继电器的电磁机构均为 U 形拍合式，铁心和衔铁均由电工软铁制成，为了改变衔铁闭合后的气隙，在衔铁的内侧面上装有非磁性垫片，铁心铸在铝基座上。

交流继电器的电磁机构有 U 形拍合式、E 形直动式、螺管式等结构形式。铁心与衔铁均由硅钢片叠制而成，且在铁心柱端面上嵌有短路环。

在铁心上装设不同的线圈，可制成电流继电器、电压继电器和中间继电器。而继电器的线圈又有交流和直流两种，直流继电器再加装铜套又可构成电磁式时间继电器。

（2）触头系统　继电器的触头一般都为桥式触头，有常开和常闭两种形式，没有灭弧装置。

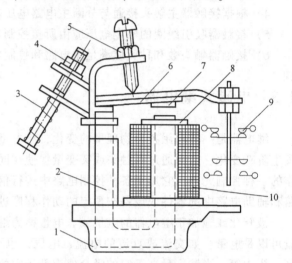

图 1-15　电磁式继电器的典型结构
1—底座　2—铁心　3—释放弹簧　4、5—调节螺母
6—衔铁　7—非磁性垫片　8—极靴
9—触头系统　10—线圈

（3）调节装置　为改变继电器的动作参数，应设有改变继电器释放弹簧松紧程度的调节装置和改变衔铁释放时初始状态磁路气隙大小的调节装置，如调节螺母和非磁性垫片。

2. 电磁式继电器的分类

电磁式继电器按输入信号不同分，有电压继电器、电流继电器、时间继电器、速度继电器和中间继电器；按线圈电流种类不同分，有交流继电器和直流继电器；按用途不同分，有控制继电器、保护继电器、通信继电器和安全继电器等。

1.3.2　电磁式继电器的特性及主要参数

1. 电磁式继电器的特性

继电器的特性是指继电器的输出量随输入量变化的关系，即输入-输出特性。电磁式继电器的特性就是电磁机构的继电特性，如图 1-6 所示。图中 x_0 为继电器的动作值（吸合值），x_r 为继电器的复归值（释放值），这两值为继电器的动作参数。因此，也可以用继电特性来定义继电器，即具有继电特性的电器称为继电器。

2. 继电器的主要参数

（1）额定参数　继电器的线圈和触头在正常工作时允许的电压值或电流值称为继电器额定电压或额定电流。

（2）动作参数　即继电器的吸合值与释放值。对于电压继电器有吸合电压 U_0 与释放电压 U_r；对于电流继电器有吸合电流 I_0 与释放电流 I_r。

（3）整定值　根据控制要求，对继电器的动作参数进行人为调整的数值。

（4）返回系数　是指继电器的释放值与吸合值的比值，用 K 表示。K 值可通过调节释放弹簧或调节铁心与衔铁之间非磁性垫片的厚度来达到所要求的值。不同场合要求不同的 K 值，如对一般继电器要求具有低的返回系数，K 值应在 $0.1 \sim 0.4$ 之间，这样当继电器吸合后，输入量波动较大时不至于引起误动作；欠电压继电器则要求高的返回系数，K 值应在 0.6 以上。如有一电压继电器 $K = 0.66$，吸合电压为额定电压的 90%，则释放电压为额定电压的 60% 时，继电器就释放，从而起到欠电压保护作用。返回系数反映了继电器吸力特性与反力特性配合的紧密程度，是电压和电流继电器的主要参数。

（5）动作时间　有吸合时间和释放时间两种。吸合时间是指从线圈接受电信号起，到衔铁完全吸合止所需的时间；释放时间是从线圈断电到衔铁完全释放所需的时间。一般电磁式继电器动作时间为 $0.05 \sim 0.2 \text{s}$，动作时间小于 0.05s 为快速动作继电器，动作时间大于 0.2s 为延时动作继电器。

（6）灵敏度　灵敏度是指继电器在整定值下动作时所需的最小功率或安匝数。

1.3.3　电磁式电压继电器与电流继电器

电磁式继电器反映的是电信号，当线圈反映电压信号时，为电压继电器。当线圈反映电流信号时，为电流继电器。其在结构上的区别主要在线圈上，电压继电器的线圈匝数多、导线细，而电流继电器的线圈匝数少、导线粗。

电磁式继电器有交、直流之分，它是按线圈通过交流电还是直流电来区分的。

1. 电磁式电压继电器

电磁式电压继电器线圈并接在电路电压上，用于反映电路电压大小。其触头的动作与线圈电压大小直接有关，在电力拖动控制系统中起电压保护和控制作用。按吸合电压相对其额定电压大小可分为过电压继电器和欠电压继电器。

（1）过电压继电器　在电路中用于过电压保护。当线圈为额定电压时，衔铁不吸合，当线圈电压高于其额定电压时，衔铁才吸合动作。当线圈所接电路电压降低到继电器释放电压时，衔铁才返回释放状态，相应触头也返回成原来状态。所以，过电压继电器释放值小于吸合值，其电压返回系数 $K_V < 1$，规定当 $K_V > 0.65$ 时，称为高返回系数继电器。

由于直流电路一般不会出现过电压，所以产品中没有直流过电压继电器。交流过电压继电器吸合电压调节范围为 $U_0 = (1.05 \sim 1.2) U_N$。

（2）欠电压继电器　在电路中用于欠电压保护。当线圈电压低于其额定电压值时衔铁就吸合，而当线圈电压很低时衔铁才释放。一般直流欠电压继电器吸合电压 $U_0 = (0.3 \sim 0.5) U_N$，释放电压 $U_r = (0.07 \sim 0.2) U_N$。交流欠电压继电器的吸合电压与释放电压的调节范围分别为 $U_0 = (0.6 \sim 0.85) U_N$，$U_r = (0.1 \sim 0.35) U_N$。由此可见，欠电压继电器的返回系数 K_V 很小。

电压继电器的符号如图 1-16 所示。

2. 电磁式电流继电器

电磁式电流继电器线圈串接在电路中，用来反映电路电流的大小，触头动作与否与线圈电流大小直接有关。按线圈电流种类不同，有交流电流继电器与直流电流继电器之分。按吸合电流大小可分为过电流继电器和欠电流继电器。

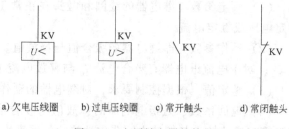

a) 欠电压线圈　　b) 过电压线圈　　c) 常开触头　　d) 常闭触头

图 1-16　电压继电器的符号

（1）过电流继电器　正常工作时，线圈流过负载电流，即便是流过额定电流，衔铁仍处于释放状态，而不被吸合；当流过线圈的电流超过额定负载电流一定值时，衔铁才被吸合而动作，从而带动触头动作，其常闭触头断开，分断负载电路，起过电流保护作用。通常，交流过电流继电器的吸合电流 $I_0 = (1.1 \sim 3.5)I_N$，直流过电流继电器的吸合电流 $I_0 = (0.75 \sim 3)I_N$。由于过电流继电器在出现过电流时衔铁吸合动作，其触头来切断电路，故过电流继电器无释放电流值。

（2）欠电流继电器　正常工作时，继电器线圈流过负载额定电流，衔铁吸合动作；当负载电流降低至继电器释放电流时，衔铁释放，带动触头动作。欠电流继电器在电路中起欠电流保护作用，所以常用欠电流继电器的常开触头接于电路中，当继电器欠电流释放时，常开触头来断开电路起保护作用。

在直流电路中，由于某种原因而引起负载电流的降低或消失，往往会导致严重的后果，如直流电动机的励磁回路电流过小会使电动机发生超速，带来危险。因此在电器产品中有直流欠电流继电器，对于交流电路则无欠电流保护，也就没有交流欠电流继电器了。

直流欠电流继电器的吸合电流与释放电流调节范围为 $I_0 = (0.3 \sim 0.65)I_N$ 和 $I_r = (0.1 \sim 0.2)I_N$。

电流继电器的符号如图 1-17 所示。

3. 电磁式中间继电器

电磁式中间继电器实质上是一种电磁式电压继电器，其特点是触头数量较多，在电路中起增加触头数量和起中间放大作用。由于中间继电器只要求线圈电压为零时能可靠释放，对动作参数无要求，故中间继电器没有调节装置。JZ7 系列中间继电器结构及符号如图 1-18 所示。

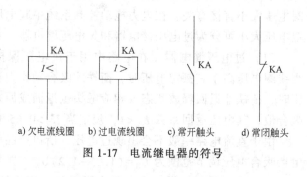

a) 欠电流线圈　　b) 过电流线圈　　c) 常开触头　　d) 常闭触头

图 1-17　电流继电器的符号

按电磁式中间继电器线圈电压种类不同，又有直流中间继电器和交流中间继电器两种。有的电磁式直流继电器，更换不同电磁线圈时便可成为直流电压、直流电流及直流中间继电器，若在铁心柱上套有阻尼套筒，又可成为电磁式时间继电器。因此，这类继电器具有"通用"性，又称为通用继电器。

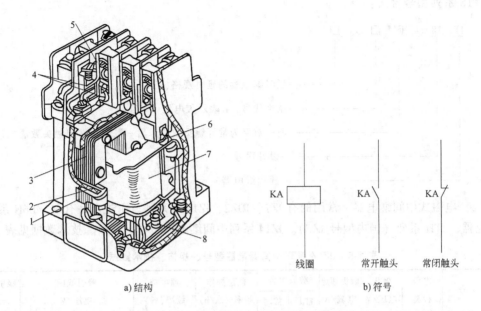

a) 结构   b) 符号

图 1-18　JZ7 系列中间继电器结构及符号

1—静铁心　2—短路环　3—衔铁　4—常开触头
5—常闭触头　6—释放弹簧　7—线圈　8—缓冲弹簧

4. 常用典型电磁式继电器

（1）直流电磁式通用继电器　常用的有 JT3、JT9、JT10、JT18 等系列。表 1-4 列出了 JT18 系列直流电磁式通用继电器型号、规格、技术数据。

表 1-4　JT18 系列直流电磁式通用继电器型号、规格、技术数据

继电器类型	型号	可调参数调整范围	延时可调范围/s 断电 / 通电	触头数量 常开	触头数量 常闭	吸引线圈 额定电压（或电流）	消耗功率/W	机械寿命/万次	电气寿命/万次
电压	JT18-□	吸合电压$(0.3\sim0.5)U_N$ 释放电压$(0.07\sim0.2)U_N$	—	1	1	直流 24V、48V、110V、220V、440V	19	300	50
		吸合电压$(0.35\sim0.5)U_N$		2	2				
电流	JT18-□/L	吸合电流$(0.3\sim0.65)I_N$ 释放电流$(0.1\sim0.2)I_N$	—	1	1	直流 1.6A、2.5A、4.6A、10A、16A、25A、40A、63A、100A、160A、250A、600A	19	300	50
		吸合电流$(0.35\sim0.65)I_N$		2	2				
时间	JT18-□/1	—	$\dfrac{0.3\sim0.9}{0.3\sim1.5}$	1	1	直流 110V、220V、440V	19	300	50
	JT18-□/3		$\dfrac{0.8\sim3}{1\sim3.5}$						
	JT18-□/5		$\dfrac{2.5\sim5}{3\sim3.5}$	2	2				

JT18 系列型号含义：

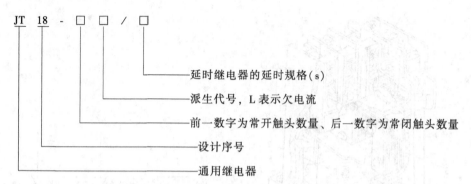

延时继电器的延时规格(s)
派生代号，L 表示欠电流
前一数字为常开触头数量、后一数字为常闭触头数量
设计序号
通用继电器

（2）电磁式中间继电器　常用的有 JZ7、JDZ2、JZ14 等系列。引进产品有 MA406N 系列中间继电器，3TH 系列（国内型号 JZC）。JZ14 系列中间继电器型号、规格、技术数据见表 1-5。

表 1-5　JZ14 系列中间继电器型号、规格、技术数据

型　号	电压种类	触头电压/V	触头额定电流/A	触头组合		额定操作频率/(次/h)	通电持续率(%)	吸引线圈电压/V	吸引线圈消耗功率
				常开	常闭				
JZ14-□□J/□	交流、直流	380 220	5	6 4 2	2 4 6	2000	40	交流 110、127、220、380 直流 24、48、110、220	10V · A 7W
JZ14-□□Z/□									

JZ14 系列型号含义：

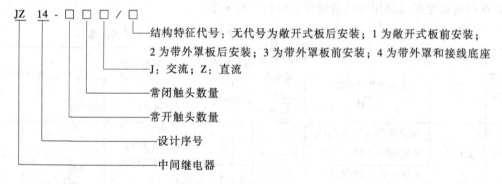

结构特征代号：无代号为敞开式板后安装；1 为敞开式板前安装；2 为带外罩板后安装；3 为带外罩板前安装；4 为带外罩和接线底座
J：交流；Z：直流
常闭触头数量
常开触头数量
设计序号
中间继电器

（3）电磁式交、直流电流继电器　常用的有 JL3、JL14、JL15 等系列。JL14 系列交、直流电流继电器型号、规格、技术数据见表 1-6。

表 1-6　JL14 系列交、直流电流继电器型号、规格、技术数据

电流种类	型　号	线圈额定电流 I_N/A	吸合电流调整范围 I_N/A	触头数量		备　注
				常开	常闭	
直流	JL14-□□Z	1、1.5、2.5、5、10、15、20、40、60、100、150、300、600、1200、1500	0.7~3	3	3	
	JL14-□□ZS		0.3~0.65 或释放电流在 0.1~0.2 范围调整	2	1	手动复位
	JL14-□□ZQ			1	2	欠电流
交流	JL14-□□J		1.1~4.0	1	1	
	JL14-□□JS			2	2	手动复位
	JL14-□□JG			1	1	返回系数大于 0.6

JL14 系列型号含义：

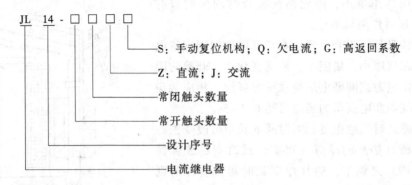

- S：手动复位机构；Q：欠电流；G：高返回系数
- Z：直流；J：交流
- 常闭触头数量
- 常开触头数量
- 设计序号
- 电流继电器

5. 电磁式继电器的选用

（1）使用类别的选用　继电器的典型用途是控制接触器的线圈，即控制交、直流电磁铁。按规定，继电器使用类别有：AC-11 控制交流电磁铁负载与 DC-11 控制直流电磁铁负载两种。

（2）额定工作电流与额定工作电压的选用　继电器在对应使用类别下，继电器的最高工作电压为继电器的额定绝缘电压，继电器的最高工作电流应小于继电器的额定发热电流。

选用继电器电压线圈的电压种类与额定电压值时，应与系统电压种类与电压值一致。

（3）工作制的选用　继电器工作制应与其使用场合工作制一致，且实际操作频率应低于继电器额定操作频率。

（4）继电器返回系数的调节　应根据控制要求来调节电压和电流继电器的返回系数。一般采用增加衔铁吸合后的气隙、减小衔铁打开后的气隙或适当放松释放弹簧等措施来达到增大返回系数的目的。

1.4　时间继电器

继电器输入信号输入后，经一定的延时，才有输出信号的继电器称为时间继电器。对于电磁式时间继电器，当电磁线圈通电或断电后，经一段时间，延时触头状态才发生变化，即延时触头才动作。

时间继电器种类很多，常用的有电磁阻尼式、空气阻尼式、电动机式和电子式等。按延时方式可分为通电延时型和断电延时型。通电延时型当接受输入信号后延迟一定时间，输出信号才发生变化；当输入信号消失后，输出瞬时复原。断电延时型当接受输入信号后，瞬时产生相应的输出信号，当输入信号消失后，延迟一定时间，输出信号才复原。本节介绍利用电磁原理工作的直流电磁式时间继电器、空气阻尼式时间继电器和晶体管时间继电器。

1.4.1　直流电磁式时间继电器

直流电磁式时间继电器是在电磁式电压继电器铁心上套个阻尼套筒，如图 1-19 所示。当电磁线圈接通电源时，在阻尼套筒内产生感应电动势，流过感应电流。在感应电流作用下产生的磁通阻碍穿过套筒内的原磁通变化，因而对原磁通起阻尼作用，使磁路中的原磁通增加缓慢，吸合磁通值的时间加长，衔铁吸合时间后延，触头也延时动作。由于电磁线圈通电前，衔铁处于打开位置，磁路气隙大，磁阻大，磁通小，阻尼套筒作用也小，因此衔铁吸合时的延时只有 $0.1 \sim 0.5s$，延时作用可不计。

但当衔铁已处于吸合位置，在切断电磁线圈直流电源时，因磁路气隙小，磁阻小，磁通变化大，套筒的阻尼作用大，使电磁线圈断电后衔铁延时释放，相应触头延时动作，线圈断电获得的延时可达 $0.3 \sim 5s$。

直流电磁式时间继电器延时时间的长短可改变铁心与衔铁间非磁性垫片的厚薄（粗调）或改变释放弹簧的松紧（细调）来调节。垫片厚则延时短，垫片薄则延时长；释放弹簧紧则延时短，释放弹簧松则延时长。

直流电磁式时间继电器具有结构简单、寿命长、允许通电次数多等优点。但仅适用于直流电路，若用于交流电路需加整流装置；仅能获得断电延时，且延时时间短，延时精度不高。常用的有 JT18 系列电磁式时间继电器，其技术数据见表 1-4。

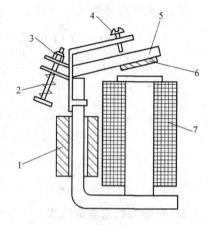

图 1-19　直流电磁式时间继电器

1—阻尼套筒　2—释放弹簧　3—调节螺母
4—调节螺钉　5—衔铁　6—非磁性垫片
7—电磁线圈

1.4.2　空气阻尼式时间继电器

1. 空气阻尼式时间继电器结构与工作原理

空气阻尼式时间继电器由电磁机构、延时机构和触头系统三部分组成，它利用空气阻尼原理达到延时的目的。延时方式有通电延时型和断电延时型两种。其外观区别在于：当衔铁位于铁心和延时机构之间时为通电延时型；当铁心位于衔铁和延时机构之间时为断电延时型。下面以 JS7-A 系列时间继电器为例来分析其工作原理。图 1-20 为 JS7-A 系列空气阻尼式时间继电器外形与结构图。

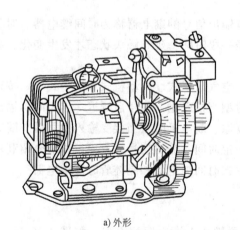

a) 外形

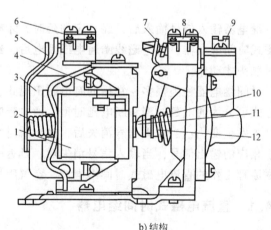

b) 结构

图 1-20　JS7-A 系列空气阻尼式时间继电器外形与结构图

1—线圈　2—释放弹簧　3—衔铁　4—铁心　5—弹簧片　6—瞬时触头
7—杠杆　8—延时触头　9—调节螺钉　10—推杆　11—活塞杆　12—塔形弹簧

图 1-21 为 JS7-A 系列空气阻尼式时间继电器结构原理图。现以通电延时型为例说明其工作原理。当线圈 1 通电后，衔铁 3 吸合，活塞杆 6 在塔形弹簧 7 作用下带动活塞 13 及橡皮膜 9 向上移动，橡皮膜下方空气室的空气变得稀薄，形成负压，活塞杆只能缓慢移动，其移动速度由进气孔气隙大小来决定。经一段延时后，活塞杆通过杠杆 15 压动微动开关 14，使其触头动作，起到通电延时作用。

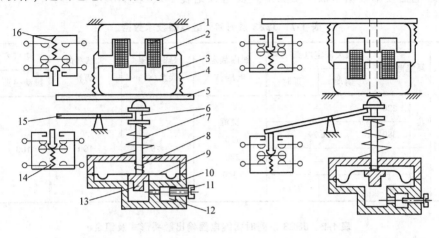

a) 通电延时型　　　　　　　　　　　　　　b) 断电延时型

图 1-21　JS7-A 系列空气阻尼式时间继电器结构原理图

1—线圈　2—铁心　3—衔铁　4—释放弹簧　5—推板　6—活塞杆　7—塔形弹簧　8—弱弹簧　9—橡皮膜
10—空气室壁　11—调节螺钉　12—进气孔　13—活塞　14、16—微动开关　15—杠杆

当线圈断电时，衔铁释放，橡皮膜下方空气室内的空气通过活塞肩部所形成的单向阀迅速排出，使活塞杆、杠杆、微动开关迅速复位。由线圈通电至触头动作的一段时间即为时间继电器的延时时间，延时长短可通过调节螺钉 11 来调节进气孔气隙大小来改变。

微动开关 16 在线圈通电或断电时，在推板 5 的作用下都能瞬时动作，其触头为时间继电器的瞬动触头。

空气阻尼式时间继电器具有结构简单、延时范围较大、价格较低的优点，但其延时精度较低，没有调节指示，适用于延时精度要求不高的场合。

时间继电器的符号如图 1-22 所示。

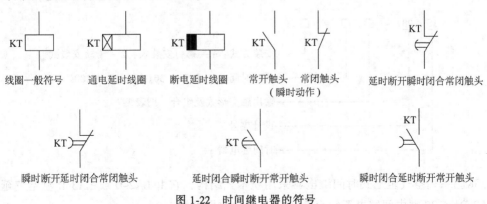

线圈一般符号　　通电延时线圈　　断电延时线圈　　常开触头　常闭触头　　延时断开瞬时闭合常闭触头
　　　　　　　　　　　　　　　　　　　　　　（瞬时动作）

瞬时断开延时闭合常闭触头　　延时闭合瞬时断开常开触头　　瞬时闭合延时断开常开触头

图 1-22　时间继电器的符号

2. 空气阻尼式时间继电器典型产品简介

空气阻尼式时间继电器典型产品有 JS7、JS23、JSK□系列时间继电器。JS23 系列时间继电器是以一个具有 4 个瞬动触头的中间继电器为主体，再加上一个延时机构组成。延时组件包括波纹状气囊及排气阀门，刻有细长环形槽的延时片，调时旋钮及动作弹簧等。JS23系列时间继电器技术数据与输出触头形式及组合见表 1-7、表 1-8。

表 1-7　JS23 系列时间继电器技术数据

型　号	额定电压/V		最大额定电流/A		线圈额定电压/V	延时重复误差（%）	机械寿命/万次	电气寿命/万次	
			瞬动	延时				瞬动触头	延时触头
JS23-□□/□	交流	220	—		交流 110、220、380	≤9	100	100	50
		380	0.79						
	直流	110	—						
		220	0.27	0.14					

表 1-8　JS23 系列时间继电器输出触头形式及组合

型　号	延时动作触头数量				瞬时动作触头数量	
	线圈通电后延时		线圈断电后延时			
	常开触头	常闭触头	常开触头	常闭触头	常开触头	常闭触头
JS23-1□/□	1	1	—	—	4	0
JS23-2□/□	1	1	—	—	3	1
JS23-3□/□	1	1	—	—	2	2
JS23-4□/□	—	—	1	1	4	0
JS23-5□/□	—	—	1	1	3	1
JS23-6□/□	—	—	1	1	2	2

JS23 系列型号含义：

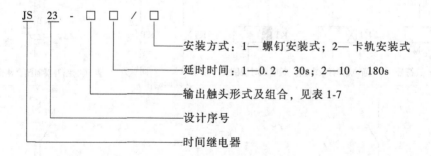

JS23 - □ □ / □

安装方式：1— 螺钉安装式；2— 卡轨安装式
延时时间：1—0.2 ~ 30s；2—10 ~ 180s
输出触头形式及组合，见表 1-7
设计序号
时间继电器

JSK□系列空气阻尼式时间继电器采用积木式结构，它由 LA2-D 或 LA3-D 型空气延时头与 CA2-DN/122 型中间继电器组合而成，其技术数据见表 1-9。

表 1-9 JSK□系列时间继电器技术数据

型 号	延时范围/s	动作方式	复位方式	触头数量		线圈额定电压/V	产品构成
				延时	瞬动		
JSK□-3/1	0.1~3						LA2-D20+CA2-DN/122
JSK□-30/1	0.1~30	通电延时	自动复位			220	LA2-D22+CA2-DN/122
JSK□-180/1	10~180			1 常开 2 常闭	2 常开 2 常闭	380 415	LA2-D24+CA2-DN/122
JSK□-3/2	0.1~3					440	LA2-D20+CA2-DN/122
JSK□-30/2	0.1~30	断电延时	自动复位			550	LA2-D22+CA2-DN/122
JSK□-180/2	10~180						LA2-D24+CA2-DN/122

1.4.3 晶体管时间继电器

晶体管时间继电器又称为半导体式时间继电器或电子式时间继电器。晶体管时间继电器除执行继电器外，均由电子元器件组成，没有机械零件，因而具有寿命较长、精度较高、体积小、延时范围宽、控制功率小等优点。

1. 晶体管时间继电器的分类

1）晶体管时间继电器按构成原理不同分为阻容式和数字式两类。

2）晶体管时间继电器按延时方式不同可分为通电延时型、断电延时型和带瞬动触头的通电延时型等。

2. 晶体管时间继电器的结构与工作原理

晶体管时间继电器品种和形式很多，电路各异，下面以具有代表性的 JS20 系列为例，介绍晶体管时间继电器的结构和工作原理。

（1）JS20 系列晶体管时间继电器的结构 该系列时间继电器采用插座式结构，所有元器件均装在印制电路板上，然后用螺钉使之与插座紧固，再装入塑料罩壳，组成本体部分。

在罩壳顶面装有铭牌和整定电位器的旋钮。铭牌上有该时间继电器最大延时时间的十等分刻度。使用时旋动旋钮即可调整延时时间。并有指示灯，当继电器吸合后指示灯亮。外接式的整定电位器不装在继电器的本体内，而用导线引接到所需的控制板上。

安装方式有装置式与面板式两种。装置式备有带接线端子的胶木底座，它与继电器本体部分采用接插连接，并用扣攀锁紧，以防松动；面板式可直接把时间继电器安装在控制台的面板上，它与装置式的结构大体一样，只是采用 8 脚插座代替装置式的胶木底座。

（2）JS20 系列晶体管时间继电器的工作原理 该时间继电器所采用的电路有两类：一类是单结晶体管电路；另一类是场效应晶体管电路。JS20 系列晶体管时间继电器有通电延时型、断电延时型和带瞬动触头的通电延时型三种形式。延时等级对于通电延时型分为 1s、5s、10s、30s、60s、120s、180s、300s、600s、1800s 和 3600s。断电延时型分为 1s、5s、10s、30s、60s、120s 和 180s 等。

图 1-23 为采用场效应晶体管 JS20 系列通电延时型继电器电路图，它由稳压电源、RC 充放电电路、电压鉴别电路、输出电路和指示电路等部分组成。

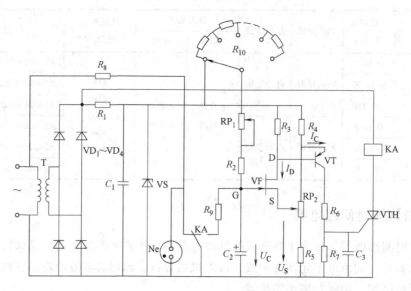

图 1-23   JS20 系列通电延时型继电器电路图

电路工作原理：接通交流电源，经整流、滤波和稳压后，直流电压经波段开关上的电阻 R_{10}、RP_1、R_2 向电容 C_2 充电。开始时 VF 场效应晶体管截止，晶体管 VT、晶闸管 VTH 也处于截止状态。随着充电的进行，电容器 C_2 上的电压由零按指数曲线上升，直至 U_C 上升到 $|U_C - U_S| < |U_P|$ 时 VT 导通。这是由于 I_D 在 R_3 上产生电压降，D 点电位开始下降，一旦 D 点电位降低到 VT 的发射极电位以下时，VT 导通。VT 的集电极电流 I_C 在 R_4 上产生压降，使场效应晶体管 U_S 降低，即负栅偏压越来越小。所以对 VF 来说，R_4 起正反馈作用，使 VT 导通，并触发晶闸管 VTH 使它导通，同时使继电器 KA 动作，输出延时信号。从时间继电器接通电源，C_2 开始被充电到 KA 动作这段时间即为通电延时动作时间。KA 动作后，C_2 经 KA 常开触头对电阻 R_9 放电，同时氖泡指示灯启辉，并使场效应晶体管 VF 和晶体管 VT 都截止，为下次工作做准备。但此时晶闸管 VTH 仍保持导通，除非切断电源，使电路恢复到原来状态，继电器 KA 才释放。

3. 常用晶体管时间继电器简介

（1）JS20 系列晶体管时间继电器   继电器型号含义：

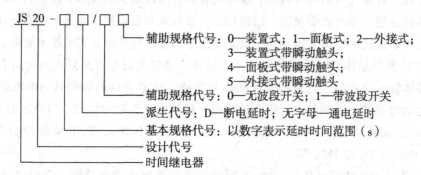

JS20 系列晶体管时间继电器主要技术参数见表 1-10。

表 1-10　JS20 系列晶体管时间继电器主要技术参数

型　号	结构形式	延时整定元件位置	延时范围/s	延时触头数量 通电延时 常开	通电延时 常闭	断电延时 常开	断电延时 常闭	瞬动触头数量 常开	常闭	工作电压/V 交流	直流	功率损耗/W	机械寿命/万次
JS20-□/00	装置式	内接											
JS20-□/01	面板式	内接		2	2	—	—	—	—				
JS20-□/02	装置式	外接	0.1~300										
JS20-□/03	装置式	内接											
JS20-□/04	面板式	内接		1	1	—	—	1	1				
JS20-□/05	装置式	外接								36、 100、 127、 220、 380	24、 48、 110	≤5	1000
JS20-□/10	装置式	内接											
JS20-□/11	面板式	内接		2	2	—	—	—	—				
JS20-□/12	装置式	外接	0.1~3600										
JS20-□/13	装置式	内接											
JS20-□/14	面板式	内接		1	1	—	—	1	1				
JS20-□/15	装置式	外接											
JS20-□/00	装置式	内接											
JS20-□/01	面板式	内接	0.1~180	—	—	2	2	—	—				
JS20-□/02	装置式	外接											

（2）JSS 系列数字式晶体管时间继电器　该系列时间继电器是一种多功能、高精度、宽延时范围的数字式时间继电器，采用 MOS 大规模集成电路，工作可靠，利用拨码开关整定延时时间，直观性和重复性好。

继电器型号含义：

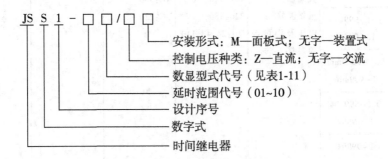

表 1-11　JSS1 系列时间继电器数显形式代号

代　号	无	A	B	C	D	E	F
意　义	不带数显	两位数显递增	两位数显递减	三位数显递增	三位数显递减	四位数显递增	四位数显递减

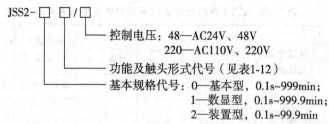

JSS2-□ □/□

控制电压：48—AC24V、48V
220—AC110V、220V

功能及触头形式代号（见表1-12）

基本规格代号：0—基本型，0.1s~999min；
1—数显型，0.1s~999.9min；
2—装置型，0.1s~99.9min

表 1-12   JSS2 系列时间继电器功能及触头型式代号

代　　号	0	1	2	3	4	5	6	7	8	9
功能形式	清除型	清除型	积累型	积累型	循环型	循环型	保持型	保持型	全功能型	全功能型
转换触头对数	2	1	2	1	2	1	2	1	2	1

JSS 系列数字式时间继电器的主要技术数据见表1-13。

表 1-13   JSS 系列数字式时间继电器主要技术数据

型　　号	延时范围	误　　差	额定控制电压/V	触头容量		延时触头数	
				电压/V	发热电流/A	通电延时	
						闭合	断开
JSS1-01	0.1~9.9s 1~99s	交流型： ±1 个脉冲 直流型： 重复误差±1% 电压及温度波动误差 2.5%	AC：24、36、42、48、110、127、220、380 DC：24、48、110	AC：380 DC：220	5	2	2
JSS1-02	0.1~9.9s 10~990s						
JSS1-03	1~99s 10~990s						
JSS1-04	0.1~9.9min 1~99min						
JSS1-05	0.1~99.9s 1~999s						
JSS1-06	1~999s 10~9990s						
JSS1-07	0.1~99.9min 1~999min						
JSS1-08	0.1~999.9s 1~9999s						
JSS1-09	1~9999s 10~99990s						
JSS1-10	0.1~999.9min 1~9999min						
JSS2-0	0.1s~999min		AC：24、48 或 110、220 两种	AC：220	一对触头 2A 二对触头 0.5A	1 或 2	1 或 2
JSS2-1	0.1s~999.9min						
JSS2-2	0.1s~99.9min						

1.4.4 时间继电器的选用

1）根据控制电路的控制要求选择通电延时型还是断电延时型。

2）根据对延时精度要求不同选择时间继电器类型。对延时精度要求不高的场合，一般选用电磁式或空气阻尼式时间继电器；对延时精度要求高的场合，应选用晶体管式或电动机式时间继电器。

3）应注意电源参数变化的影响。对于电源电压波动大的场合，选用空气阻尼式比采用晶体管式好；而在电源频率波动大的场合，不宜采用电动机式时间继电器。

4）应注意环境温度变化的影响。在环境温度变化较大场合，不宜采用晶体管式时间继电器。

5）对操作频率也要加以注意，因为操作频率过高不仅会影响电气寿命，还可能导致延时误动作。

6）考虑延时触头种类、数量和瞬动触头种类、数量是否满足控制要求。

1.5 热继电器

热继电器是利用电流流过发热元件产生热量来使检测元件受热弯曲，进而推动机构动作的一种保护电器。由于发热元件具有热惯性，在电路中不能用于瞬时过载保护，更不能做短路保护，主要用作电动机的长期过载保护。在电力拖动控制系统中应用最广的是双金属片式热继电器。

1.5.1 电气控制对热继电器性能的要求

（1）应具有合理可靠的保护特性　热继电器主要用作电动机的长期过载保护，电动机的过载特性是一条如图 1-24 所示的反时限特性，为适应电动机的过载特性，又能起到过载保护作用，则要求热继电器具有形同电动机过载特性的反时限特性。这条特性是流过热继电器发热元件的电流与热继电器触头动作时间的关系曲线，称为热继电器的保护特性，如图 1-24 中曲线 2 所示。考虑各种误差的影响，电动机的过载特性与热继电器的保护特性是一条曲带，误差越大，曲带越宽。从安全角度出发，热继电器的保护特性应处于电动机过载特性下方并相邻近。这样，当发生过载时，热继电器就在电动机未达到其允许过载之前动作，切断电动机电源，实现电动机过载保护。

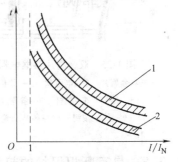

图 1-24　热继电器保护特性与
电动机过载特性的配合
1—电动机的过载特性
2—热继电器的保护特性

（2）具有一定的温度补偿　当环境温度变化时，热继电器检测元件受热弯曲存在误差，为补偿由于温度引起的误差，应具有温度补偿装置。

（3）热继电器动作电流可以方便地调节　为减少热继电器热元件的规格，热继电器动作电流可在热元件额定电流66%～100%范围内调节。

（4）具有手动复位与自动复位功能　热继电器动作

后，可在 2min 内按下手动复位按钮进行复位，也可在 5min 内可靠地自动复位。

1.5.2 双金属片热继电器的结构及工作原理

双金属片热继电器主要由热元件、主双金属片、触头系统、动作机构、复位按钮、电流整定装置和温度补偿元件等部分组成，如图 1-25 所示。

双金属片是热继电器的感测元件，它是将两种线胀系数不同的金属片以机械辗压的方式使其形成一体，线胀系数大的称为主动片，线胀系数小的称为被动片。而环绕其上的电阻丝串接于电动机定子电路中，流过电动机定子线电流，反映电动机过载情况。由于电流的热效应，使双金属片变热产生线膨胀，于是双金属片向被动片一侧弯曲，当电动机正常运行时，热元件产生的热量虽能使双金属片弯曲，但还不足以使热继电器的触头动作；只有当电动机长期过载时，过载电流流过热元件，使双金属片弯曲位移增大，经一定的过载时间后，双金属片弯曲到推动导板 3，并通过补偿双金属片 4 与推杆 6 将触头 7 与 8 分开，此常闭触头串接于接触器线圈电路中，触头分开后，接触器线圈断电，接触器主触头断开电动机定子电源，实现电动机的过载保护。

调节凸轮 10 用于改变补偿双金属片与导板间的距离，达到改变整定动作电流的目的。此外，调节复位螺钉 5 来改变常开触头的位置，使继电器工作在手动复位或自动复位两种工作状态。调试手动复位时，在故障排除后需按下复位按钮 9 才能使常闭触头闭合。

补偿双金属片可在规定范围内补偿环境温度对热继电器的影响，当环境温度变化时，主双金属片与补偿双金属片同时向同一方向弯曲，使导板与补偿双金属片之间的推动距离保持不变。这样，继电器的动作特性将不受环境温度变化的影响。

热继电器的符号如图 1-26 所示。

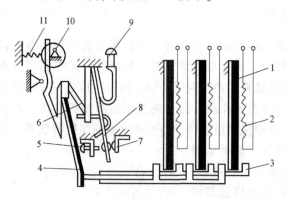

图 1-25　双金属片热继电器结构原理图

1—主双金属片　2—电阻丝　3—导板　4—补偿双金属片
5—螺钉　6—推杆　7—静触头　8—动触头
9—复位按钮　10—调节凸轮　11—弹簧

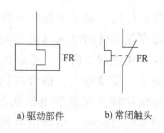

a) 驱动部件　　　　b) 常闭触头

图 1-26　热继电器的符号

1.5.3 具有断相保护的热继电器

三相感应电动机运行时，若发生一相断路，流过电动机各相绕组的电流将发生变化，其变化情况与电动机三相绕组的接法有关。如果热继电器保护的三相电动机是星形接法，当发生一相断路时，另外两相线电流增加很多，由于此时线电流等于相电流，而流过电动机绕组的电流就是流过热继电器热元件的电流，因此，采用普通的两相或三相热继电器就可对此做出保护。如果电动机是三角形联结，在正常情况下，线电流是相电流的$\sqrt{3}$倍，串接在电动机电源进线中的热元件按电动机额定电流即线电流来整定。当发生一相断路时，如图 1-27 所示电路，当电动机仅为 0.58 倍额定负载时，流过跨接于全电压下的一相绕组的相电流 I_{P3} 等于 1.15 额定相电流，而流过两相绕组串联的电流 $I_{P1} = I_{P2}$，仅为 0.58 倍的额定相电流。此时未断相的那两相线电流正好为额定线电流，接在电动机进线中的热元件因流过额定线电流，热继电器不动作，但流过全压下的一相绕组已流过 1.15 倍额定相电流，时间一长便有过热烧毁的危险。所以三角形接法的电动机必须采用带断相保护的热继电器来对电动机进行长期过载保护。

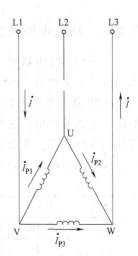

图 1-27 电动机三角形联结时 U 相断线时的电流分析

带有断相保护的热继电器是将热继电器的导板改成差动机构。如图 1-28 所示。差动机构由上导板 1、下导板 2 及装有顶头 4 的杠杆 3 组成，它们之间均用转轴连接。其中，图 1-28a 为未通电时导板的位置；图 1-28b 为热元件流过正常工作电流时的位置，此时三相双金属片都受热向左弯曲，但弯曲的挠度不够，所以下导板向左移动一小段距离，顶头 4 尚未碰到补偿双金属片 5，继电器不动作；图 1-28c 为电动机三相同时过载的情况，三相双金属片同时向左弯曲。推动下导板向左移动，通过杠杆 3 使顶头 4 碰到补偿双金属片端部，使继电器动作；图 1-28d 为 W 相断路时的情况，这时 W 相双金属片将冷却，端部向右弯曲，推动上导板向右移，而另外两相双金属片仍受热，端部向左弯曲推动下导板继续向左移动。这样上、下导板的一右一左移动，产生了差动作用，通过杠杆的放大作用迅速推动补偿双金属片，使继电器动作。由于差动作用，使继电器在断相故障时加速动作，保护电动机。带断相保护热继电器的保护特性见表 1-14。

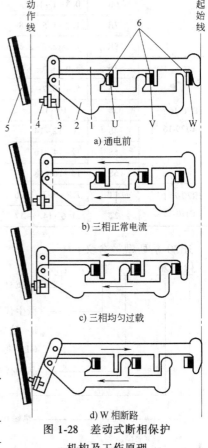

a) 通电前

b) 三相正常电流

c) 三相均匀过载

d) W 相断路

图 1-28 差动式断相保护机构及工作原理

1—上导板 2—下导板 3—杠杆 4—顶头
5—补偿双金属片 6—主双金属片

表 1-14 带断相保护热继电器保护特性

项号	电流倍数		动作时间	试验条件
	任意两相	第三相		
1	1	0.9	2h 不动作	冷态
2	1.15	0	<2h	从项 1 电流加热到稳定后开始

1.5.4 热继电器典型产品及主要技术参数

常用的热继电器有 JR20，JRS1，JR36，JR21，3UA5、6，LR1-D，T 系列。后四种是引入国外技术生产的。

JR20 系列具有断相保护、温度补偿、整定电流值可调、手动脱扣、自动复位、动作后的信号指示等作用。它与交流接触器的安装方式有分立式和组合式两种结构，可通过导电杆与挂钩直接插接，并电气连接在 CJ20 接触器上。引进的 T 系列热继电器常与 B 系列接触器组合成电磁起动器。表 1-15 列出了 JR20 系列部分产品的技术数据。

表 1-15 JR20 系列热继电器部分产品技术数据

型号	热元件号	整定电流范围/A	型号	热元件号	整定电流范围/A
JR20-10 配 CJ20-10	1R	0.1~0.13~0.15	JR20-10 配 CJ20-10	9R	2.6~3.2~3.8
	2R	0.15~0.19~0.23		10R	3.2~4~4.8
	3R	0.23~0.29~0.35		11R	4~5~6
	4R	0.35~0.44~0.53		12R	5~6~7
	5R	0.53~0.67~0.8		13R	6~7.2~8.4
	6R	0.8~1~1.2		14R	7.2~8.6~10
	7R	1.2~1.5~1.8		15R	8.6~10~11.6
	8R	1.8~2.2~2.6			
JR20-16 配 CJ20-16	1S	3.6~4.5~5.4	JR20-25 配 CJ20-25	3T	17~21~25
	2S	5.4~6.7~8		4T	21~25~29
	3S	8~10~12	JR20-63 配 CJ20-63	1U	16~20~24
	4S	10~12~14		2U	24~30~36
	5S	12~14~16		3U	32~40~47
	6S	14~16~18		4U	40~47~55
JR20-25 配 CJ20-25	1T	7.8~9.7~11.6		5U	47~55~62
	2T	11.6~14.3~17		6U	55~62~71

JR20 系列型号含义：

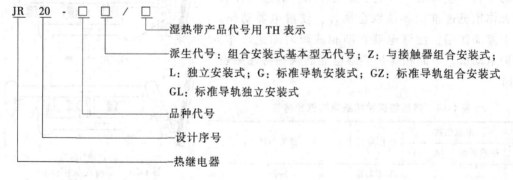

1.5.5 热继电器的选用

热继电器主要用于电动机的过载保护，选用热继电器时应根据使用条件、工作环境、电动机型式及其运行条件及要求，电动机起动情况及负荷情况综合考虑。

1）热继电器有三种安装方式，即独立安装式（通过螺钉固定）、导轨安装式（在标准安装轨上安装）和插接安装式（直接挂接在与其配套的接触器上）。应按实际安装情况选择其安装形式。

2）原则上，热继电器的额定电流应按电动机的额定电流选择。但对于过载能力较差的电动机，其配用的热继电器的额定电流应适当小些，通常选取热继电器的额定电流（实际上是选取热元件的额定电流）为电动机额定电流的 60%~80%，但应校验动作特性。

3）在不频繁起动的场合，要保证热继电器在电动机起动过程中不产生误动作。当电动机起动电流为其额定电流6倍及以下、起动时间不超过5s时，若很少连续起动，可按电动机额定电流选用热继电器。当电动机起动时间较长时，就不宜采用热继电器，而应采用过电流继电器作保护。

4）一般情况下，可选用两相结构的热继电器，对于电网电压均衡性较差、无人看管的电动机或与大容量电动机共用一组熔断器时，应选用三相结构的热继电器。对于三角形接法的电动机，应选用带断相保护装置的热继电器。

5）双金属片式热继电器一般用于轻载、不频繁起动电动机的过载保护。对于重载、频繁起动的电动机，则可用过电流继电器作它的过载和短路保护。

6）当电动机工作于重复短时工作制时，要注意确定热继电器的允许操作频率。因为热继电器的允许操作频率是很有限的，操作频率较高时，热继电器的动作特性会变差，甚至不能正常工作。对于频繁正反转和频繁通断的电动机，不宜采用热继电器作保护，可选用埋入电动机绕组的温度继电器、热敏电阻或过电流继电器来保护。

1.6 熔断器

熔断器是一种当电流超过规定值一定时间后，以它本身产生的热量使熔体熔化而分断电路的电器。广泛应用于低压配电系统和控制系统及用电设备中作短路和过电流保护。

1.6.1 熔断器的结构及工作原理

熔断器主要由熔体、熔断管（座）、填料及导电部件等组成。熔体是熔断器的主要部分，常做成丝状、片状、带状或笼状。其材料有两类：一类为低熔点材料，如铅、锡的合金，锑、铝合金，锌等；另一类为高熔点材料，如银、铜、铝等。熔断器接入电路时，熔体串接在电路中，负载电流流经熔体，当电路发生短路或过电流时，通过熔体的电流使其发热，当达到熔体金属熔化温度时就会自行熔断，期间伴随着燃弧和熄弧过程，随之切断故障电路，起到保护作用。当电路正常工作时，熔体在额定电流下不应熔断，所以其最小熔化电流必须大于额定电流。填料目前广泛应用的是石英砂，它既是灭弧介质又能起到帮助熔体散热的作用。

1.6.2 熔断器的保护特性

熔断器的保护特性是指流过熔体的电流与熔体熔断时间的关系曲线，称为"时间-电流特性"曲线或"安-秒特性"曲线，如图 1-29 所示。图中 $I_{\min}$ 为最小熔化电流或称为临界电流，当熔体电流小于临界电流时，熔体不会熔断。最小熔化电流 $I_{\min}$ 与熔体额定电流 I_N 之比称为熔断器的熔化系数，即 $K=I_{\min}/I_N$，当 K 小时对小倍数过载保护有利，但 K 也不宜接近于 1，当 K 为 1 时，不仅熔体在 I_N 下工作温度会过高，而且还有可能因保护特性本身的误差而发生熔体在 I_N 下也熔断的现象，影响熔断器工作的可靠性。

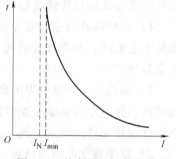

图 1-29　熔断器的保护特性

当熔体采用低熔点的金属材料时，熔化时所需热量少，故熔化系数小，有利于过载保护；但材料电阻系数较大、熔体截面积大、熔断时产生的金属蒸汽较多，不利于熄弧，故分断能力较低。当熔体采用高熔点的金属材料时，熔化时所需热量大，故熔化系数大，不利于过载保护，而且可能使熔断器过热；但这些材料的电阻系数低、熔体截面小、有利于熄弧，故分断能力高。因此，不同熔体材料的熔断器在电路中保护作用的侧重点是不同的。

1.6.3　熔断器的主要技术参数及典型产品

1. 熔断器的主要技术参数

（1）额定电压　它指从灭弧的角度出发，熔断器长期工作时和分断后能承受的电压。其值一般大于或等于所接电路的额定电压。

（2）额定电流　熔断器长期工作，各部件温升不超过允许温升的最大工作电流。熔断器的额定电流有两种，一种是熔管额定电流，也称为熔断器额定电流，另一种是熔体的额定电流。厂家为减少熔管额定电流的规格，熔管额定电流等级较少，而熔体额定电流等级较多，在一种电流规格的熔管内可安装几种电流规格的熔体，但熔体的额定电流最大不能超过熔管的额定电流。

（3）极限分断能力　熔断器在规定的额定电压和功率因数（或时间常数）条件下，能可靠分断的最大短路电流。

（4）熔断电流　通过熔体并使其熔化的最小电流。

2. 熔断器的典型产品

熔断器的种类很多，按结构来分有半封闭瓷插式、螺旋式、无填料密封管式和有填料密封管式；按用途分有一般工业用熔断器、半导体保护用快速熔断器和特殊熔断器。典型产品有 RL6、RL7、RL96、RLS2 系列螺旋式熔断器，RL1B 系列带断相保护螺旋式熔断器，RT18、RT18-□X 系列熔断器以及 RT14 系列有填料密封管式熔断器。此外，还有引进国外技术生产的 NT 系列有填料封闭式刀型触头熔断器与 NGT 系列半导体器件保护用熔断器等。

RL 系列型号含义：

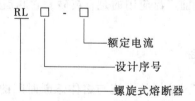

RL6、RL7、RL96、RLS2 系列熔断器技术数据见表 1-16。熔断器的符号如图 1-30a 所示，RL6、RL7 螺旋式熔断器外形和结构如图 1-30b、c 所示。图 1-31 为无填料密封管式熔断器外形和结构。图 1-32 为有填料密封管式熔断器外形和结构。

表 1-16　RL6、RL7、RL96、RLS2 系列熔断器技术数据

型　　号	额定电压/V	额定电流/A		额定分断电流/kA	$\cos\varphi$
		熔断器	熔　　体		
RL6-25, RL96-25Ⅱ	500	25	2,4,6,10,16,20,25	50	0.1~0.2
RL6-63, RL96-63Ⅱ		63	35,50,63		
RL6-100		100	80,100		
RL6-200		200	125,160,200		
RL7-25	660	25	2,4,6,10,16,20,25	25	
RL7-63		63	35,50,63		
RL7-100		100	80,100		
RLS2-30	500	(30)	16,20,25,(30)	50	
RLS2-63		63	35,(45),50,63		
RLS2-100		100	(75),80,(90),100		

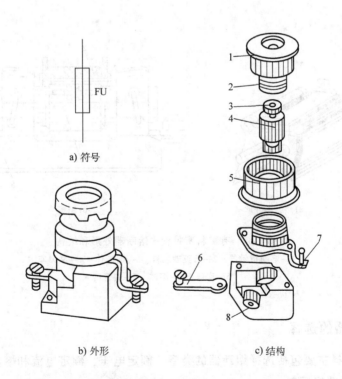

a) 符号

b) 外形　　　　　c) 结构

图 1-30　熔断器的符号螺旋式熔断器的外形、结构和符号

1—瓷帽　2—金属螺管　3—指示器

4—熔管　5—瓷套　6—下接线端　7—上接线端　8—瓷座

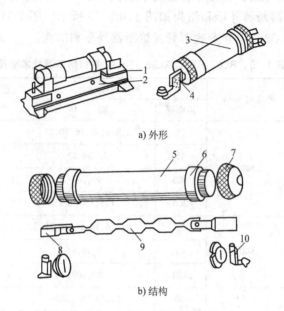

a) 外形

b) 结构

图 1-31　无填料密封管式熔断器外形和结构

1、4、10—夹座　2—底座　3—熔断器

5—硬质绝缘管　6—黄铜套管　7—黄铜帽　8—插刀　9—熔体

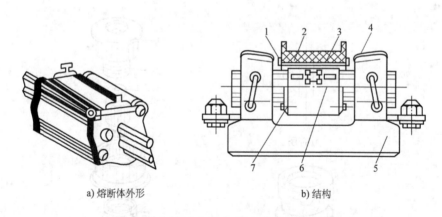

a) 熔断体外形　　　　　　　　　b) 结构

图 1-32　有填料密封管式熔断器外形和结构

1—熔断指示器　2—石英砂填料　3—熔断体　4—插刀座

5—底座　6—熔体　7—熔管

1.6.4　熔断器的选择

熔断器的选择主要包括选择熔断器的类型、额定电压、额定电流和熔体额定电流等。

1. 熔断器的选择原则

1）根据使用条件确定熔断器的类型。

2）选择熔断器的规格时，应先选定熔体的规格，然后再根据熔体去选择熔断器的规格。

3）熔断器的保护特性应与被保护对象的过载特性有良好的配合。

4）在配电系统中，各级熔断器应相互匹配，一般上一级熔体的额定电流要比下一级熔体的额定电流大 2~3 倍。

5）对于保护电动机的熔断器，应注意电动机起动电流的影响。熔断器一般只作为电动机的短路保护，过载保护应采用热继电器。

6）熔断器的额定电流应不小于熔体的额定电流；额定分断能力应大于电路中可能出现的最大短路电流。

2. 一般熔断器的选择

（1）熔断器类型的选择   在选择熔断器时，主要根据负载的情况和短路电流的大小来选择其类型。例如，对于容量较小的照明电路或电动机的保护，宜采用 RC1A 系列插入式熔断器或 RM10 系列无填料密封管式熔断器；对于短路电流较大的电路或有易燃气体的场合，宜采用具有高分断能力的 RL 系列螺旋式熔断器或 RT（包括 NT）系列有填料密封管式熔断器；对于保护硅整流器件及晶闸管的场合，应采用快速熔断器。

此外，也要考虑使用环境，例如，管式熔断器常用于大型设备及容量较大的变电场合；插入式熔断器常用于无振动的场合；螺旋式熔断器多用于机床配电；电子设备一般采用熔丝管。

（2）熔断器额定电压的选择   熔断器的额定电压应大于或等于所接电路的额定电压。

（3）熔体额定电流的选择   熔体额定电流大小与负载大小、负载性质有关。对于负载平稳无冲击电流的照明电路、电热电路等可按负载电流大小来确定熔体的额定电流；对于有冲击电流的电动机负载电路，为起到短路保护作用，又保证电动机的正常起动，其熔断器熔体额定电流 I_{Np} 的选择又分为以下三种情况：

1）对于单台长期工作电动机，有

$$I_{Np} = (1.5 \sim 2.5)I_{NM} \tag{1-11}$$

式中 I_{Np}——熔体额定电流，单位为 A；

I_{NM}——电动机额定电流，单位为 A。

2）对于单台频繁起动的电动机，有

$$I_{Np} = (3 \sim 3.5)I_{NM} \tag{1-12}$$

3）对于多台电动机共用一熔断器保护时，有

$$I_{Np} = (1.5 \sim 2.5)I_{NMmax} + \sum I_{NM} \tag{1-13}$$

式中 I_{NMmax}——多台电动机中容量最大一台电动机的额定电流，单位为 A；

$\sum I_{NM}$——其余各台电动机额定电流之和，单位为 A。

在式（1-11）与式（1-13）中，轻载起动或起动时间较短时，式中系数取 1.5；重载起动或起动时间较长时，系数取 2.5。

（4）熔断器额定电流的选择   当熔体额定电流确定后，根据熔断器额定电流大于或等于熔体额定电流来确定熔断器额定电流。每一种电流等级的熔断器可以选配多种不同额定电流的熔体。

1.7　低压断路器

低压断路器俗称自动空气开关，是一种既有手动开关作用又能自动进行欠电压、失电压、过载和短路保护的开关电器。

低压断路器种类较多，按用途分有保护电动机用、保护配电线路用及保护照明线路用三种。按结构形式分有框架式和塑壳式两种。按极数分有单极、双极、三极和四极四种。

1.7.1　低压断路器的结构及工作原理

各种低压断路器在结构上都有主触头及灭弧装置、各种脱扣器、自由脱扣机构和操作机构等部分组成。

（1）主触头及灭弧装置　主触头是断路器的执行元件，用来接通和分断主电路，为提高其分断能力，主触头位置装有灭弧装置。

（2）脱扣器　脱扣器是断路器的感受元件，当电路出现故障时，脱扣器感测到故障信号后，经自由脱扣器使断路器主触头分断，从而起到对电路的保护作用。按接受故障的不同，有如下几种脱扣器：

1）分励脱扣器。用于远距离使断路器断开电路的脱扣器，其实质是一个电磁铁，由控制电源供电，可以按照操作人员指令或继电保护信号使电磁铁线圈通电，衔铁动作，使断路器切断电路。一旦断路器断开电路，分励脱扣器电磁线圈也就断电了，所以分励脱扣器是短时工作的。

2）欠电压、失电压脱扣器。这是一个具有电压线圈的电磁机构，其线圈并接在主电路中。当主电路电压消失或降至一定值以下时，电磁吸力不足以继续吸持衔铁，在反力作用下，衔铁释放，衔铁顶板推动自由脱扣机构，将断路器主触头断开，实现欠电压与失电压保护。

3）过电流脱扣器。其实质是一个具有电流线圈的电磁机构，电磁线圈串接在主电路中，流过负载电流。当正常电流通过时，产生的电磁吸力不足以克服反力，衔铁不被吸合；当电路出现瞬时过电流或短路电流时，吸力大于反力，使衔铁吸合并带动自由脱扣机构使断路器主触头断开，实现过电流与短路电流保护。

4）热脱扣器。该脱扣器由热元件、双金属片组成，将双金属片热元件串接在主电路中，其工作原理与双金属片式热继电器相同。当过载到一定值时，由于温度升高，双金属片受热弯曲并带动自由脱扣机构，使断路器主触头断开，实现长期过载保护。

（3）自由脱扣机构和操作机构　自由脱扣机构是用来联系操作机构和主触头的机构，当操作机构处于闭合位置时，也可操作分励脱扣机构进行脱扣，将主触头断开。

操作机构是实现断路器闭合、断开的机构。通常电力拖动控制系统中的断路器采用手动操作机构，低压配电系统中的断路器有电磁铁操作机构和电动机操作机构两种。图1-33为DZ5-20型低压断路器的外形和结构。

低压断路器的工作原理与符号如图1-34所示。图中是一个三极低压断路器，三个主触头串接于三相电路中。经操作机构将其闭合，此时传动杆3由锁扣4钩住，保持主触头的闭合状态，同时分闸弹簧1已被拉伸。当主电路出现过电流故障且达到过电流脱扣器的动作电

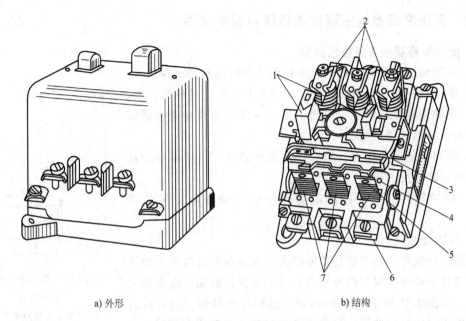

a) 外形   b) 结构

图 1-33 DZ5-20 型低压断路器的外形和结构

1—按钮 2—电磁脱扣器 3—自由脱扣机构 4—动触头 5—静触头 6—接线柱 7—发热元件

流时, 过电流脱扣器 6 的衔铁吸合, 顶杆上移将锁扣 4 顶开, 在分闸弹簧 1 的作用下使主触头断开。当主电路出现欠电压、失电压或过载时, 则欠电压、失电压脱扣器和热脱扣器分别将锁扣顶开, 使主触头断开。分励脱扣器可由主电路或其他控制电路供电, 由操作人员发出指令或继电保护信号使分励线圈通电, 其衔铁吸合, 将锁扣顶开, 在分闸弹簧作用下使主触头断开, 同时也使分励线圈断电。

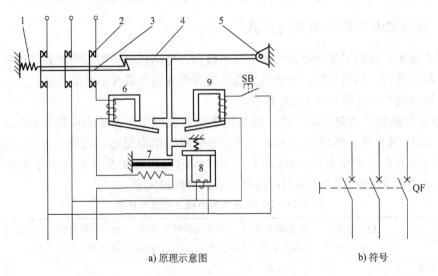

a) 原理示意图   b) 符号

图 1-34 低压断路器工作原理与符号

1—分闸弹簧 2—主触头 3—传动杆 4—锁扣 5—轴 6—过电流脱扣器

7—热脱扣器 8—欠电压失电压脱扣器 9—分励脱扣器

1.7.2 低压断路器的主要技术数据和保护特性

1. 低压断路器的主要技术数据

1）额定电压。断路器在电路中长期工作时的允许电压值。

2）断路器的额定电流。指脱扣器允许长期通过的电流，即脱扣器的额定电流。

3）断路器壳架等级额定电流。指每一件框架或塑壳中能安装的最大脱扣器的额定电流。

4）断路器的通断能力。指在规定操作条件下，断路器能接通和分断短路电流的能力。

5）保护特性。指断路器的动作时间与动作电流的关系曲线。

2. 保护特性

断路器的保护特性主要是指断路器长期过载和过电流保护特性，即断路器动作时间与热脱扣器和过电流脱扣器动作电流的关系曲线，如图1-35所示。图中ab段为过载保护特性，具有反时限。df段为瞬时动作曲线，当故障电流超过d点对应电流时，过电流脱扣器便瞬时动作。ce段为定时限延时动作曲线，当故障电

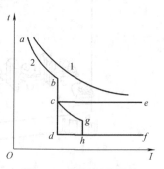

图 1-35　低压断路器的
保护特性
1—被保护对象的发热特性
2—低压断路器保护特性

流大于c点对应电流时，过电流脱扣器经短时延时后动作，延时长短由c点与d点对应的时间差决定。根据需要，断路器的保护特性可以是两段式，如abdf，既有过载延时又有短路瞬动保护；而abce则为过载长延时和短路延时保护。另外，还可有三段式的保护特性，如abcghf曲线，既有过载长延时，短路短延时，又有特大短路的瞬动保护。为达到良好的保护作用，断路器的保护特性应与被保护对象的发热特性有合理的配合，即断路器的保护特性2应位于被保护对象发热特性1的下方，并以此来合理选择断路器的保护特性。

1.7.3 塑壳式低压断路器典型产品

塑壳式低压断路器根据用途分为配电用断路器、电动机保护用断路器和其他负载用断路器，用作配电线路、照明电路、电动机及电热器等设备的电源控制开关及保护。一般型塑壳式低压断路器国产典型型号为DZ20系列。

DZ20系列断路器是全国统一设计的系列产品，适用于交流额定电压500V以下、直流额定电压220V及以下，额定电流100~125A的电路中作为配电、线路及电源设备的过载、短路和欠电压保护；额定电流200A及以下和DZ20Y-400型的断路器也可作为电动机的过载、短路和欠电压保护。DZ20系列断路器主要技术数据见表1-17。

表 1-17　DZ20 系列断路器主要技术数据

型 号	脱扣器额定电流/A	壳架等级额定电流/A	瞬时脱扣整定值/A		交流短路极限通断能力/kA	电器寿命/次	机械寿命/次
			配电用	电动机用			
DZ20C-160	16,20,32,50,63,80,100（C：125,160）	160	$10I_N$	$12I_N$	12	4000	4000
DZ20Y-100		100			18		
DZ20J-100					35		
DZ20G-100					100		

（续）

型　号	脱扣器额定电流/A	壳架等级额定电流/A	瞬时脱扣整定值/A		交流短路极限通断能力/kA	电器寿命/次	机械寿命/次
			配电用	电动机用			
DZ20C-250	100,125,160,180,200,225,（C:250）	250	$5I_N$,$10I_N$	$8I_N$,$12I_N$	15	2000	6000
DZ20Y-200		200			25		
DZ20J-200					42		
DZ20G-200					100		
DZ20C-400	200,250,315,350,400（C:100,125,160,180）	400	$10I_N$	$12I_N$	15	1000	4000
DZ20Y-400					30		
DZ20J-400			$5I_N$,$10I_N$	—	42		

DZ20 系列型号含义：

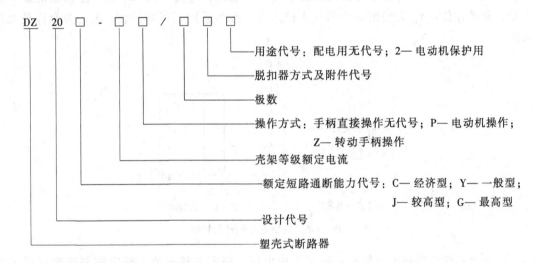

用途代号：配电用无代号；2— 电动机保护用

脱扣器方式及附件代号

极数

操作方式：手柄直接操作无代号；P— 电动机操作；
Z— 转动手柄操作

壳架等级额定电流

额定短路通断能力代号：C— 经济型；Y— 一般型；
J— 较高型；G— 最高型

设计代号

塑壳式断路器

1.7.4 塑壳式低压断路器的选用

塑壳式低压断路器常用来做电动机的过载与短路保护，其选择原则如下：

1) 断路器额定电压等于或大于线路额定电压。

2) 断路器额定电流等于或大于线路或设备额定电流。

3) 断路器通断能力等于或大于线路中可能出现的最大短路电流。

4) 欠电压脱扣器额定电压等于线路额定电压。

5) 分励脱扣器额定电压等于控制电源电压。

6) 长延时电流整定值等于电动机额定电流。

7) 瞬时整定电流：对保护笼型异步电动机的断路器，瞬时整定电流为 8～15 倍电动机额定电流；对于保护绕线转子异步电动机的断路器，瞬时整定电流为 3～6 倍电动机额定电流。

8) 6 倍长延时电流整定值的可返回时间等于或大于电动机实际起动时间。

使用低压断路器来实现短路保护要比熔断器性能更加优越，因为当三相电路发生短路时，很可能只有一相的熔断器熔断，造成缺相运行。对于低压断路器，只要造成短路都会使开关跳闸，将三相电源全部切断。何况低压断路器还有其他自动保护作用。但它结构复杂，操作频率低，价格较高，适用于要求较高场合。

1.8　主令电器

主令电器是一种在电气自动控制系统中用于发送或转换控制指令的电器。它一般用于控制接触器、继电器或其他电器线路，使电路接通或分断，从而实现对电力传输系统或生产过程的自动控制。

主令电器应用广泛，种类繁多，常用的有控制按钮、行程开关、接近开关、万能转换开关和主令控制器等。

主令电器的开关特性如图1-36所示。图中 X 为主令电器的输入量（电压、电流、作用力、作用距离等），Y 为主令电器的输出量（光、电压、电流等）。X_1 为产生输出的最小输入量，称动作值；X_R 为输出截止的最大输入量，称为返回值或释放值；X_{max} 为允许最大输入值。

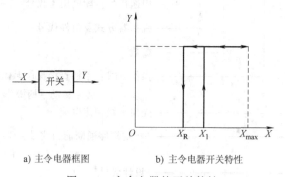

a) 主令电器框图　　　b) 主令电器开关特性

图1-36　主令电器的开关特性

主令电器的主要技术参数有：额定工作电压、额定发热电流、额定控制功率（或工作电流）、输入动作参数和开关特性、工作精度、机械寿命及电气寿命、工作可靠性等。

1.8.1　控制按钮

控制按钮是一种结构简单、应用广泛的主令电器。主要用于远距离操作具有电磁线圈的电器，如接触器、继电器等，也用在控制电路中发布指令和执行电气联锁。

控制按钮一般由按钮、复位弹簧、触头和外壳等部分组成，其结构示意图与符号如图1-37所示。每个按钮中的触头形式和数量可根据需要装配成一常开一常闭到六常开六常闭等形式。按下按钮时，先断开常闭触头，后接通常开触头。当松开按钮时，在复位弹簧作用下，常开触头先断开，常闭触头后闭合。

控制按钮按保护形式分为开启式、保护式、防水式和防腐式等。按结构形式分为嵌压式、紧急式、钥匙式、带信号灯式、带灯揿钮式和带灯紧急式等。按钮颜色有红、黑、绿、黄、白和蓝等。

按钮的主要技术参数有额定电压、额定电流、结构形式、触头数及按钮颜色等。常用的控制按钮的额定电压为交流电压380V，额定工作电流为5A。

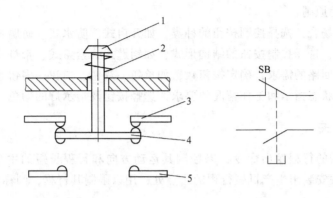

a) 结构　　　　　　　　　　b) 符号

图 1-37　控制按钮结构与符号

1—按钮　2—复位弹簧　3—常闭静触头　4—动触头　5—常开静触头

常用的控制按钮有 LA、LAY、NP 等系列。LA20 系列控制按钮技术数据见表 1-18。

表 1-18　LA20 系列控制按钮技术数据

型　　号	触头数量		结构形式	按　钮		指　示　灯	
	常开	常闭		钮数	颜色	电压/V	功率/W
LA20-11	1	1	揿钮式	1	红、绿、黄、蓝或白	—	—
LA20-11J	1	1	紧急式	1	红	—	—
LA20-11D	1	1	带灯揿钮式	1	红、绿、黄、蓝或白	6	<1
LA20-11DJ	1	1	带灯紧急式	1	红	6	<1
LA20-22	2	2	揿钮式	1	红、绿、黄、蓝或白	—	—
LA20-22J	2	2	紧急式	1	红	—	—
LA20-22D	2	2	带灯揿钮式	1	红、绿、黄、蓝或白	6	<1
LA20-22DJ	2	2	带灯紧急式	1	红	6	<1
LA20-2K	2	2	开启式	2	白红或绿红	—	—
LA20-3K	3	3	开启式	3	白、绿、红	—	—
LA20-2H	2	2	保护式	2	白红或绿红	—	—
LA20-3H	3	3	保护式	3	白、绿、红	—	—

LA20 系列控制按钮型号含义：

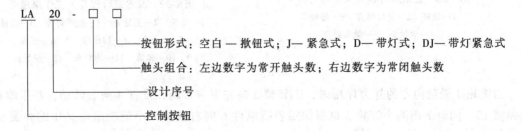

控制按钮选用原则：

1）根据使用场合，选择控制按钮的种类，如开启式、防水式、防腐式等。

2）根据用途，选择控制按钮的结构形式，如钥匙式、紧急式、带灯式等。

3）根据控制回路的需求，确定按钮数，如单钮、双钮、三钮、多钮等。

4）根据工作状态指示和工作情况的要求，选择按钮及指示灯的颜色。

1.8.2　行程开关

依据生产机械的行程发出命令，以控制其运动方向和行程长短的主令电器称为行程开关。若将行程开关安装于生产机械行程的终点处，用以限制其行程，则称为限位开关或终端开关。

行程开关按结构分为机械结构的接触式有触点行程开关和电气结构的非接触式接近开关。机械结构的接触式行程开关是依靠移动机械上的撞块碰撞其可动部件使常开触头闭合，常闭触头断开来实现对电路控制的。当工作机械上的撞块离开可动部件时，行程开关复位，触头恢复其原始状态。

行程开关按其结构可分为直动式、滚动式和微动式三种。

直动式行程开关结构与符号如图 1-38 所示，它的动作原理与控制按钮相同，但它的缺点是触头分合速度取决于生产机械的移动速度，当移动速度低于 0.4m/min 时，触头分断太慢，易受电弧烧蚀。为此，应采用盘形弹簧瞬时动作的滚轮式行程开关，其工作原理图如图 1-39所示。

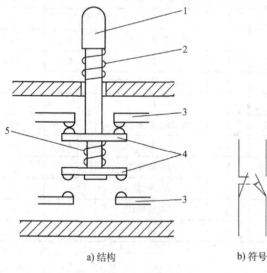

图 1-38　直动式行程开关结构与符号
1—顶杆　2—复位弹簧　3—静触头
4—动触头　5—触头弹簧

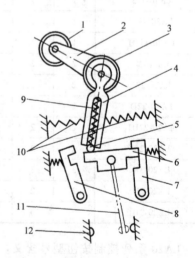

图 1-39　滚轮式行程开关工作原理图
1—滚轮　2—上转臂　3—盘形弹簧　4—推杆
5—小滚轮　6—擒纵件　7、8—压板
9、10—弹簧　11—动触头　12—静触头

当滚轮 1 受到向左的外力作用时，上转臂 2 向左下方转动，推杆 4 向右转动，并压缩右边弹簧 10，同时下面的小滚轮 5 也很快沿着擒纵件 6 向右滚动，小滚轮滚动又压缩弹簧 9，

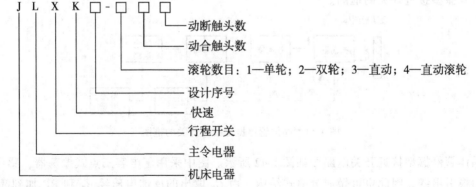

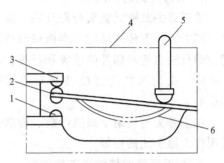

当小滚轮 5 滚过擒纵件 6 的中点时，盘形弹簧 3 和弹簧 9 都使擒纵件迅速转动，从而使动触头迅速地与右边静触头分开，并与左边静触头闭合，减少了电弧对触头的烧蚀，适用于低速运行的机械。

微动开关是具有瞬时动作和微小行程的灵敏开关。图 1-40 为 LX31 系列微动开关结构示意图，当推杆 5 受机械力作用被压下时，弓簧片 6 产生变形，储存能量并产生位移，当达到临界点时，弹簧片连同桥式动触头瞬时动作。当外力失去后，推杆在弓簧片作用下迅速复位，触头恢复原来状态。由于采用瞬动结构，触头换接速度不受推杆压下速度的影响。

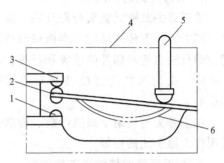

图 1-40　LX31 系列微动开关结构示意图
1—常开静触头　2—动触头　3—常闭静触头
4—壳体　5—推杆　6—弓簧片

常用的行程开关有 LS、LX、LXK、LXW、WL、JLXK 等系列，微动开关有 LX31 系列和 JW 型。

JLXK1 系列行程开关的主要技术数据见表 1-19。

表 1-19　JLXK1 系列行程开关的主要技术数据

型　号	额定电压/V	额定电流/A	结构形式	触头对数 常开	触头对数 常闭	动作行程距离及角度	超　行　程
JLXK1-111	AC500	5	单轮防护式	1	1	12°~15°	≤30°
JLXK1-211			双轮防护式			~45°	≤45°
JLXK1-311			直动防护式			1~3mm	2~4mm
JLXK1-411			直动滚轮防护式			1~3mm	2~4mm

JLXK 系列行程开关型号含义：

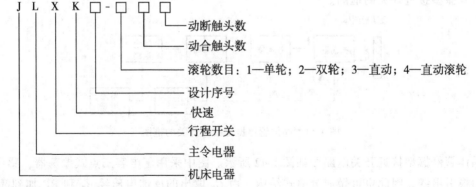

行程开关的选用原则：

1）根据应用场合及控制对象选择种类。

2）根据安装使用环境选择防护形式。

3）根据控制回路的电压和电流选择行程开关系列。

4）根据运动机械与行程开关的传力和位移关系选择行程开关的头部形式。

1.8.3 接近开关

1. 接近开关的作用

接近开关又称无触头行程开关，是一种开关型传感器，它既有行程开关、微动开关的特点，同时也具有传感性能。当机械运动部件运动到接近开关一定距离时就发出动作信号。它能准确反映出运动部件的位置和行程，若用于一般的行程控制，其定位精度、操作频率、使用寿命、安装调整的方便性和对恶劣环境的适用能力，是一般机械式行程开关所不能相比的。

接近开关还可用于高速计数、检测金属体的存在、测速、液压控制、检测零件尺寸，以及用作无触头式按钮等。

2. 接近开关的结构和工作原理

接近开关由接近信号辨识机构、检波、鉴幅和输出电路等部分组成。接近开关按辨识机构工作原理不同分为高频振荡型、感应型、电容型、光电型、永磁及磁敏元件型、超声波型等，其中以高频振荡型最为常用。

高频振荡型接近开关由感辨头、振荡器、开关器、输出器和稳压器等部分组成。当装在生产机械上的金属检测体接近感辨头时，由于感应作用，使处于高频振荡器线圈磁场中的物体内部产生涡流与磁滞损耗，以致振荡回路因电阻增大、损耗增加使振荡减弱，直至停止振荡。这时，晶体管开关就导通，并经输出器输出信号，从而起到控制作用。下面以晶体管停振型接近开关为例分析其工作原理。

晶体管停振型接近开关属于高频振荡型。高频振荡型接近信号的发生机构实际上是一个 LC 振荡器，其中 L 是电感式感辨头。当金属检测体接近感辨头时，在金属检测体中将产生涡流，由于涡流的去磁作用使感辨头的等效参数发生变化，改变振荡回路的谐振阻抗和谐振频率，使振荡停止，并以此发出接近信号。LC 振荡器由 LC 振荡回路、放大器和反馈电路构成。按反馈方式可分为电感分压反馈式、电容分压反馈式和变压器反馈式三种。图 1-41 为晶体管停振型接近开关的框图。

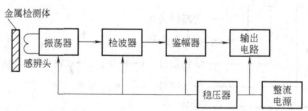

图 1-41 晶体管停振型接近开关的框图

晶体管停振型接近开关电路图如图 1-42 所示。图中采用了电容三点式振荡器，感辨头 L 仅有两根引出线，因此也可做成分离式结构。由 C_2 取出的反馈电压经 R_2 和 RP 加到晶体管 VT_1 的基极和发射极两端，取分压比等于 1，即 $C_1 = C_2$，其目的是为了能够通过改变 RP 来整定开关的动作距离。由 VT_2、VT_3 组成的射极耦合触发器不仅用作鉴幅，同时也起电压和功率放大作用。VT_2 的基射结还兼作检波器。为了减轻振荡器的负担，选用较小的耦合电容 C_3（510pf）和较大的耦合电阻 R_4（10kΩ）。振荡器输出的正半周电压使 C_3 充电，负半周时 C_3 经 R_4 放电，选择较大的 R_4 可减小放电电流，由于每周期内的充电量等于放电量，所

以较大的 R_4 也会减小充电电流，使振荡器在正半周的负担减轻。但是 R_4 也不应过大，以免 VT_2 基极信号过小而在正半周内不足以饱和导通。检波电容 C_4 不接在 VT_2 的基极而接在集电极上，其目的是为了减轻振荡器的负担。由于充电时间常数 R_5C_4 远大于放电时间常数（ C_4 通过半波导通向 VT_2 和 VD_3 放电），因此当振荡器振荡时，VT_2 的集电极电位基本等于其发射极电位，并使 VT_3 可靠截止。当有金属检测体接近感辨头 L 使振荡器停振时，VT_3 导通，继电器 KA 通电吸合发出接近信号，同时 VT_3 的导通因 C_4 充电约有数百微秒的延迟。C_4 的另一作用是当电路接通电源时，振荡器虽不能立即起振，但由于 C_4 上的电压不能突变，使 VT_3 不致有瞬间的误导通。

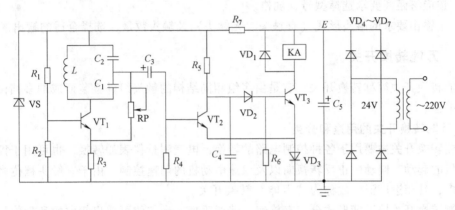

图 1-42　晶体管停振型接近开关电路图

3. 接近开关的典型产品

常用的接近开关有 LJ、CWY、SQ 系列及引进国外技术生产的 3SG 系列。

接近开关型号含义：

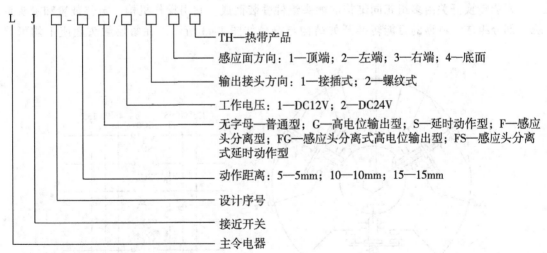

4. 接近开关主要技术参数及选用原则

接近开关的主要技术参数除了工作电压、输出电流或控制功率外，还有其特有的技术参数，包括：动作距离、重复精度、操作频率和复位行程等。

LJ5 系列接近开关主要技术参数见表 1-20。

表 1-20   LJ5 系列接近开关主要技术参数

接近开关类型		额定工作电压/V	输出电流/mA	开关压降/V	截止状态电流/mA	工作电压 U_N(%)	操作频率/(次/s)	外螺纹直径/mm	外壳防护等级
直流	二线型	10～30	5～50	8	1.5	85～110	100～200	M18、M30	IP65
	三线型	6～30	5～300	3.5	0.5				
	四线型	10～30	2×(5～50)						
交流		30～220	20～30	10	2.5	80～110	5		

接近开关的选用原则：

1）接近开关仅用于工作频率高，可靠性及精度要求均较高的场合。

2）按应答距离要求选择型号、规格。

3）按输出要求的触头形式（有触头、无触头）及触头数量，选择合适的输出形式。

1.8.4 万能转换开关

万能转换开关简称转换开关，它是由多组相同结构的触头组件叠装而成的多档位多回路的主令电器。

1. 万能转换开关的用途和分类

万能转换开关主要用于各种控制电路的转换，电气测量仪表的转换，也可用于控制小容量电动机的起动、制动、正反转换向以及双速电动机的调速控制。由于它触头档位多、换接的电路多，且用途广泛，故称为"万能"转换开关。

万能转换开关按手柄形式分，有旋钮、普通手柄、带定位可取出钥匙的和带信号灯指示的等；按定位形式分，有复位式和定位式。定位角又分 30°、45°、60°、90° 等数种；按接触系统档数分，对于 LW5 有 1、2、3、4、5、6、7、8、9、10、11、12、13、14、15、16 等 16 种单列转换开关。

2. 万能转换开关的结构和工作原理

万能转换开关由多组相同结构的触头组件叠装而成。它由操作机构、定位装置和触头系统三部分组成。典型的万能转换开关结构与符号如图 1-43 所示。在每层触头底座上均可装

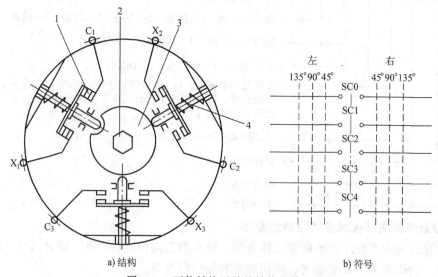

a) 结构   b) 符号

图 1-43   万能转换开关的结构与符号

1—触头   2—转轴   3—凸轮   4—触头弹簧

三对触头，并由触头底座中的凸轮经转轴来控制这三对触头的通断。由于各层凸轮可做成不同的形状，这样用手柄将开关转至不同位置时，经凸轮的作用，可实现各层中的各触头按所规定的规律接通或断开，以适应不同的控制要求。

3. 万能转换开关常用型号及主要技术数据

常用的万能转换开关有 LW5、LW6、LW12-16 等系列。用于低压系统中各种控制电路的转换、电气测量仪表的转换以及配电设备的遥控和转换，还可用于不频繁起动停止的小容量电动机的控制。

万能转换开关型号含义：

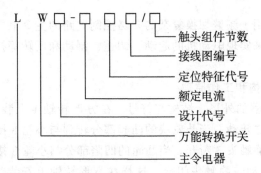

LW5 型 5.5kW 手动转换开关用途见表 1-21。

表 1-21 LW5 型 5.5kW 手动转换开关用途表

用 途	型 号	定 位 特 性			接触装置档数
直接起动开关	LW5-15/5.5Q		0°	45°	2
可逆转换开关	LW5-15/5.5N	45°	0°	45°	3
双速电机变速开关	LW5-15/5.5S	45°	0°	45°	5

LW5、LW6 系列万能转换开关的主要技术数据见表 1-22。

表 1-22 LW5、LW6 系列万能转换开关的主要技术数据

型号	额定电压/V	额定电流/A	双断点触头技术数据											操作频率/(次/h)	触头档数
			AC						DC						
			接通			分断			接通			分断			
			电压/V	电流/A	cosφ	电压/V	电流/A	cosφ	电压/V	电流/A	t/ms	电压/V	电流/A	t/ms		
LW5	AC、DC：500	15	24 48 110 220 380 440 500	30 20 15 10	0.3～0.4	24 48 110 220 380 440 500	30 20 15 10	0.3～0.4	24 48 110 220 380 440 500	20 15 2.5 1.2 5 0.5 0.3 5	60～66	24 48 110 220 380 440 500	20 15 2.5 1.2 5 0.5 0.3 5	60～66	120	每一触头座内有二对触头，档数有 1～16、18、21、24、27、30 可取代 LW1、LW4
LW6	AC：380 DC：220	5	380	5		380	0.5		220	0.2	50～100	220	0.2	50～100		每一触头座内有三对触头，档数有 1～6、8、10、12、16、20

4. 万能转换开关的选用原则

万能转换开关的选用原则：

1）按额定电压和工作电流选用相应的万能转换开关系列。

2）按操作需要选定手柄形式和定位特征。

3）按控制要求参照转换开关产品样本，确定触头数量和接线图编号。

4）选择面板形式及标志。

1.8.5　主令控制器

主令控制器是一种用于频繁切换复杂的多路控制电路的主令电器。用它在控制系统中发出命令，再通过接触器来实现电动机的起动、调速、制动和反转等控制目的。主要用作起重机、轧钢机的主令控制。

1. 主令控制器的结构和工作原理

图1-44为主令控制器的外形、结构与符号，在方形转轴1上装有不同形状的凸轮块7，转动方轴时，凸轮块随之转动，当凸轮块的凸起部分转到与小轮8接触时，则推动支架6向外张开，使动触头2与静触头3断开。当凸轮的凹陷部分与小轮8接触时，支架6在复位弹簧10的作用下复位，使动、静触头闭合。这样在方形转轴上安装一串不同形状的凸轮块，便可使触头按一定顺序闭合与断开，即获得按一定顺序动作的触头，也就获得按一定顺序动作的电路了。

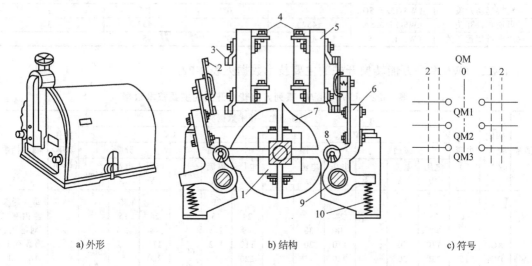

a) 外形　　　　　　　　　　b) 结构　　　　　　　　　　c) 符号

图1-44　主令控制器的外形、结构与符号

1—方形转轴　2—动触头　3—静触头　4—接线柱　5—绝缘板
6—支架　7—凸轮块　8—小轮　9—转动轴　10—复位弹簧

2. 主令控制器的常用型号和主要技术数据

常用的主令控制器有LK系列，它是属于有触头的主令控制器，对电路输出的是开关量主令信号。为实现对电路输出模拟量的主令信号，可采用无触头主令控制器，主要有WLK系列。

LK 系列主令控制器型号含义：

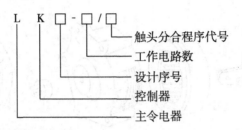

LK18 系列主令控制器主要技术数据见表 1-23。

表 1-23　LK18 系列主令控制器主要技术数据

防护等级	电压种类	额定绝缘电压/V	额定发热电流/A	额定工作电流/A			控制容量	额定操作频率/(次/h)	机械寿命/万次	使用类别	通断次数/次	电气寿命/万次
				380V	220V	110V						
IP30	AC	500	10	2.6	4.5	—	1000V·h	1200	300	AC-11	50	100
	DC			—	0.4	0.8	90W			DC-11	20	60

3. 主令控制器的选用原则

1）使用环境：室内选用防护式、室外选用防水式。

2）主要根据所需操作位置数、控制电路数、触头闭合顺序以及额定电压、额定电流来选择。

3）控制电路数的选择：全系列主令控制器的电路数有 2、5、6、8、16、24 等规格，一般选择时应留有裕量，以作备用。

4）在起重机控制中，主令控制器应根据磁力控制盘型号来选择。

1.9　速度继电器与干簧继电器

输入信号是非电信号，而只有当非电信号达到一定值时，才有信号输出的电器为信号继电器，常用的有速度继电器与干簧继电器。前者输入信号为电动机的转速，后者输入信号为磁场，输出信号皆为触头的动作。

1.9.1　速度继电器

速度继电器是将电动机的转速信号经电磁感应原理来控制触头动作的电器。其结构主要由定子、转子和触头系统三部分组成，定子是一个笼型空心圆环，由硅钢片叠成，并嵌有笼型导条，转子是一个圆柱形永久磁铁，触头系统有正向运转时动作的和反向运转时动作的触头各一组，每组又各有一对常闭触头和一对常开触头，如图 1-45 所示。

使用时，继电器转子的轴与电动机轴相连接，定子空套在转子外围。当电动机起动旋转时，继电器的转子 2 随着转动，永久磁铁的静止磁场就成了旋转磁场。定子 8 内的绕组 9 因切割磁场而产生感应电动势，形成感应电流，并在磁场作用下产生电磁转矩，使定子随转子旋转方向转动，但因有簧片 11 挡住，故定子只能随转子旋转方向作一偏转。当定子偏转到一定角度时，在簧片 11 的作用下使常闭触头打开而常开触头闭合。推动触

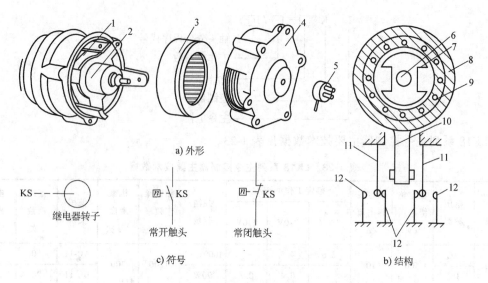

a) 外形

KS --- ○
继电器转子

囝 \ KS
常开触头

囝 \ KS
常闭触头

c) 符号

b) 结构

图 1-45　JY1 型速度继电器的外形、结构和符号

1—可动支架　2—转子　3、8—定子　4—端盖　5—连接头　6—电动机轴　7—转子（永久磁铁）

9—定子绕组　10—胶木摆杆　11—簧片（动触头）　12—静触头

头的同时也压缩相应的反力弹簧，其反作用力阻止定子偏转。当电动机转速下降时，继电器转子转速也随之下降，定子导条中的感应电动势、感应电流、电磁转矩均减小。当继电器转子转速下降到一定值时，电磁转矩小于反力弹簧的反作用力矩，定子返回原位，继电器触头恢复到原来状态。调节螺钉的松紧，可调节反力弹簧的反作用力大小，也就调节了触头动作所需的转子转速。一般速度继电器触头的动作转速为 140r/min 左右，触头的复位转速为 100r/min。

当电动机正向运转时，定子偏转使正向常开触头闭合，常闭触头断开，同时接通、断开与它们相连的电路；当正向旋转速度接近零时，定子复位，使常开触头断开，常闭触头闭合，同时与其相连的电路也改变状态。当电动机反向运转时，定子向反方向偏转，使反向动作触头动作，情况与正向时相同。

常用的速度继电器有 JY1 和 JFZ0 系列。JY1 系列可在 700~3600r/min 范围内可靠地工作。JFZ0-1 型适用于 300~1000r/min；JFZ0-2 型适用于 1000~3600r/min。该两种系列均具有两对常开、常闭触头，触头额定电压为 380V，额定电流为 2A。

速度继电器型号含义：

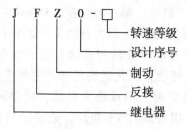

J　F　Z　0　-　□

转速等级
设计序号
制动
反接
继电器

JY1、JFZ0 系列速度继电器的技术数据见表 1-24。

表 1-24　JY1、JFZ0 系列速度继电器技术数据

型号	触头额定电压/V	触头额定电流/A	触头数量		额定工作转速 /(r/min)	允许操作频率 /(次/h)
			正转时动作	反转时动作		
JY1	380	2	1 组转换触头	1 组转换触头	100~3600	<30
JFZ0					300~3600	

速度继电器的选择主要根据电动机的额定转速、控制要求来选择。

1.9.2　干簧继电器

干簧继电器是利用磁场作用来驱动继电器触头动作的。其主要部分是干簧管，它是由一组或几组导磁簧片封装在充有惰性气体（如氢、氮等）的玻璃管中组成的开关元件。导磁簧片既有导磁作用，又作为接触簧片即控制触头用。图 1-46 为干簧继电器结构原理与符号。图 1-46a 为利用干簧继电器外的线圈通电产生磁场来驱动继电器动作的原理图。图 1-46b 为利用外磁场驱动继电器动作的原理图。在磁场作用下，干簧管内的两根导磁簧片分别被磁化而相互吸引，接通电路。当磁场消失后，簧片靠本身的弹性分开。干簧继电器常用于电梯电气控制中。目前国产干簧继电器有 JAG2-1A 型与 JAG2-2A 型等。

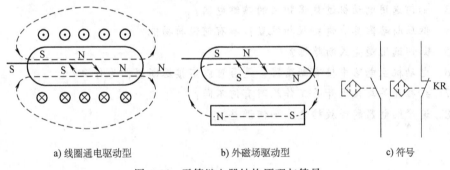

　　　　a) 线圈通电驱动型　　　　　　　　b) 外磁场驱动型　　　　　　c) 符号

图 1-46　干簧继电器结构原理与符号

习　题

1-1　从外部结构特征上如何区分直流电磁机构与交流电磁机构？怎样区分电压线圈与电流线圈？

1-2　三相交流电磁铁有无短路环，为什么？

1-3　交流电磁线圈误接入对应直流电源，直流电磁线圈误接入对应交流电源，将发生什么问题，为什么？

1-4　交流、直流接触器是以什么来定义的？交流接触器的额定参数中为何要规定操作频率？

1-5　接触器的主要技术参数有哪些？其含义是什么？

1-6　交流接触器与直流接触器有哪些不同？

1-7　如何选用接触器？

1-8　交流、直流电磁式继电器是以什么来定义的？

1-9　电磁式继电器与电磁式接触器在结构上有何不同？

1-10　何为电磁式继电器的吸力特性与反力特性？它们之间应如何配合？

1-11　电磁式继电器的主要参数有哪些？其含义如何？

1-12　过电压继电器、过电流继电器的作用是什么？

1-13　中间继电器与接触器有何不同？

1-14　何为通用电磁式继电器？

1-15　如何选用电磁式继电器？

1-16　空气阻尼式时间继电器由哪几部分组成？简述其工作原理。

1-17　星形联结的三相异步电动机能否采用两相热继电器来做断相与过载保护，为什么？

1-18　三角形联结的三相异步电动机为何必须采用三相带断相保护的热继电器来作断相与过载保护？

1-19　什么是热继电器的整定电流？

1-20　熔断器的额定电流、熔体的额定电流、熔体的极限分断电流三者有何区别？

1-21　热继电器、熔断器的保护功能有何不同？

1-22　能否用过电流继电器来做电动机的过载保护，为什么？

1-23　如何选用电动机过载保护用的热继电器？

1-24　低压断路器具有哪些脱扣装置？各有何保护功能？

1-25　如何选用塑壳式断路器？

1-26　电动机主电路中接有断路器，是否可以不接熔断器，为什么？

1-27　行程开关与接近开关工作原理有何不同？

1-28　速度继电器的释放转速应如何调整？

第2章

电气控制电路基本环节

在国民经济各行业的生产机械上广泛使用着电力拖动自动控制设备。它们主要是以各类电动机或其他执行电器为控制对象，采用电气控制的方法来实现对电动机或其他执行电器的起动、停止、正反转、调速、制动等运行方式的控制，并以此来实现生产过程自动化，满足生产加工工艺的要求。电气控制电路可由第1章所述的开关电器等按一定逻辑规律组合而成。

不同生产机械或自动控制装置的控制要求是不同的，其相应的控制电路也是千变万化各不相同的，但是，它们都是由一些具有基本规律的基本环节、基本单元，按一定的控制原则和逻辑规律组合而成的。所以，深入地掌握这些基本单元电路及其逻辑关系和特点，再结合生产机械具体的生产工艺要求，就能掌握电气控制电路的基本分析方法和设计方法。

电气控制电路的实现，可以是继电接触器逻辑控制方法、可编程逻辑控制方法及计算机控制（单片机、可编程序控制器等）方法等，但继电接触器逻辑控制方法仍是最基本的、应用十分广泛的方法，而且是其他控制方法的基础。

继电接触器控制装置或系统是由各种开关电器组合，并经导线的连接来实现逻辑控制的。其优点是电路图直观形象、装置结构简单、价格便宜、抗干扰能力强，广泛应用于各类生产设备及控制、远距离控制和生产过程自动控制。其缺点是由于采用固定的接线方式，其通用性、灵活性较差，不能实现系列化生产；由于采用有触头的开关电器，触头易发生故障，维修量较大等。尽管如此，目前继电接触器控制仍是各类机械设备最基本的电气控制形式。

2.1 电气控制系统图

电气控制系统是由电气控制元器件按一定要求连接而成的。为了清晰地表达生产机械电气控制系统的工作原理，便于系统的安装、调整、使用和维修，将电气控制系统中的各电气元器件用一定的图形符号和文字符号来表示，再将其连接情况用一定的图形表达出来，这种图形就是电气控制系统图。

常用的电气控制系统图有电气原理图、电器布置图与安装接线图。

2.1.1 电气图常用的图形符号、文字符号和接线端子标记

电气控制系统图中，电气元器件的图形符号、文字符号必须采用国家最新标准，即GB/T 4728—2005、2008《电气简图用图形符号》和 GB/T 7159—1987《电气技术中的文字符号制定通则》。接线端子标记采用 GB/T 4026—2010《人机界面标志标识的基本和安全规则　设备端子和导体终端的标识》，并按照 GB/T 6988—1997～2008《电气技术用文件的编制》的要求来绘制电气控制系统图。常用的图形符号和文字符号见本书附录 B。

2.1.2 电气原理图

电气原理图是用来表示电路各电气元器件中导电部件的连接关系和工作原理的图。该图应根据简单、清晰的原则，采用电气元器件展开形式来绘制，它不按电气元器件的实际位置来画，也不反映电气元器件的大小和安装位置，只用电气元器件的导电部件及其接线端钮按国家标准规定的图形符号来表示电气元器件，再用导线将这些导电部件连接起来以反映其连接关系。所以电气原理图结构简单、层次分明，且关系明确，适用于分析研究电路的工作原理，且成为其他电气图的依据，在设计部门和生产现场获得广泛的应用。

现以图 2-1 所示的 CW6132 型普通车床电气原理图为例来阐明绘制电气原理图的原则和注意事项。

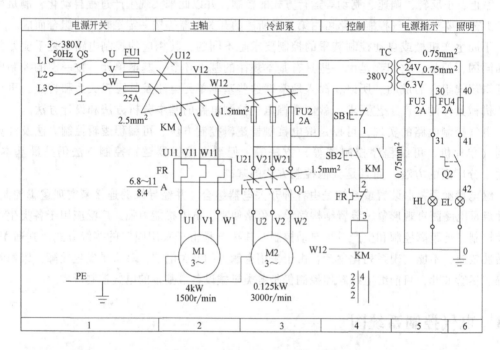

图 2-1　CW6132 型普通车床电气原理图

1. 绘制电气原理图的原则

（1）电气原理图的绘制标准　图中所有的元器件都应采用国家统一规定的图形符号和文字符号。

（2）电气原理图的组成　电气原理图由主电路和辅助电路组成。主电路是从电源到电动机的电路，其中有刀开关、熔断器、接触器主触头、热继电器发热元件与电动机等。主电路用实线绘制在图面的左侧或上方。辅助电路包括控制电路、照明电路、信号电路及保护电路等。它们由继电器、接触器的电磁线圈，继电器、接触器辅助触头，控制按钮、其他控制元件触头、控制变压器、熔断器、照明灯、信号灯及控制开关等组成，用实线绘制在图面的右侧或下方。

（3）电源线的画法　原理图中直流电源用水平线画出，一般直流电源的正极画在图面上方，负极画在图面的下方。三相交流电源线集中水平画在图面上方，相序自上而下依 L1、

L2、L3 排列，中性线（N 线）和保护接地线（PE 线）排在相线之下。主电路垂直于电源线画出，控制电路与信号电路垂直在两条水平电源线之间。耗电元器件（如接触器、继电器的线圈、电磁铁线圈、照明灯、信号灯等）直接与下方水平电源线相接，控制触头接在上方电源水平线与耗电元器件之间。

（4）原理图中电气元器件的画法　原理图中的各电气元器件均不画实际的外形图，而只画出其带电部件，同一电气元器件上的不同带电部件是按电路中的连接关系画出，但必须按国家标准规定的图形符号画出，并且用同一文字符号标明。对于几个同类电器，在表示名称的文字符号之后加上数字序号，以示区别。

（5）电气原理图中电气触头的画法　原理图中各元器件触头状态均按没有外力作用时或未通电时触头的自然状态画出。接触器、电磁式继电器按电磁线圈未通电时触头状态画出；控制按钮、行程开关的触头按不受外力作用时的状态画出；断路器和开关电器触头按断开状态画出。当电气触头的图形符号垂直放置时，以"左开右闭"原则绘制，即垂线左侧的触头为常开触头，垂线右侧的触头为常闭触头；当符号为水平放置时，以"上闭下开"原则绘制，即在水平线上方的触头为常闭触头，水平线下方的触头为常开触头。

（6）原理图的布局　原理图按功能布置，即同一功能的电气元器件集中在一起，尽可能按动作顺序从上到下或从左到右的原则绘制。

（7）线路连接点、交叉点的绘制　在电路图中，对于需要测试和拆接的外部引线的端子，采用"空心圆"表示；有直接电联系的导线连接点，用"实心圆"表示（"T"形连接，可不加实心圆）；无直接电联系的导线交叉点不画黑圆点，但在电气图中尽量避免线条的交叉。

（8）原理图绘制要求　原理图的绘制要层次分明，各电器元件及触头的安排要合理，既要做到所用元件、触头最少，耗能最少，又要保证电路运行可靠，节省连接导线以及安装、维修方便。

2. 电气原理图图面区域的划分

为了便于确定原理图的内容和组成部分在图中的位置，有利于读者检索电气线路，常在各种幅面的图纸上分区。每个分区内竖边用大写的拉丁字母编号，横边用阿拉伯数字编号。编号的顺序应从与标题栏相对应的图幅的左上角开始，分区代号用该区的拉丁字母或阿拉伯数字表示，有时为了分析方便，也把数字区放在图的下面。为了方便读图，利于理解电路工作原理，还常在图面区域对应的原理图上方标明该区域的元件或电路的功能，以方便阅读分析电路。

3. 继电器、接触器触头位置的索引

电气原理图中，在继电器、接触器线圈的下方注有该继电器、接触器相应触头所在图中位置的索引代号，索引代号用图面区域号表示。其中左栏为常开触头所在图区号，右栏为常闭触头所在图区号。

4. 电气图中技术数据的标注

电气图中各电气元器件的相关数据和型号，常在电气原理图中电器元件文字符号下方标注出来。如图 2-1 中热继电器文字符号 FR 下方标有 6.8~11A，该数据为该热继电器的动作电流值范围，而 8.4A 为该继电器的整定电流值。

2.1.3　电器布置图

电器元件布置图是用来表明电气原理图中各元器件的实际安装位置，可视电气控制系统复杂程度采取集中绘制或单独绘制。常画的有电气控制箱中的电器元件布置图、控制面板图等。电器元件布置图是控制设备生产及维护的技术文件,电器元件的布置应注意以下几方面:

1)体积大和较重的电器元件应安装在电器安装板的下方,而发热元件应安装在电器安装板的上面。

2)强电、弱电应分开,弱电应屏蔽,防止外界干扰。

3)需要经常维护、检修、调整的电器元件安装位置不宜过高或过低。

4)电器元件的布置应考虑整齐、美观、对称。外形尺寸与结构类似的电器安装在一起,以利安装和配线。

5)电器元件布置不宜过密,应留有一定间距。如用走线槽,应加大各排电器间距,以利布线和维修。

电器布置图根据电器元件的外形尺寸绘出,并标明各元器件间距尺寸。控制盘内电器元件与盘外电器元件的连接应经接线端子进行,在电器布置图中应画出接线端子板并按一定顺序标出接线号。图2-2为CW6132型车床控制盘电器布置图,图2-3为CW6132型车床电气设备安装布置图。

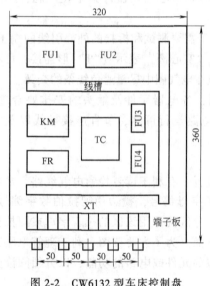

图2-2 CW6132型车床控制盘
电器布置图

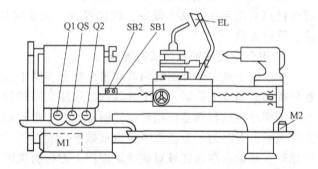

图2-3 CW6132型车床电气设备安装布置图

2.1.4 安装接线图

安装接线图主要用于电器的安装接线、线路检查、线路维修和故障处理,通常接线图与电气原理图和元器件布置图一起使用。接线图表示出项目的相对位置、项目代号、端子号、导线号、导线型号、导线截面等内容。接线图中的各个项目(如元件、器件、部件、组件、成套设备等)采用简化外形(如正方形、矩形、圆形)表示,简化外形旁应标注项目代号,并应与电气原理图中的标注一致。

电气接线图的绘制原则是:

1)各电气元器件均按实际安装位置绘出,元器件所占图面按实际尺寸以统一比例绘制。

2）一个元器件中所有的带电部件均画在一起，并用点画线框起来，即采用集中表示法。

3）各电气元器件的图形符号和文字符号必须与电气原理图一致，并符合国家标准。

4）各电气元器件上凡是需接线的部件端子都应绘出，并予以编号，各接线端子的编号必须与电气原理图上的导线编号相一致。

5）绘制安装接线图时，走向相同的相邻导线可以绘成一股线。

图 2-4 是根据上述原则绘制的与图 2-1 对应的电器箱外连部分电气安装接线图。

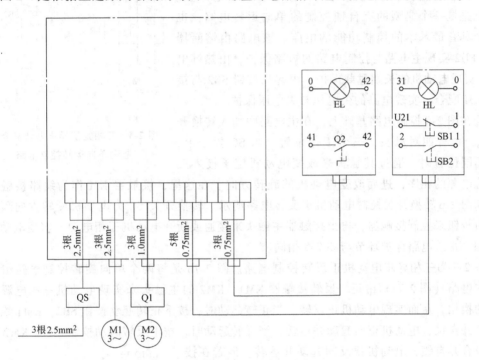

图 2-4　CW6132 型车床电气安装接线图

2.2　电气控制电路基本控制规律

由继电器、接触器所组成的电气控制电路，基本控制规律有自锁与互锁的控制、点动与连续运转的控制、多地联锁控制、顺序控制与自动往复循环控制等。

2.2.1　自锁与互锁的控制

自锁与互锁的控制统称为电气的联锁控制，在电气控制电路中应用十分广泛，是最基本的控制。

图 2-5 为三相笼型异步电动机全压起动单向运转控制电路。电动机起动时，合上电源开关 Q，接通控制电路电源，按下起动按钮 SB2，其常开触头闭合，接触器 KM 线圈通电吸合，KM 常开主触头与常开辅助触头同时闭合，前者使电动机接入三相交流电源起动旋转；后者并接在起动按钮 SB2 两端，从而使 KM 线圈经 SB2 常开触头与 KM 自身的常开辅助触头

两路供电。松开起动按钮 SB2 时，虽然 SB2 这一路已断开，但 KM 线圈仍通过自身常开触头这一通路而保持通电，使电动机继续运转，这种依靠接触器自身辅助触头而保持接触器线圈通电的现象称为自锁，这对起自锁作用的辅助触头称为自锁触头，这段电路称为自锁电路。要使电动机停止运转，可按下停止按钮 SB1，KM 线圈断电释放，主电路及自锁电路均断开，电动机断电停止。上述电路是一个典型的有自锁控制的单向运转电路，也是一个具有最基本的控制功能的电路。该电路由熔断器 FU1、FU2 实现主电路与控制电路的短路保护；由热继电器 FR 实现电动机的长期过载保护；由起动按钮 SB2 与接触器 KM 配合，实现电路的欠电压与失电压保护。

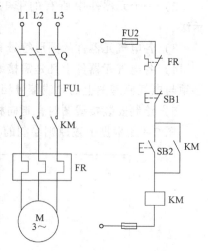

图 2-5　三相笼型异步电动机全压
起动单向运转控制电路

若在图 2-5 控制电路基础上，在主电路中加入转换开关 SC，SC 有四对触头，三个工作位置。当 SC 置于上、下方不同位置时，通过其触头来改变电动机定子接入三相交流电源的相序，进而改变电动机的旋转方向。在这里，接触器 KM 作为线路接触器使用，如图 2-6 转换开关控制电动机正反转电路所示。转换开关 SC 为电动机旋转方向预选开关，由按钮来控制接触器，再由接触器主触头来接通或断开电动机三相电源，实现电动机的起动和停止。电路保护环节与图 2-5 相同。

图 2-7 为三相异步电动机正反转控制电路。图 2-7b 是将两个单向旋转控制电路组合而成。主电路（图 2-7a）由正、反转接触器 KM1、KM2 的主触头来实现电动机三相电源任意两相的换相，从而实现电动机正反转。当正转起动时，按下正转起动按钮 SB2，KM1 线圈通电吸合并自锁，电动机正向起动并运转；当反转起动时，按下反转起动按钮 SB3，KM2 线圈通电吸合并自锁，电动机便反向起动并运转。但若在按下正转起动按钮 SB2，电动机已进入正转运行后，发生又按下反转起动按钮 SB3 的误操作时，由于正反转接触器 KM1、KM2 线圈均通电吸合，其主触头均闭合，于是发生电源两相短路，致使熔断器 FU1 熔体熔断，电动机无法工作。因此，该电路在任何时候只能允许一个接触器通电工作。为此，通常在控制电路中将 KM1、KM2 正反转接触器常闭辅助触头串接在对方线圈电路中，形成相互制约的控制，这种相互制约的控制关系称为互锁，这两对起互锁作用的常闭触头称为互锁触头。

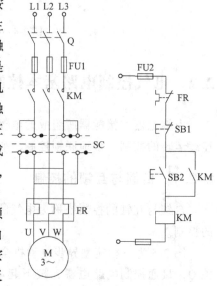

图 2-6　转换开关控制电动机
正反转电路

图 2-7c 是利用正反转接触器常闭辅助触头作互锁的，这种互锁称为电气互锁。这种电路要实现电动机由正转到反转，或由反转变正转，都必须先按下停止按钮，然后才可进行反向起动，这种电路称为正-停-反电路。

图 2-7d 是在图 2-7c 基础上又增加了一对互锁，这

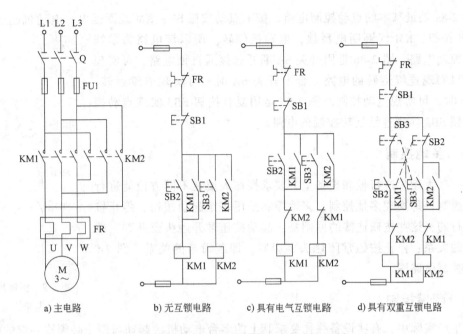

a) 主电路   b) 无互锁电路   c) 具有电气互锁电路   d) 具有双重互锁电路

图 2-7 三相异步电动机正反转控制电路

对互锁是将正、反转起动按钮的常闭辅助触头串接在对方接触器线圈电路中，这种互锁称为按钮互锁，又称机械互锁。所以图 2-7d 是具有双重互锁的控制电路，该电路可以实现不按停止按钮，由正转直接变反转，或由反转直接变正转。这是因为按钮互锁触头可实现先断开正在运行的电路，再接通反向运转电路。这种电路称为正-反-停电路。

2.2.2 点动与连续运转的控制

生产机械的运转状态有连续运转与短时间断运转，所以对其拖动电动机的控制也有点动与连续运转两种控制方式，对应的有点动控制与连续运转控制电路，如图 2-8 所示。

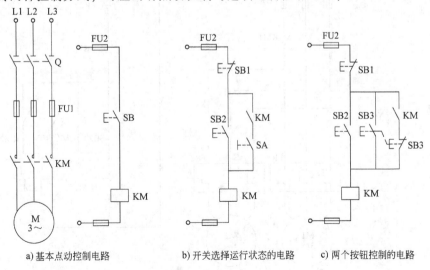

a) 基本点动控制电路   b) 开关选择运行状态的电路   c) 两个按钮控制的电路

图 2-8 电动机点动与连续运转控制电路

图 2-8a 是最基本的点动控制电路。按下点动按钮 SB，KM 线圈通电，电动机起动旋转；松开 SB 按钮，KM 线圈断电释放，电动机停转。所以该电路为单纯的点动控制电路。图 2-8b 是用开关 SA 断开或接通自锁电路，可实现点动也可实现连续运转的电路。合上开关 SA 时，可实现连续运转；SA 断开时，可实现点动控制。图 2-8c 是用复合按钮 SB3 实现点动控制，按钮 SB2 实现连续运转控制的电路。

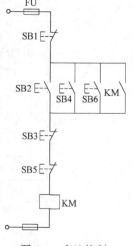

2.2.3　多地控制

在一些大型生产机械和设备上，要求操作人员在不同方位能进行操作与控制，即实现多地控制。多地控制是用多组起动按钮、停止按钮来进行的，这些按钮连接的原则是：起动按钮常开触头要并联，即逻辑或的关系；停止按钮常闭触头要串联，即逻辑与的关系。图 2-9 为多地控制电路图。

图 2-9　多地控制电路图

2.2.4　顺序控制

在生产实际中，有些设备往往要求其上的多台电动机的起动与停止必须按一定的先后顺序进行，这种控制方式称为电动机的顺序控制。顺序控制可在主电路中实现，也可在控制电路中实现。

主电路中实现两台电动机顺序起动的电路如图 2-10 所示。图中电动机 M1、M2 分别由接触器 KM1 和 KM2 控制，但电动机 M2 的主电路接在接触器 KM1 主触头的下方，这样就保证了起动时必须先起动 M1 电动机，只有当接触器 KM1 主触头闭合，M1 起动后才可起动

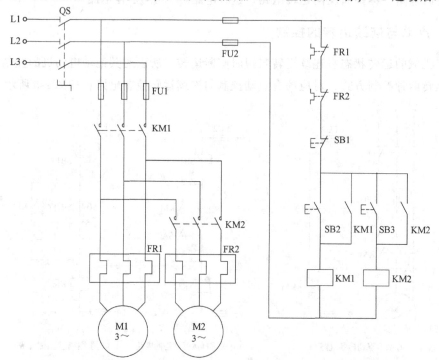

图 2-10　主电路中实现两台电动机顺序起动的电路图

M2 电动机，实现了 M1 先起动 M2 后起动的控制。

　　顺序控制也可在控制电路实现，图 2-11 为两台电动机顺序控制电路图，图 2-11a 为两台电动机顺序控制主电路，图 2-11b 为按顺序起动电路图，合上主电路与控制电路电源开关，按下起动按钮 SB2，KM1 线圈通电并自锁，电动机 M1 起动旋转，同时串在 KM2 线圈电路中的 KM1 常开辅助触头也闭合，此时再按下按钮 SB4，KM2 线圈通电并自锁，电动机 M2 起动旋转，如果先按下 SB4 按钮，因 KM1 常开辅助触头断开，电动机 M2 不可能先起动，达到按顺序起动 M1、M2 的目的。

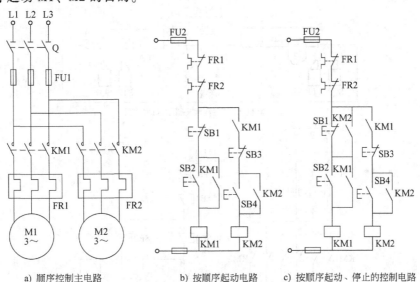

a) 顺序控制主电路　　　b) 按顺序起动电路　　　c) 按顺序起动、停止的控制电路

图 2-11　两台电动机顺序控制电路图

　　生产机械除要求按顺序起动外，有时还要求按一定顺序停止，如带式输送机，前面的第一台运输机先起动，再起动后面的第二台；停车时应先停第二台，再停第一台，这样才不会造成物料在传送带上的堆积和滞留。图 2-11c 为按顺序起动与停止的控制电路，为此在图2-11b的基础上，将接触器 KM2 的常开辅助触头并接在停止按钮 SB1 的两端，这样，即使先按下 SB1，由于 KM2 线圈仍通电，电动机 M1 不会停转，只有按下 SB3，电动机 M2 先停后，再按下 SB1 才能使 M1 停转，达到先停 M2，后停 M1 的要求。

　　在许多顺序控制中，要求有一定的时间间隔，此时往往用时间继电器来实现。图 2-12 为时间继电器控制的顺序起动电路，接通主电路与控制电路电源，按下起动按钮 SB2，KM1、KT 同时通电并自锁，电动机 M1 起动运转，当通电延时型时间继电器 KT 延时时间到，其延时闭合的常开触头闭合，接通 KM2 线圈电路并自锁，电动机 M2 起动旋转，同时 KM2 常闭辅助触头断开将时间继电器 KT 线圈电路切断，KT 不再工作，使 KT 仅在起动时起作用，尽量减少运行时电器使用数量。

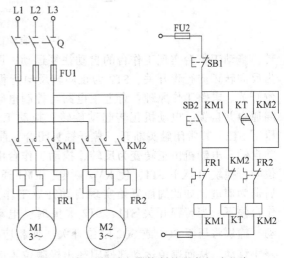

图 2-12　时间继电器控制的顺序起动电路

2.2.5　自动往复循环控制

在生产中,某些机床的工作台需要进行自动往复运行,而自动往复运行通常是利用行程开关来控制自动往复运动的行程,并由此来控制电动机的正反转或电磁阀的通断电,从而实现生产机械的自动往复的。图 2-13a 为机床工作台自动往复运动示意图,在床身两端固定有行程开关 ST1、ST2,用来表明加工的起点与终点。在工作台上安有撞块 A 和 B,其随运动部件工作台一起移动,分别压下 ST2、ST1,来改变控制电路状态,实现电动机的正反向运

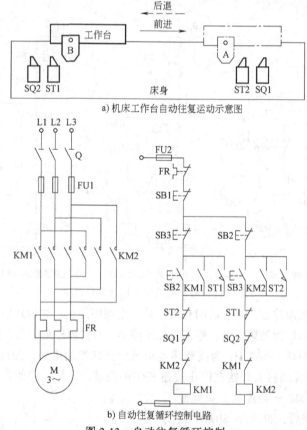

a) 机床工作台自动往复运动示意图

b) 自动往复循环控制电路

图 2-13　自动往复循环控制

转,拖动工作台实现工作台的自动往复运动。图 2-13b 为自动往复循环控制电路,图中 ST1为反向转正向行程开关,ST2 为正向转反向行程开关,SQ1 为正向限位开关,SQ2 为反向限位开关。电路工作原理:合上主电路与控制电路电源开关,按下正转起动按钮 SB2,KM1 线圈通电并自锁,电动机正转起动旋转,拖动工作台前进向右移动,当移动到位时,撞块 A压下 ST2,其常闭触头断开,常开触头闭合,前者使 KM1 线圈断电,后者使 KM2 线圈通电并自锁,电动机由正转变为反转,拖动工作台由前进变为后退,工作台向左移动。当后退到位时,撞块 B 压下 ST1,使 KM2 断电,KM1 通电,电动机由反转变为正转,拖动工作台变后退为前进,如此周而复始实现自动往返工作。当按下停止按钮 SB1 时,电动机停止,工作台停下。当行程开关 ST1、ST2 失灵时,电动机换向无法实现,工作台继续沿原方向移动,撞块将压下 SQ1 或 SQ2 限位开关,使相应接触器线圈断电释放,电动机停止,工作台停止移动,从而避免运动部件因超出极限位置而发生事故,实现限位保护。

2.3　三相异步电动机的起动控制

10kW 及其以下容量的三相异步电动机，通常采用全压起动，即起动时电动机的定子绕组直接接在额定电压的交流电源上，如图 2-5、图 2-6、图 2-7 等电路皆为全压起动电路。但当电动机容量较大，并且电源变压器容量又相对较小时，会因起动电流较大，造成线路压降大，负载端电压降低，影响起动电动机附近电气设备的正常运行，此时一般采用减压起动。所谓减压起动，是指起动时降低加在电动机定子绕组上的电压，待电动机起动起来后再将电压恢复到额定值，使之运行在额定电压下。减压起动可以减少起动电流，减小线路电压降，也就减小了起动时对线路的影响。但电动机的电磁转矩与定子端电压二次方成正比，所以使得电动机的起动转矩相应减小，故减压起动适用于空载或轻载下起动。减压起动方式有星形-三角形减压起动、自耦变压器减压起动、软起动（固态减压起动器起动）、延边三角形减压起动、定子串电阻减压起动等。常用的有星形-三角形减压起动与自耦变压器减压起动，软起动是一种当代电动机控制技术，正在一些场合推广使用，后两种已很少采用。

2.3.1　星形-三角形减压起动控制

对于正常运行时定子绕组接成三角形的三相笼型异步电动机，均可采用星形-三角形减压起动。起动时，定子绕组先接成星形，待电动机转速上升到接近额定转速时，将定子绕组换接成三角形，电动机便进入全压下的正常运转。

图 2-14 为 QX4 系列自动星形-三角形

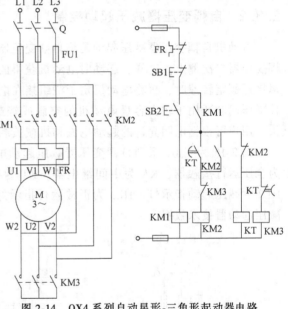

图 2-14　QX4 系列自动星形-三角形起动器电路

起动器电路，适用于 125kW 及以下的三相笼型异步电动机作星形-三角形减压起动和停止的控制。该电路由接触器 KM1、KM2、KM3，热继电器 FR，时间继电器 KT，按钮 SB1、SB2 等元件组成，具有短路保护、过载保护和失压保护等功能。

QX4 系列自动星形-三角形起动器技术数据见表 2-1。

表 2-1　QX4 系列自动星形-三角形起动器技术数据

型号	控制电动机功率/kW	额定电流/A	热继电器额定电流/A	时间继电器整定值/s
QX4-17	13	26	15	11
	17	33	19	13
QX4-30	22	42.5	25	15
	30	58	34	17
QX4-55	40	77	45	20
	55	105	61	24

（续）

型号	控制电动机功率/kW	额定电流/A	热继电器额定电流/A	时间继电器整定值/s
QX4-75	75	142	85	30
QX4-125	125	260	100~160	14~60

电路工作原理：合上电源开关 Q，按下起动按钮 SB2，KM1、KT、KM3 线圈同时通电并自锁，电动机三相定子绕组接成星形接入三相交流电源进行减压起动，当电动机转速接近额定转速时，通电延时型时间继电器动作，KT 常闭触头断开，KM3 线圈断电释放；同时 KT 常开触头闭合，KM2 线圈通电吸合并自锁，电动机绕组接成三角形全压运行。当 KM2 通电吸合后，KM2 常闭触头断开，使 KT 线圈断电，避免时间继电器长期工作。KM2、KM3 常闭触头为互锁触头，以防同时接成星形和三角形造成电动机电源发生相间短路。

2.3.2 自耦变压器减压起动控制

电动机自耦变压器减压起动是将自耦变压器一次侧接在电网上，起动时定子绕组接在自耦变压器二次侧上。这样，起动时电动机获得的电压为自耦变压器的二次电压。待电动机转速接近额定转速时，再将电动机定子绕组接在电网上即电动机额定电压上进入正常运转。这种减压起动适用于较大容量电动机的空载或轻载起动，自耦变压器二次绕组一般有三个抽头，用户可根据电网允许的起动电流和机械负载所需的起动转矩来选择。

图 2-15 为 XJ01 系列自耦变压器减压起动电路图。图中 KM1 为减压起动接触器，KM2 为全压运行接触器，KA 为中间继电器，KT 为减压起动时间继电器，HL1 为电源指示灯，HL2 为减压起动指示灯，HL3 为正常运行指示灯。表 2-2 列出了部分 XJ01 系列自耦变压器减压起动器技术数据。

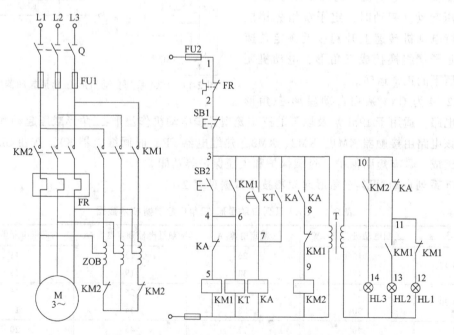

图 2-15　XJ01 系列自耦变压器减压起动电路图

表 2-2 XJ01 系列自耦变压器减压起动器技术数据

型号	被控制电动机功率/kW	最大工作电流/A	自耦变压器功率/kW	电流互感器电流比	热继电器整定电流/A
XJ01-14	14	28	14	—	32
XJ01-20	20	40	20	—	40
XJ01-28	28	58	28	—	63
XJ01-40	40	77	40	—	85
XJ01-55	55	110	55	—	120
XJ01-75	75	142	75	—	142
XJ01-80	80	152	115	300/5	2.8
XJ01-95	95	180	115	300/5	3.2
XJ01-100	100	190	115	300/5	3.5

电路工作原理：合上主电路与控制电路电源开关，HL1 灯亮，表明电源电压正常。按下起动按钮 SB2，KM1、KT 线圈同时通电并自锁，将自耦变压器接入，电动机由自耦变压器二次电压供电做减压起动，同时指示灯 HL1 灭，HL2 亮，显示电动机正进行减压起动。当电动机转速接近额定转速时，时间继电器 KT 通电延时闭合触头闭合，使 KA 线圈通电并自锁，其常闭触头断开 KM1 线圈电路，KM1 线圈断电释放，将自耦变压器从电路切除；KA 的另一对常闭触头断开，HL2 指示灯灭；KA 的常开触头闭合，使 KM2 线圈通电吸合，电源电压全部加在电动机定子上，电动机在额定电压下进入正常运转，同时 HL3 指示灯亮，表明电动机减压起动结束。由于自耦变压器星形联结部分的电流为自耦变压器一、二次电流之差，故用 KM2 辅助触头来连接。

2.3.3 三相绕线转子异步电动机的起动控制

三相绕线转子异步电动机转子绕组可通过集电环经电刷与外电路电阻相接，以减小起动电流，提高转子电路功率因数和起动转矩，故适用于重载起动的场合。

按绕线型转子起动过程中串接装置不同分串电阻起动和串频敏变阻器起动电路，转子串电阻起动又有按时间原则和电流原则控制两种。下面仅分析按时间原则控制转子串电阻起动电路。

串接在三相转子绕组中的起动电阻，一般都接成星形。起动时，将全部起动电阻接入，随着起动的进行，电动机转速的升高，转子起动电阻依次被短接，在起动结束时，转子外接电阻全部被短接。短接电阻的方式有三相电阻不平衡短接法和三相电阻平衡短接法两种。所谓不平衡短接是依次轮流短接各相电阻，而平衡短接是依次同时短接三相转子电阻。当采用凸轮控制器触头来短接转子电阻时，因控制器触头数量有限，一般都采用不平衡短接法；对于采用接触器触头来短接转子电阻时，均采用平衡短接法。

图 2-16 为转子串三级电阻按时间原则控制的转子电阻起动电路。图中 KM1 为线路接触器，KM2、KM3、KM4 为短接电阻起动接触器，KT1、KT2、KT3 为短接转子电阻时间继电器。电路工作原理读者可自行分析。值得注意的是，电路确保在转子全部电阻串入情况下起动，且当电动机进入正常运行时，只有 KM1、KM4 两个接触器处于长期通电状态，而 KT1、KT2、KT3 与 KM2、KM3 线圈通电时间均压缩到最低限度，一方面节省电能，延长电器使用

寿命，更为重要的是减少电路故障，保证电路安全可靠地工作。由于电路为逐级短接电阻，电动机电流与转矩突然增大，会产生机械冲击。

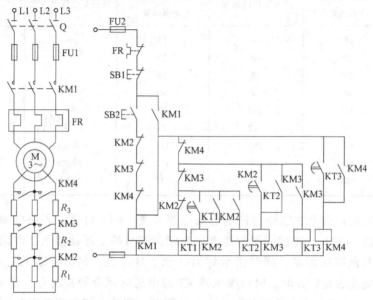

图 2-16　时间原则控制转子电阻起动电路

2.4　三相异步电动机的制动控制

三相异步电动机从切除电源到完全停止旋转，由于机械惯性，总需经过一定的时间，这往往不能满足生产机械要求迅速停车的要求，也影响生产率的提高。因此应对电动机进行制动控制，制动控制方法有机械制动和电气制动。所谓的机械制动是用机械装置产生机械力来强迫电动机转速迅速降为零；电气制动是使电动机的电磁转矩方向与电动机旋转方向相反，起制动作用。电气制动有反接制动、能耗制动、再生制动，以及派生的电容制动等。这些制动方法各有特点，适用不同场合，本节介绍几种典型的制动控制电路。

2.4.1　电动机单向反接制动控制

反接制动是利用改变电动机电源的相序，使定子绕组产生相反方向的旋转磁场，因而产生制动转矩的一种制动方法。电源反接制动时，转子与定子旋转磁场的相对转速接近两倍的电动机同步转速，所以定子绕组中流过的反接制动电流相当于全压起动时起动电流的两倍，因此反接制动制动转矩大，制动迅速，冲击大，通常适用于 10kW 及以下的较小容量电动机。为了减小冲击电流，通常在笼型异步电动机定子电路中串入反接制动电阻。定子反接制动电阻接法有三相电阻对称接法和在两相中接入电阻的不对称接法两种。显然，采用三相电阻对称接法既限制了反接制动电流又限制了制动转矩，而采用不对称电阻接法只限制了制动转矩，但对未串制动电阻的那一相，仍具有较大的电流。另外，当电动机转速接近零时，要及时切断反相序电源，以防电动机反向再起动，通常用速度继电器来检测电动机转速并控制电动机反相序电源的断开。

图 2-17 为电动机单向反接制动控制电路。图中 KM1 为电动机单向运行接触器，KM2 为反接制动接触器，KS 为速度继电器，R 为反接制动电阻。起动电动机时，合上电源开关，按下 SB2，KM1 线圈通电并自锁，主触头闭合，电动机全压起动，当与电动机有机械连接的速度继电器 KS 转速超过其动作值 140r/min 时，其相应触头闭合，为反接制动作准备。停止时，按下停止按钮 SB1，SB1 常闭触头断开，使 KM1 线圈断电释放，KM1 主触头断开，切断电动机原相序三相交流电源，电动机仍以惯性高速旋转。当将停止按钮 SB1 按到底时，其常开触头闭合，使 KM2 线圈通电并自锁，电动机定子串入三相对称电阻接入反相序三相交流电源进行反接制动，电

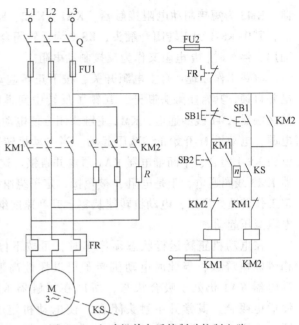

图 2-17　电动机单向反接制动控制电路

动机转速迅速下降。当转速下降到 KS 释放转速即 100r/min 时，KS 释放，KS 常开触头复位，断开 KM2 线圈电路，KM2 断电释放，主触头断开电动机反相序交流电源，反接制动结束，电动机转速自然降至零。

2.4.2　电动机可逆运行反接制动控制

图 2-18 为电动机可逆运行反接制动控制电路。图中 KM1、KM2 为电动机正、反转接触

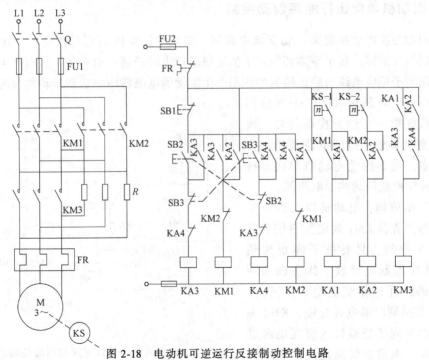

图 2-18　电动机可逆运行反接制动控制电路

器，KM3 为短接制动电阻接触器，KA1、KA2、KA3、KA4 为中间继电器，KS 为速度继电器，其中 KS-1 为正转闭合触头，KS-2 为反转闭合触头。R 电阻起动时起定子串电阻减压起动用，停车时，R 电阻又作为反接制动电阻。

电路工作原理：合上电源开关，按下正转起动按钮 SB2，正转中间继电器 KA3 线圈通电并自锁，其常闭触头断开，互锁了反转中间继电器 KA4 线圈电路，KA3 常开触头闭合，使接触器 KM1 线圈通电，KM1 主触头闭合使电动机定子绕组经电阻 R 接通正相序三相交流电源，电动机 M 开始正转减压起动。当电动机转速上升到一定值时，速度继电器正转常开触头 KS-1 闭合，中间继电器 KA1 通电并自锁。这时由于 KA1、KA3 的常开触头闭合，接触器 KM3 线圈通电，于是电阻 R 被短接，定子绕组直接加以额定电压，电动机转速上升到稳定工作转速。所以，电动机转速从零上升到速度继电器 KS 常开触头闭合这一区间是定子串电阻减压起动。

在电动机正转运行状态须停车时，可按下停止按钮 SB1，则 KA3、KM1、KM3 线圈相继断电释放，但此时电动机转子仍以惯性高速旋转，使 KS-1 仍维持闭合状态，中间继电器 KA1 仍处于吸合状态，所以在接触器 KM1 常闭触头复位后，接触器 KM2 线圈便通电吸合，其常开主触头闭合，使电动机定子绕组经电阻 R 获得反相序三相交流电源，对电动机进行反接制动，电动机转速迅速下降，当电动机转速低于速度继电器释放值时，速度继电器常开触头 KS-1 复位，KA1 线圈断电，接触器 KM2 线圈断电释放，反接制动过程结束。

电动机反向起动和反接制动停车控制电路工作情况与上述相似，不同的是速度继电器起作用的是反向触头 KS-2，中间继电器 KA2 替代了 KA1，其余情况相同，在此不再复述。

2.4.3　电动机单向运行能耗制动控制

能耗制动是在电动机脱离三相交流电源后，向定子绕组内通入直流电流，建立静止磁场，转子以惯性旋转，转子导体切割定子恒定磁场产生转子感应电动势，从而产生转子感应电流，利用转子感应电流与静止磁场的作用产生制动的电磁转矩，达到制动的目的。在制动过程中，电流、转速和时间三个参量都在变化，可任取一个作为控制信号。按时间作为变化参量，控制电路简单，实际应用较多，图 2-19 为电动机单向运行时间原则控制能耗制动控制电路图。

电路工作原理：电动机现已处于单向运行状态，所以 KM1 通电并自锁。若要使电动机停转，只要按下停止按钮 SB1，KM1 线圈断电释放，其主触头断开，电动机断开三相交流电源。同时，KM2、KT 线圈同时通电并自锁，KM2 主触头将电动机定子绕组接入直流电源进行能耗制动，电动机转速迅速降低，当

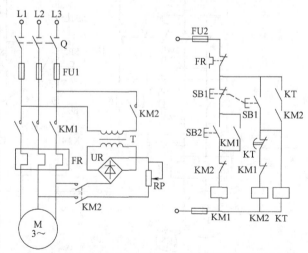

图 2-19　电动机单向运行时间原则能耗制动控制电路

转速接近零时，通电延时型时间继电器 KT 延时时间到，KT 常闭延时断开触头动作，使 KM2、KT 线圈相继断电释放，能耗制动结束。

图中 KT 的瞬动常开触头与 KM2 自锁触头串接，其作用是：当发生 KT 线圈断线或机械卡住故障，致使 KT 常闭通电延时断开触头断不开，常开瞬动触头也合不上时，可以按下停止按钮 SB1，从而实现点动能耗制动。若无 KT 的常开瞬动触头串接 KM2 常开触头，在发生上述故障时，按下停止按钮 SB1 后，将使 KM2 线圈长期通电吸合，使电动机两相定子绕组长期接入直流电源。

2.4.4 电动机可逆运行能耗制动控制

图 2-20 为速度原则控制电动机可逆运行能耗制动电路。图中 KM1、KM2 为电动机正、反转接触器，KM3 为能耗制动接触器，KS 为速度继电器。

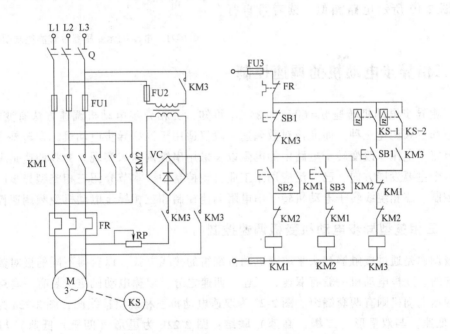

图 2-20 速度原则控制电动机可逆运行能耗制动电路

电路工作原理：合上电源开关 Q，根据需要按下正转或反转起动按钮 SB2 或 SB3，相应接触器 KM1 或 KM2 线圈通电吸合并自锁，电动机起动旋转。此时速度继电器相应的正向或反向触头 KS-1 或 KS-2 闭合，为停车接通 KM3 实现能耗制动做准备。

停车时，按下停止按钮 SB1，电动机定子三相交流电源切除。当按到底时，KM3 线圈通电并自锁，电动机定子接入直流电源进行能耗制动，电动机转速迅速降低，当转速下降到低于 100r/min 时，速度继电器释放，其触头在反力弹簧作用下复位断开，使 KM3 线圈断电释放，切除直流电源，能耗制动结束，以后电动机依惯性自然停车至零。

对于负载转矩较为稳定的电动机，能耗制动时采用时间原则控制为宜，因为此时时间继电器的延时整定值较为固定。而对那些适合安装速度继电器来反映电动机转速的场合，采用速度原则控制较为合适，视具体情况而定。

2.4.5　无变压器单管能耗制动控制

对于 10kW 以下电动机，在制动要求不高时，可采用无变压器单管能耗制动。图 2-21 为无变压器单管能耗制动电路。图中 KM1 为线路接触器，KM2 为制动接触器，KT 为能耗制动时间继电器。该电路整流电源电压为 220V，由 KM2 主触头接至电动机定子绕组，经整流二极管 VD 接至电源中性线 N 构成闭合电路。制动时电动机 U、V 相由 KM2 主触头短接，因此只有单方向制动转矩。电路工作原理与图 2-19 所示电路相似，读者可自行分析。

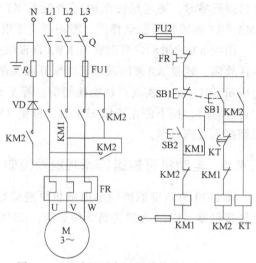

图 2-21　电动机无变压器单管能耗制动电路

2.5　三相异步电动机的调速控制

由三相异步电动机转速 $n = 60f_1(1-s)/p_1$ 可知，三相异步电动机调速方法有变极对数、变转差率和变频调速三种。而变极对数调速一般仅适用于笼型异步电动机，变转差率调速可通过调节定子电压、改变转子电路中的电阻以及采用串级调速来实现。变频调速是现代电力传动的一个主要发展方向，已广泛应用于工业自动控制中。本节介绍三相笼型异步电动机变极调速控制、三相绕线转子电动机转子串电阻调速控制和三相异步电动机变频调速控制。

2.5.1　三相笼型异步电动机变极调速控制

变极调速是通过接触器触头来改变电动机绕组的接线方式，以获得不同的极对数来达到调速目的的。变极电动机一般有双速、三速、四速之分，双速电动机定子装有一套绕组，而三速、四速电动机则有两套绕组。图 2-22 为双速电动机三相绕组接线图，图 2-22a 为三角形（四极，低速）与双星形（二极，高速）联结；图 2-22b 为星形（四极，低速）与双星形（二极，高速）联结。

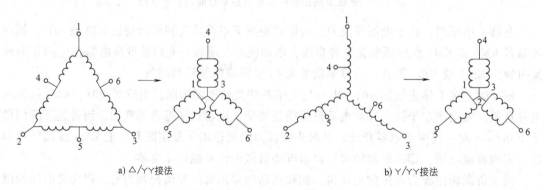

a) △/YY接法　　　　　　　　　b) Y/YY接法

图 2-22　双速电动机三相绕组接线图

图 2-23 为双速电动机变极调速控制电路。图中 KM1 为电动机三角形联结接触器，

KM2、KM3 为电动机双星形联结接触器，KT 为电动机低速换高速时间继电器，SA 为高、低速选择开关，其有三个位置，"左"位为低速，"右"位为高速，"中间"位为停止。电路工作原理请读者自行分析。

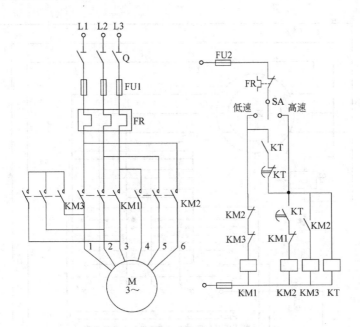

图 2-23　双速电动机变极调速控制电路

2.5.2　三相绕线转子异步电动机转子串电阻调速控制

为满足起重运输机械要求拖动电机起动转矩大、速度可以调节等要求，常使用三相绕线转子电动机，并应用转子串电阻，用控制器来接通接触器线圈，再用相应接触器的主触头来实现电动机的正反转，与短接转子电阻来实现电动机调速的目的，图 2-24 为用凸轮控制器控制电动机正反转与调速的电路。图中 KM 为线路接触器，KOC 为过电流继电器，SQ1、SQ2 分别为向前、向后限位开关，QCC 为凸轮控制器。控制器左右各有 5 个工作位置，中间为零位，其上共有 9 对常开主触头，3 对常闭触头。其中 4 对常开主触头接于电动机定子电路进行换相控制，用以实现电动机正反转；另 5 对常开主触头接于电动机转子电路，实现转子电阻的接入和切除以获得不同的转速，转子电阻采用不对称接法。其余 3 对常闭触头，其中 1 对用以实现零位保护，即控制器手柄必须置于"0"位，才可起动电动机；另 2 对常闭触头与 SQ1 和 SQ2 限位开关串联实现限位保护。电路工作原理读者可自行分析。

2.5.3　三相异步电动机变频调速控制

交流电动机变频调速是近几十年来发展起来的新技术，随着电力电子技术和微电子技术的迅速发展，交流调速系统已进入实用化、系列化，采用变频器的变频装置已获得广泛应用。

由三相异步电动机转速公式 $n = (1-s)\ 60f_1/p_1$ 可知，只要连续改变电动机交流电源的频率 f_1，就可实现连续调速。交流电源的额定频率 $f_{1N} = 50\text{Hz}$，所以变频调速有额定频率以下调速和额定频率以上调速两种。

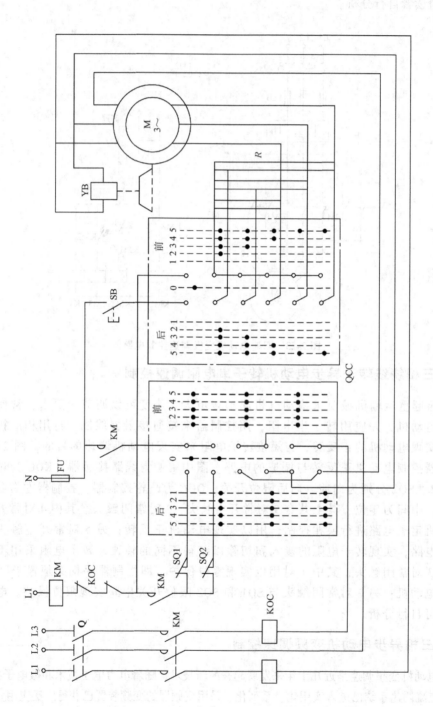

图 2-24 用凸轮控制器控制电动机正反转与调整的电路

（1）额定频率以下的调速 当电源频率 f_1 在额定频率以下调速时，电动机转速下降，但在调节电源频率的同时，必须同时调节电动机的定子电压 U_1，且始终保持 U_1/f_1 ＝常数，否则电动机无法正常工作。这是因为三相异步电动机定子绕组相电压 $U_1 \approx E_1 =$ $4.44f_1 N_1 K_1 \Phi_m$，当 f_1 下降时，若 U_1 不变，则必使电动机每极磁通 Φ_m 增加，在电动机设计时，Φ_m 处于磁路磁化曲线的膝部，Φ_m 的增加将进入磁化曲线饱和段，使磁路饱和，电动机空载电流剧增，使电动机负载能力变小，从而无法正常工作。为此，当电动机在额定频率以下调节时，应使 Φ_m 保持恒定不变。所以，在频率下调的同时应使电动机定子相电压随之下调，并使 $U'_1/f'_1 = U_{1N}/f_{1N}$ ＝常数。可见，电动机额定频率以下的调速为恒磁通调速，由于 Φ_m 不变，调速过程中电磁转矩 $T = C_t \Phi_m I_{2s} \cos\varphi_2$ 不变，故属于恒转矩调速。

（2）额定频率以上的调速 当电源频率 f_1 在额定频率以上调节时，电动机的定子相电压是不允许在额定相电压以上调节的，否则会危及电动机的绝缘。所以，电源频率上调时，只能维持电动机定子额定相电压 U_{1N} 不变。于是，随着 f_1 升高 Φ_m 将下降，但 n 上升，故属于恒功率调速。

具体变频调速控制将在后续课程讲述。

2.6 直流电动机的电气控制

直流电动机具有良好的起动、制动和调速性能，容易实现各种运行状态的控制。直流电动机有串励、并励、复励和他励四种，其控制电路基本相同，本节仅介绍直流他励电动机的起动、反向和制动的电气控制。

2.6.1 直流电动机单向运转起动控制

直流电动机在额定电压下直接起动，起动电流为额定电流的 10～20 倍，产生很大的起动转矩，导致电动机换向器和电枢绕组损坏。为此在电枢回路中串入电阻起动。同时，他励直流电动机在弱磁或零磁时会产生"飞车"现象，因此在接入电枢电压前，应先接入额定励磁电压，而且在励磁回路中应有弱磁保护。图 2-25 为直流电动机电枢串两级电阻，按时间原则起动控制电路。图中 KM1 为线路接触器，KM2、KM3 为短接起动电阻接触器，KOC 为过电流继电器，KUC 为欠电流继电器，KT1、KT2 为时间继电器，R_3 为放电电阻。

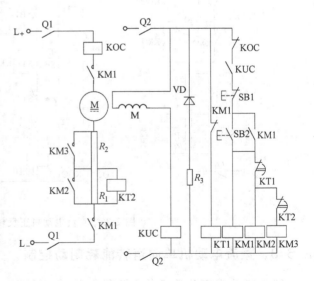

图 2-25 直流电动机电枢串电阻单向运转起动电路

（1）电路工作原理 合上电枢电源开关 Q1 和励磁与控制电路电源开关 Q2，励磁回路通电，KUC 线圈通电吸合，其常开触头闭合，为起动做好准备；同时，KT1 线圈通电，其常闭触头断开，切断 KM2、KM3 线圈电路，保证串入 R_1、R_2 起动。按下起动按钮 SB2，KM1 线圈通电并自锁，主触头闭合，接通电动机电枢回路，电枢串入两级起动电阻起动；同时 KM1 常闭辅助触头断开，KT1 线圈断电，为延时使 KM2、KM3 线圈通电，短接 R_1、R_2 做准备。在串入 R_1、R_2 起动同时，并接在 R_1 电阻两端的 KT2 线圈通电，其常开触头断开，使 KM3 不能通电，确保 R_2 电阻串入起动。

经一段时间延时后，KT1 延时闭合触头闭合，KM2 线圈通电吸合，主触头短接电阻 R_1，电动机转速升高，电枢电流减小。就在 R_1 被短接的同时，KT2 线圈断电释放，再经一定时间的延时，KT2 延时闭合触头闭合，KM3 线圈通电吸合，KM3 主触头闭合短接电阻 R_2，电动机在额定电枢电压下运转，起动过程结束。

（2）电路保护环节　过电流继电器 KOC 实现电动机过载和短路保护；欠电流继电器 KUC 实现电动机弱磁保护；电阻 R_3 与二极管 VD 构成励磁绕组的放电回路，实现过电压保护。

2.6.2　直流电动机可逆运转起动控制

图 2-26 为改变直流电动机电枢电压极性实现电动机正反转控制电路。图中 KM1、KM2 为正、反转接触器，KM3、KM4 为短接电枢电阻接触器，KT1、KT2 为时间继电器，R_1、R_2 为起动电阻，R_3 为放电电阻，ST1 为反向转正向行程开关，ST2 为正向转反向行程开关。起动时电路工作情况与图 2-25 电路相同，但起动后，电动机将按行程原则实现电动机的正、反转，拖动运动部件实现自动往返运动。电路工作原理由读者自行分析。

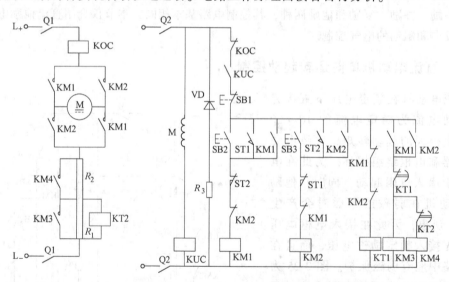

图 2-26　直流电动机正反转控制电路

2.6.3　直流电动机单向运转能耗制动控制

图 2-27 为直流电动机单向运转能耗制动电路。图中 KM1、KM2、KM3、KOC、KUC、KT1、KT2 作用与图 2-25 相同，KM4 为制动接触器，KV 为电压继电器。

电路工作原理：电动机起动时电路工作情况与图 2-25 相同，不再重复。停车时，按下停止按钮 SB1，KM1 线圈断电释放，其主触头断开电动机电枢电源，电动机以惯性旋转。由

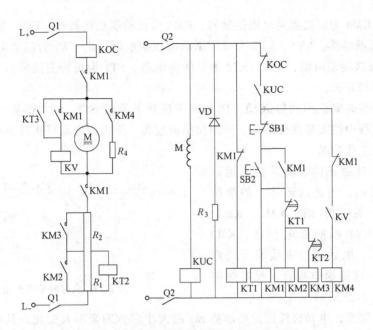

图 2-27　直流电动机单向运转能耗制动电路

于此时电动机转速较高，电枢两端仍有足够大的感应电动势，使并联在电枢两端的电压继电器 KV 经自锁触头仍保持通电吸合状态，KV 常开触头仍闭合，使 KM4 线圈通电吸合，其常开主触头将电阻 R_4 并联在电枢两端，电动机实现能耗制动，使转速迅速下降，电枢感应电动势也随之下降，当降至一定值时电压继电器 KV 释放，KM4 线圈断电，电动机能耗制动结束，电动机自然停车至零。

2.6.4　直流电动机可逆运转反接制动控制

图 2-28 为直流电动机可逆运转反接制动控制电路。图中 KM1、KM2 为电动机正反转接

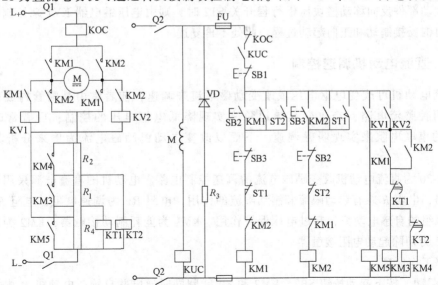

图 2-28　直流电动机可逆运转反接制动控制电路

触器，KM3、KM4 为短接起动电阻接触器，KM5 为反接制动接触器，KOC 为过电流继电器，KUC 为欠电流继电器，KV1、KV2 为反接制动电压继电器，R_1、R_2 为起动电阻，R_3 为放电电阻，R_4 为反接制动电阻，KT1、KT2 为时间继电器，ST1 为正转变反转行程开关，ST2 为反转变正转行程开关。

该电路为按时间原则两级起动，能实现正反转并通过 ST1、ST2 行程开关实现自动换向，在换向过程中能实现反接制动，以加快换向过程。下面以电动机正转运行变反转运行为例来说明电路工作情况。

电动机正在做正向运转并拖动运动部件做正向移动，当运动部件上的撞块压下行程开关 ST1 时，KM1、KM3、KM4、KM5、KV1 线圈断电释放，KM2 线圈通电吸合。电动机电枢接通反向电源，同时 KV2 线圈通电吸合，反接时的电枢电路如图 2-29 所示。

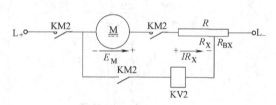

图 2-29　反接时的电枢电路

由于机械惯性，电动机转速及电动势 E_M 的大小和方向来不及变化，且电动势 E_M 方向与电枢串电阻电压降 IR_X 方向相反，此时加在电压继电器 KV2 线圈上的电压很小，不足以使 KV2 吸合，KM3、KM4、KM5 线圈处于断电释放状态，电动机电枢串入全部电阻进行反接制动，电动机转速迅速下降，随着电动机转速的下降，电动机电势 E_M 迅速减小，电压继电器 KV2 线圈上的电压逐渐增加，当 $n \approx 0$ 时，$E_M \approx 0$，加至 KV2 线圈上的电压加大并使其吸合动作，常开触头闭合，KM5 线圈通电吸合。KM5 主触头短接反接制动电阻 R_4，同时 KT1 线圈断电释放，电动机串入 R_1、R_2 电阻反向起动，经 KT1 断电延时触头闭合，KM3 线圈通电，KM3 主触头短接起动电阻 R_1，同时 KT2 线圈断电释放，经 KT2 断电延时触头闭合，KM4 线圈通电吸合，KM4 主触头短接起动电阻 R_2，进入反向正常运转，拖动运动部件反向移动。

当运动部件反向移动撞块压下行程开关 ST2 时，则由电压继电器 KV1 来控制电动机实现反转时的反接制动和正向起动过程，此处不再复述。

2.6.5　直流电动机调速控制

直流电动机可改变电枢电压或改变励磁电流来调速，前者常由晶闸管构成单相或三相全波可控整流电路，经改变其导通角来实现降低电枢电压的控制；后者常改变励磁绕组中的串联电阻来实现弱磁调速。下面以改变电动机励磁电流为例来分析其调速控制原理。

图 2-30 为直流电动机改变励磁电流的调速控制电路。电动机的直流电源采用两相零式整流电路，电阻 R 兼有起动限流和制动限流的作用，电阻 RP 为调速电阻，电阻 R_2 用于吸收励磁绕组的自感电动势，起过电压保护作用。KM1 为能耗制动接触器，KM2 为运行接触器，KM3 为切除起动电阻接触器。

电路工作原理：

1）起动。按下起动按钮 SB2，KM2 和 KT 线圈同时通电并自锁，电动机 M 电枢串入电阻 R 起动。经一段延时后，KT 通电延时闭合触头闭合，使 KM3 线圈通电并自锁，KM3 主

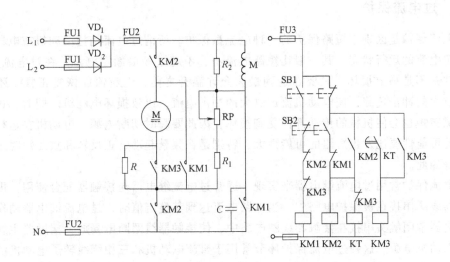

图 2-30　直流电动机改变励磁电流的调速控制电路

触头闭合，短接起动电阻 R，电动机在全压下起动运行。

2）调速。在正常运行状态下，调节电阻 RP，改变电动机励磁电流大小，从而改变电动机励磁磁通，实现电动机转速的改变。

3）停车及制动。在正常运行状态下，按下停止按钮 SB1，接触器 KM2 和 KM3 线圈同时断电释放，其主触头断开，切断电动机电枢电路；同时 KM1 线圈通电吸合，其主触头闭合，通过电阻 R 接通能耗制动电路，而 KM1 另一对常开触头闭合，短接电容器 C，使电源电压全部加在励磁线圈两端，实现能耗制动过程中的强励磁作用，加强制动效果。松开停止按钮 SB1，制动结束。

2.7　电气控制系统常用的保护环节

电气控制系统必须在安全可靠的前提下来满足生产工艺要求，为此，在电气控制系统的设计与运行中，必须考虑系统发生各种故障和不正常工作情况的可能性，在控制系统中设置有各种保护装置以实现各种保护。所以，保护环节是所有电气控制系统不可缺少的组成部分。常用的保护环节有短路、过电流、过载、失电压、欠电压、过电压、断相、超速与弱磁保护等。本节主要介绍低压电动机常用的保护环节。

2.7.1　短路保护

当电器或线路绝缘遭到损坏、负载短路、接线错误时将产生短路现象。短路时产生的瞬时故障电流可达到额定电流的十几倍到几十倍，使电气设备或配电线路因过电流而产生电动力损坏，甚至因电弧而引起火灾。短路保护要求具有瞬动特性，即要求在很短时间内切断电源。短路保护的常用方法有熔断器保护和低压断路器保护。熔断器熔体的选择见第一章有关内容。低压断路器动作电流按电动机起动电流的 1.2 倍来整定，相应低压断路器切断短路电流的触头容量应加大。

2.7.2 过电流保护

过电流保护是区别于短路保护的一种电流型保护。所谓过电流是指电动机或电器元件超过其额定电流的运行状态，其一般比短路电流小，不超过 6 倍额定电流。在过电流情况下，电器元件并不是马上损坏，只要在达到最大允许温升之前，电流值能恢复正常，还是允许的。但过大的冲击负载，使电动机流过过大的冲击电流，以致损坏电动机。同时，过大的电动机电磁转矩也会使机械的传动部件受到损坏，因此要瞬时切断电源。电动机在运行中产生过电流的可能性要比发生短路的可能性大，特别是在频繁起动、正反转和重复短时工作电动机中更是如此。

过电流保护常用过电流继电器来实现，通常过电流继电器与接触器配合使用，即将过电流继电器线圈串接在被保护电路中，当电路电流达到其整定值时，过电流继电器动作，而过电流继电器常闭触头串接在接触器线圈电路中，使接触器线圈断电释放，接触器主触头断开来切断电动机电源。这种过电流保护环节常用于直流电动机和三相绕线转子电动机的控制电路中。若过流继电器动作电流为 1.2 倍电动机起动电流，则过流继电器亦可实现短路保护作用。

2.7.3 过载保护

过载保护是过电流保护中的一种。过载是指电动机的运行电流大于其额定电流，但在 1.5 倍额定电流以内。引起电动机过载的原因很多，如负载的突然增加，缺相运行或电源电压降低等。若电动机长期过载运行，其绕组的温升将超过允许值而使绝缘老化、损坏。过载保护装置要求具有反时限特性，且不会受电动机短时过载冲击电流或短路电流的影响而瞬时动作，所以通常用热继电器做过载保护。当有 6 倍以上额定电流通过热继电器时，需经 5s 后才动作，这样在热继电器未动作前，可能使热继电器的发热元件先烧坏，所以在使用热继电器做过载保护时，还必须装有熔断器或低压断路器等短路保护装置。由于过载保护特性与过电流保护不同，故不能用过电流保护方法来进行过载保护。

对电动机进行缺相保护，可选用带断相保护的热继电器来实现过载保护。

2.7.4 失电压保护

电动机应在一定的额定电压下才能正常工作，电压过高、过低或者工作过程中出现非人为因素的突然断电，都可能造成生产机械损坏或人身事故，因此在电气控制电路中，应根据要求设置失电压保护、过电压保护和欠电压保护。

电动机正常工作时，如果因为电源电压消失而停转，一旦电源电压恢复时，有可能自行起动，电动机的自行起动将造成人身事故或机械设备损坏。为防止电压恢复时电动机自行起动或电器元件自行投入工作而设置的保护称为失电压保护。采用接触器和按钮控制的起动、停止，就具有失电压保护作用。这是因为当电源电压消失时，接触器就会自动释放而切断电动机电源，当电源电压恢复时，由于接触器自锁触头已断开，不会自行起动。如果不是采用按钮而是用不能自动复位的手动开关、行程开关来控制接触器，必须采用专门的零电压继电器。工作过程中一旦失电，零压继电器释放，其自锁电路断开，电源电压恢复时，不会自行起动。

2.7.5　欠电压保护

电动机运转时，电源电压过分降低引起电磁转矩下降，在负载转矩不变情况下，转速下降，电动机电流增大。此外，由于电压的降低引起控制电器释放，造成电路不正常工作。因此，当电源电压降到60%～80%额定电压时，将电动机电源切除而停止工作，这种保护称欠电压保护。

除上述采用接触器及按钮控制方式，利用接触器本身的欠电压保护作用外，还可采用欠电压继电器来进行欠电压保护，吸合电压通常整定为 $0.8 \sim 0.85 U_N$，释放电压通常整定为 $0.5 \sim 0.7 U_N$。其方法是将电压继电器线圈跨接在电源上，其常开触头串接在接触器线圈电路中，当电源电压低于释放值时，电压继电器动作使接触器释放，接触器主触头断开电动机电源实现欠电压保护。

2.7.6　过电压保护

电磁铁、电磁吸盘等大电感负载及直流电磁机构、直流继电器等，在通断时会产生较高的感应电动势，将使电磁线圈绝缘击穿而损坏。因此，必须采用过电压保护措施。通常过电压保护是在线圈两端并联一个电阻，电阻串电容或二极管串电阻，以形成一个放电回路，实现过电压的保护。

2.7.7　直流电动机的弱磁保护

直流电动机磁场的过度减少会引起电动机超速，需设置弱磁保护，这种保护是通过在电动机励磁线圈回路中串入欠电流继电器来实现的。在电动机运行时，若励磁电流过小，欠电流继电器释放，其常开触头断开，使直流电动机电枢电路的线路接触器线圈断电释放，接触器主触头断开电动机电枢电路，电动机断开电源，实现保护电动机之目的。

2.7.8　其他保护

除上述保护外，还有超速保护、行程保护、油压（水压）保护等，这些都是在控制电路中串接一个受这些参量控制的常开触头或常闭触头来实现对控制电路的电源控制来实现的。这些装置有离心开关、测速发电机、行程开关、压力继电器等。

习　　题

2-1　常用的电气控制系统有哪三种？

2-2　何为电气原理图？绘制电气原理图的原则是什么？

2-3　何为电器布置图？电器元件的布置应注意哪几方面？

2-4　何为电气接线图？电气接线图的绘制原则是什么？

2-5　电气控制电路的基本控制规律主要有哪些控制？

2-6　电动机点动控制与连续运转控制的关键控制环节是什么？其主电路又有何区别（从电动机保护环节设置上分析）？

2-7　何为电动机的欠电压与失电压保护？接触器与按钮控制电路是如何实现欠电压与

失电压保护的？

2-8　何为互锁控制？实现电动机正反转互锁控制的方法有哪两种？它们有何不同？

2-9　试画出用按钮选择控制电动机既可点动又可连续运转的控制电路。

2-10　试画出用按钮来两地控制电动机单向运转既可点动又可连续运转的控制电路。

2-11　指出电动机正反转控制电路中关键控制在哪两处？

2-12　电动机正反转电路中何为电气互锁？何为机械互锁？

2-13　实现电动机可直接由正转变反转或由反转变正转，其控制要点在何处？

2-14　分析图2-13电路工作原理。

2-15　试分析图2-31中各电路中的错误，工作时会出现什么现象？应如何改进？

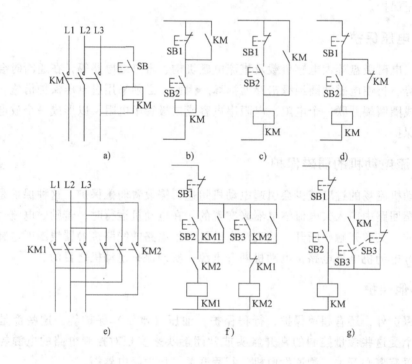

图2-31　题2-15图

2-16　两台三相笼型异步电动机M1、M2，要求M1先起动，在M1起动后才可进行M2的起动，停止时M1、M2同时停止。试画出其电气电路图。

2-17　两台三相笼型异步电动机M1、M2，要求既可实现M1、M2的分别起动和停止，又可实现两台电动机同时停止。试画出其电气电路图。

2-18　分析图2-14QX4系列自动星形-三角形起动器电路，并阐明每对触头的作用。

2-19　分析图2-15XJ01系列自耦变压器减压起动电路工作原理。

2-20　分析图2-16电路工作原理。

2-21　在图2-17电动机单向反接制动电路中，若速度继电器触头接错，将发生什么结果？为什么？

2-22　分析图 2-18 电动机可逆运行反接制动控制电路中各电器触头的作用, 并分析电路工作原理。

2-23　对于按速度原则即用速度继电器控制的电动机反接制动, 若发生反接制动效果差, 是何原因？ 应如何调整？

2-24　分析图 2-19 电路各电器触头的作用, 并分析电路工作原理。

2-25　分析图 2-20 电路各电器触头的作用, 并分析电路工作原理。

2-26　分析图 2-23 电路各电器触头的作用, 并分析电路工作原理。

2-27　分析图 2-24 电路工作原理。

2-28　分析图 2-25 电路工作原理。

2-29　分析图 2-26 电路工作原理。

2-30　分析图 2-27 电路工作原理。

2-31　分析图 2-28 电路工作原理。

2-32　分析图 2-30 电路工作原理。

2-33　电动机常用的保护环节有哪些？ 通常它们各由哪些电器来实现其保护？

第 3 章

典型设备电气控制电路分析

　　电气控制设备种类繁多，拖动控制方式各异，控制电路也各不相同，在阅读电气图时，重要的是要学会其基本分析方法。本章通过典型设备电气控制电路的分析，进一步阐述分析电气控制系统的方法与步骤，使读者掌握分析电气图的方法，培养阅读电气图的能力；加深对生产设备中机械、液压与电气控制紧密配合的理解；学会从设备加工工艺出发，掌握几种典型设备的电气控制；为电气控制系统的设计、安装、调试、维护打下基础。

3.1　电气控制电路分析基础

3.1.1　电气控制分析的依据

　　分析设备电气控制的依据是设备本身的基本结构、运行情况、加工工艺要求和对电力拖动自动控制的要求。也就是要熟悉控制对象，掌握其控制要求，这样分析起来才有针对性。这些依据的获得来源于设备的有关技术资料，其主要有设备说明书、电气原理图、电气接线图及电气元件一览表等。

3.1.2　电气控制分析的内容

　　通过对各种技术资料的分析，掌握电气控制电路的工作原理、操作方法、维护要求等。

　　(1) 设备说明书　设备说明书由机械、液压部分与电气两部分组成，阅读这两部分说明书，重点掌握以下内容：

　　1) 设备的构造，主要技术指标，机械、液压、气动部分的传动方式与工作原理。

　　2) 电气传动方式，电机及执行电器的数目，规格型号、安装位置、用途与控制要求。

　　3) 了解设备的使用方法，操作手柄、开关、按钮、指示信号装置以及在控制电路中的作用。

　　4) 必须清楚地了解与机械、液压部分直接关联的电器，如行程开关、电磁阀、电磁离合器、传感器、压力继电器、微动开关等的位置，工作状态以及与机械、液压部分的关系，在控制中的作用。特别应了解机械操作手柄与电器开关元件之间的关系，液压系统与电气控制的关系。

　　(2) 电气控制原理图　这是电气控制电路分析的中心内容。电气控制原理图由主电路、控制电路、辅助电路、保护与联锁环节以及特殊控制电路等部分组成。

　　在分析电气原理图时，必须与阅读其他技术资料结合起来，根据电动机及执行元件的控制方式、位置及作用，各种与机械有关的行程开关、主令电器的状态来理解电气工作原理。

在分析电气原理图时，还可通过设备说明书提供的电器元件一览表来查阅电器元件的技术参数，进而分析出电气控制电路的主要参数，估计出各部分的电流、电压值，以使在调试或检修中合理使用仪表进行检测。

（3）电气设备的总装接线图　阅读分析电气设备的总装接线图，可以了解系统的组成分布情况，各部分的连接方式，主要电气部件的布置、安装要求，导线和导线管的规格型号等，以期对设备的电气安装有个清晰的了解，这是电气安装必不可少的资料。

阅读分析总装接线图应与电气原理图、设备说明书结合起来。

（4）电器元件布置图与接线图　这是制造、安装、调试和维护电气设备必需的技术资料。在测试、检修中可通过布置图和接线图迅速方便地找到各电器元件的测试点，进行必要的检测、调试和维修。

3.1.3　电气原理图的阅读分析方法

电气原理图阅读分析基本原则是"先机后电、先主后辅、化整为零、集零为整、统观全局、总结特点"。最常用的方法是查线分析法。即以某一电动机或电器元件线圈为对象，从电源开始，由上而下，自左至右，逐一分析其接通断开关系，并区分出主令信号、联锁条件、保护环节等。根据图区坐标标注的检索和控制流程的方法分析出各种控制条件与输出结果之间的因果关系。

（1）先机后电　首先了解设备的基本结构、运行情况、工艺要求和操作方法，以期对设备有个总体的了解，进而明确设备对电力拖动自动控制的要求，为阅读和分析电路做好前期准备。

（2）先主后辅　先阅读主电路，看设备由几台电动机拖动，各台电动机的作用，结合工艺要求弄清各台电动机的起动、转向、调速、制动等的控制要求及其保护环节。而主电路各控制要求是由控制电路来实现的，此时要运用化整为零去阅读分析控制电路。最后再分析辅助电路。

（3）化整为零　在分析控制电路时，将控制电路功能分为若干个局部控制电路，从电源和主令信号开始，经过逻辑判断，写出控制流程，用简便明了的方式表达出电路的自动工作过程。

然后分析辅助电路，辅助电路包括信号电路、检测电路与照明电路等。这部分电路具有相对独立性，起辅助作用而不影响主要功能，这部分电路大多是由控制电路中的元件来控制的，可结合控制电路一并分析。

在某些控制电路中，还设置了一些与主电路、控制电路关系不密切，相对独立的某些特殊环节。如计数装置、自动检测系统、晶闸管触发电路与自动测温装置等。可参照上述分析过程，运用所学过的电子技术、变流技术、检测与转换等知识逐一分析。

（4）集零为整、统观全局　经过"化整为零"逐步分析每一局部电路的工作原理之后，必须用"集零为整"的办法来"统观全局"，看清各局部电路之间的控制关系、联锁关系，机电之间的配合情况，各种保护环节的设置等。以期对整个电路有清晰的理解，对电路中的每个电器，电器中的每一对触头的作用了如指掌。

（5）总结特点　各种设备的电气控制虽然都是由各种基本控制环节组合而成的，但其整机的电气控制都有各自的特点，这也是各种设备电气控制的区别所在，应给予总结，这样才能加深对电气设备电气控制的理解。

3.1.4　分析举例

现以 C650 型普通卧式车床为例，说明生产机械电气原理图的分析过程。

普通卧式车床是一种应用极为广泛的金属切削机床，主要用来车削外圆、内圆、端面、螺纹和定型表面，并可以通过尾架进行钻孔、铰孔、攻螺纹等加工。

1. 主要结构和运动情况

C650 型卧式车床属中型车床，加工工件回转半径最大可达 1020mm，长度可达 3000mm。其结构主要有床身、主轴变速箱、进给箱、溜板箱、刀架、尾架、丝杆和光杆等部分组成，如图 3-1。

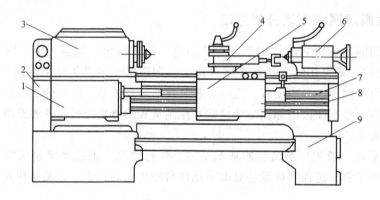

图 3-1　普通车床的结构示意图

1—进给箱　2—挂轮箱　3—主轴变速箱　4—溜板与刀架
5—溜板箱　6—尾架　7—丝杆　8—光杆　9—床身

车床的主运动为工件的旋转运动，它是由主轴通过卡盘带动工件旋转，其为车削加工时的主要切削功率。车削加工时，应根据加工工件，刀具种类、工件尺寸、工艺要求等来选择不同的切削速度，普通车床一般采用机械变速，车削加工时，一般不要求反转，但在加工螺纹时，为避免乱扣，要反转退刀，再以正向进刀继续进行加工，所以要求主轴能够实现正反转。

车床的进给运动是溜板带动刀架的横向或纵向的直线运动。其运动方式有手动和机动两种。主运动与进给运动由一台电动机驱动并通过各自的变速箱来调节主轴旋转或进给速度。

此外，为提高效率、减轻劳动强度，C650 型车床的溜板箱还能快速移动，称为辅助运动。

2. C650 型车床对电气控制的要求

C650 型卧式车床由三台三相笼型异步电动机拖动，即主轴电动机 M1、冷却泵电动机 M2 和刀架快速移动电动机 M3。从车削加工工艺要求出发，对各电动机的控制要求是：

1）主轴电动机 M1，20kW 采用全压下的空载直接起动，能实现正、反向旋转的连续运行。为便于对工件做调整运动，即对刀操作，要求主轴电动机能实现单方向的点动控制，同时定子串入电阻获得低速点动。

主轴电动机停车时，由于加工工件转动惯量较大，采用反接制动。加工过程中为显示电动机工作电流设有电流监视环节。

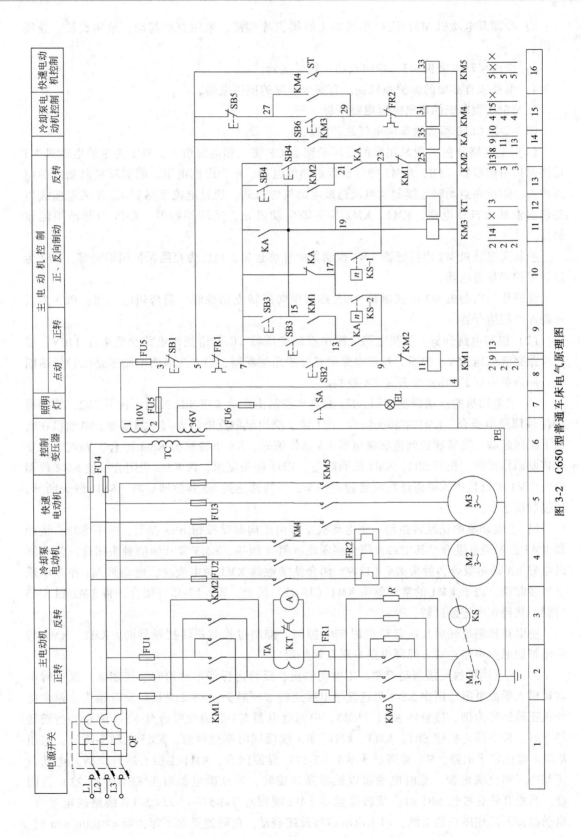

图 3-2 C650 型普通车床电气原理图

2）冷却泵电动机 M2，用以车削加工时提供冷却液，采用直接起动，单向旋转，连续工作。

3）快速移动电动机 M3，单向点动、短时运转。

4）电路应有必要的保护和联锁，有安全可靠的照明电路。

3. C650 型车床的电气控制电路分析

图 3-2 为 C650 型普通车床电气原理图。

（1）主电路分析　带脱扣器的低压断路器 QF 将三相电源引入，FU1 为主轴电动机 M1 短路保护用熔断器，FR1 为 M1 的过载保护热继电器。R 为限流电阻，限制反接制动时的电流冲击，防止在点动时连续起动电流造成电动机的过载。通过电流互感器 TA 接入电流表以监视主轴电动机线电流。KM1、KM2 为主轴电动机正、反转接触器，KM3 为制动限流接触器。

冷却泵电动机 M2 由接触器 KM4 控制单向连续运转，FU2 为短路保护用熔断器，FR2 为过载保护用热继电器。

快速移动电动机 M3 由接触器 KM5 控制单向旋转点动控制，获得短时工作，FU3 为其短路保护用熔断器。

（2）控制电路分析　控制电路电源由控制变压器 TC 供给控制电路交流电压 110V，照明电路交流电压 36V。FU5 为控制电路短路保护用熔断器，FU6 为照明电路短路保护用熔断器，局部照明灯 EL 由主令开关 SA 控制。

1）主电动机的点动调整控制。M1 的点动控制由点动按钮 SB2 控制，按下 SB2，接触器 KM1 线圈通电吸合，KM1 主触头闭合，M1 定子绕组经限流电阻 R 与电源接通，电动机在低速下正向起动。当转速达到速度继电器 KS 动作值时，KS 正转触头 KS-1 闭合，为点动停止反接制动作准备。松开 SB2，KM1 线圈断电，KM1 触头复原，因 KS-1 仍闭合，使 KM2 线圈通电，M1 被反接串入电阻进行反接制动停车，当转速达到 KS 释放转速时，KS-1 触头断开，反接制动结束。

2）主电动机的正反转控制。主电动机正转由正向起动按钮 SB3 控制，按下 SB3，接触器 KM3 首先通电吸合，其主触点闭合将限流电阻 R 短接，KM3 常开辅助触头闭合，使中间继电器 KA 通电吸合，触头 KA（13-9）闭合使接触器 KM1 通电吸合，电动机 M1 在全电压下直接起动。由于 KM1 的常开触头 KM1（15-13）闭合，KA（7-15）闭合，将 KM1 和 KM3 自锁，获得正向连续运转。

主电动机的反转由反向起动按钮 SB4 控制，控制过程与正转控制类同。KM1、KM2 的常闭辅助触头串接在对方线圈电路中起互锁作用。

3）主电动机的反接制动控制。主电动机正、反转运行停车时均有反接制动，制动时电动机串入限流电阻。图中 KS-1 为速度继电器正转常开触头，KS-2 为反转常开触头。以主电动机正转运行为例。接触器 KM1、KM3、中间继电器 KA 已通电吸合且 KS-1 闭合。当正转停车时，按下停止按钮 SB1，KM3、KM1、KA 线圈同时断电释放。KM3 主触头断开，电阻 R 串入电机定子电路，KA 常闭触头 KA（7-17）复原闭合，KM1 主触头断开，断开电动机正相序三相交流电源。此时电动机以惯性高速旋转，速度继电器触头 KS-1（17-23）仍闭合，当松开停止按钮 SB1 时，反转接触器 KM2 线圈经 1-3-5-7-17-23-25-4-2 线路通电吸合，电动机接入反相序三相电源，串入电阻进行反接制动，使转速迅速下降，当 $n < 100\text{r/min}$ 时，

KS-1 触头断开，KM2 线圈断电，反接制动结束，自然停车至零。

反向停车制动与正向停车制动类似。

4）刀架的快速移动和冷却泵控制。刀架的快速移动是转动刀架手柄压动行程开关 ST，使接触器 KM5 通电吸合，控制电动机 M3 来实现的。冷却泵电动机 M2 的起动和停止是通过按钮 SB5、SB6 控制的。

5）辅助电路。监视主回路负载的电流表是通过电流互感器 TA 接入的。为防止电动机起动、点动和制动电流对电流表的冲击，线路中接入一个时间继电器 KT，且 KT 线圈与 KM3 线圈并联。当起动时，KT 线圈通电吸合，但 KT 的延时断开的常闭触头尚未动作，将电流表短路。起动后，KT 延时断开的常闭触头才断开，电流表内才有电流流过。

6）完善的联锁与保护。主电动机正反转有互锁。熔断器 FU1～FU6 实现短路保护。热继电器 FR1、FR2 实现 M1、M2 的过载保护。接触器 KM1、KM2、KM4 采用按钮与自锁控制方式，使 M1 与 M2 具有欠压与零压保护。

（3）电路特点　C650 型车床电气控制电路特点如下：

1）采用三台电动机拖动，尤其是车床溜板箱的快速移动单由一台电动机拖动。

2）主轴电动机不但有正、反向运转，还有单向低速点动的调整控制，正、反向停车时均具有反接制动控制。

3）设有检测主轴电动机工作电流的环节。

4）具有完善的保护与联锁。

3.2　Z3040 型摇臂钻床电气控制电路分析

钻床是一种用途广泛的万能机床，可进行钻孔、扩孔、铰孔、攻螺纹及修刮端面等多种形式的加工。钻床按结构形式可分为立式钻床、卧式钻床、摇臂钻床、深孔钻床、台式钻床等。在各种钻床中，摇臂钻床操作方便，灵活，适用范围广，特别适用于带有多孔大型工件的孔加工，是机械加工中常用的机床设备，具有典型性。下面以 Z3040 型摇臂钻床为例进行分析。

3.2.1　机床结构与运动形式

摇臂钻床一般由底座、内外立柱、摇臂、主轴箱和工作台等部件组成，如图 3-3 所示。内立柱固定在底座的一端，外立柱套在内立柱上，并可绕内立柱回转 360°。摇臂的一端为套筒，它套在外立柱上，借助于升降丝杆的正反向旋转，摇臂可沿外立柱上下移动。由于升降螺母固定在摇臂上，所以摇臂只能与外立柱一起绕内立柱回转。主轴箱是一个复合的部件，它由主电动机、主轴和主轴传动机构、进给和变速机构以及机床的操作机构等部分组成。主轴箱安装在摇臂的水

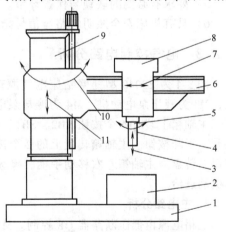

图 3-3　摇臂钻床结构及运动情况示意图

1—底座　2—工作台　3—主轴纵向进给
4—主轴旋转主运动　5—主轴　6—摇臂
7—主轴箱沿摇臂径向运动　8—主轴箱
9—内外立柱　10—摇臂回转运动
11—摇臂上下垂直运动

平导轨上，通过手轮操作可使主轴箱沿摇臂水平导轨做径向运动。这样，主轴5通过主轴箱在摇臂上的水平移动及摇臂的回转可方便地调整至机床尺寸范围内的任意位置。为适应加工不同高度工件的需要，可调节摇臂在立柱上的位置。Z3040型钻床中，主轴箱沿摇臂的径向运动和摇臂的回转运动为手动调整。

钻削加工时，主轴的旋转运动为主运动，主轴的纵向运动为进给运动，即钻头一面旋转一面做纵向进给。此时主轴箱夹紧在摇臂的水平导轨上，摇臂与外立柱夹紧在内立柱上。辅助运动有：摇臂沿外立柱的上下垂直移动；主轴箱沿摇臂水平导轨的径向移动；摇臂的回转运动。

3.2.2 电力拖动特点与控制要求

1. 电力拖动特点

1）摇臂钻床运动部件较多，为简化传动装置，采用多电动机拖动，分别是主轴电动机、摇臂升降电动机、液压泵电动机及冷却泵电动机。

2）摇臂钻床的主运动与进给运动皆为主轴的运动，为此这两种运动由一台主轴电动机拖动，分别经主轴传动机构、进给传动机构来实现主轴的旋转与进给。

2. 控制要求

1）4台电动机容量均较小，采用直接起动方式，主轴要求正反转，但采用机械方法实现，主轴电动机单向旋转。

2）升降电动机要求正反转。液压泵电动机用来驱动液压泵送出不同流向的压力油，推动活塞、带动菱形块动作来实现内外立柱的夹紧与放松以及主轴箱和摇臂的夹紧与放松，故液压泵电动机要求正反转。

3）摇臂的移动严格按照摇臂松开→摇臂移动→移动到位摇臂夹紧的程序进行。因此，摇臂的夹紧放松与摇臂升降应按上述程序自动进行。

4）钻削加工时，应由冷却泵电动机拖动冷却泵，供出冷却液进行钻头冷却。

5）要求有必要的联锁与保护环节。

6）具有机床安全照明电路与信号指示电路。

3.2.3 电气控制电路分析

图3-4为Z3040型摇臂钻床电气原理图。图中M1为主轴电动机，M2为摇臂升降电动机，M3为液压泵电动机，M4为冷却泵电动机。

主轴箱上装有4个按钮SB2、SB1、SB3与SB4分别是主电动机起动、停止按钮，摇臂上升、下降按钮。主轴箱转盘上的2个按钮SB5、SB6分别为主轴箱及立柱松开按钮和夹紧按钮。转盘为主轴箱左右移动手柄，操纵杆则操纵主轴的垂直移动，两者均为手动。主轴也可机动进给。

1. 主电路分析

三相电源由低压断路器QF控制。M1为单向旋转，由接触器KM1控制。主轴的正反转是另一套由主轴电动机拖动齿轮泵送出压力油的液压系统，经"主轴变速、正反转及空挡"操作手柄来获得的。M1由热继电器FR1做过载保护。

M2由正反转接触器KM2、KM3控制实现正反转，因摇臂移动是短时的，不用设过载保护，但其与摇臂的放松与夹紧之间有一定的配合关系，这由控制电路去保证。

M3由接触器KM4、KM5控制实现正反转，设有热继电器FR2做过载保护。

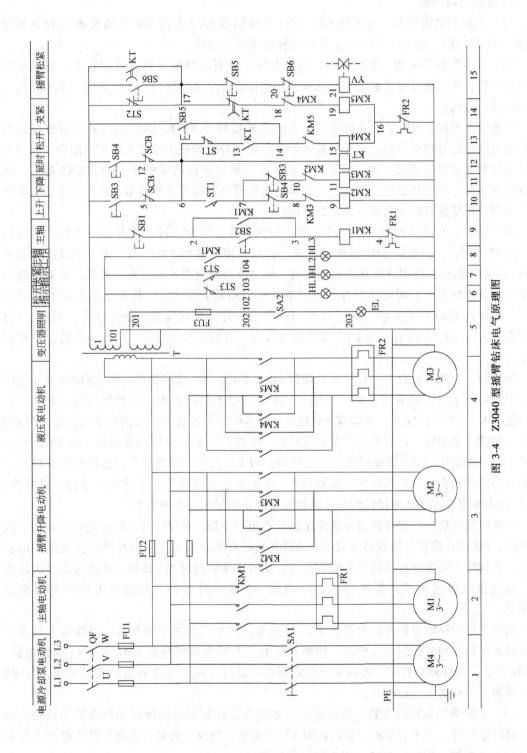

图 3-4 Z3040 型摇臂钻床电气原理图

M4 电动机容量小，仅 0.125kW，由开关 SA1 控制起动、停止。

2. 控制电路分析

（1）主轴电动机控制 由按钮 SB2、SB1 与接触器 KM1 构成主轴电动机起动-停止控制电路，M1 起动后，指示灯 HL3 亮，表示主轴电动机在旋转。

（2）摇臂升降及夹紧、放松控制 摇臂钻床工作时摇臂应夹紧在外立柱上，发出摇臂移动信号后，须先松开夹紧装置，当摇臂移动到位后，夹紧装置再将摇臂夹紧。本电路能自动完成这一过程。

由摇臂上升按钮 SB3、下降按钮 SB4 及正反转接触器 KM2、KM3 组成具有双重互锁的电动机正反转点动控制电路。由于摇臂的升降控制须与夹紧机构液压系统密切配合，所以与液压泵电动机的控制密切相关。液压泵电动机正反转由正反转接触器 KM4、KM5 控制，拖动双向液压泵，送出压力油，经二位六通阀送至摇臂夹紧机构实现夹紧与放松。下面以摇臂上升为例分析摇臂升降及夹紧、放松的控制。

按下摇臂上升点动按钮 SB3，时间继电器 KT 通电吸合，瞬动常开触头 KT（13-14）、KT（1-17）闭合，前者使 KM4 线圈通电吸合，后者使电磁阀 YV 线圈通电。于是液压泵电动机 M3 正转起动，拖动液压泵送出压力油，经二位六通阀进入摇臂松开油腔，推动活塞和菱形块，使摇臂松开。同时活塞杆通过弹簧片压动行程开关 ST1，其常闭触头 ST1（6-13）断开，接触器 KM4 断电释放，液压泵电动机停止旋转，摇臂维持在松开状态；同时，ST1 常开触头 ST1（6-7）闭合，使 KM2 线圈通电吸合，摇臂升降电动机 M2 起动旋转，拖动摇臂上升。

当摇臂上升到预定位置，松开上升按钮 SB3，KM2、KT 线圈断电，M2 依惯性旋转至停止，摇臂停止上升。经延时，KT（17-18）闭合，KM5 线圈通电，使液压泵电动机 M3 反转，触头 KT（1-17）断开，电磁阀 YV 断电。送出的压力油经另一条油路流入二位六通阀，再进入摇臂夹紧油腔，反向推动活塞与菱形块，使摇臂夹紧。值得注意的是，在 KT 断电延时的 1~3s 时间内，KM5 线圈仍处于断电状态，而 YV 仍处于通电状态，这段延时就确保了横梁升降电动机在断开电源依惯性旋转经 1~3s 完全停止旋转后，才开始摇臂的夹紧动作，所以 KT 延时长短依 M2 电动机切断电源到完全停止的惯性大小来调整。

当摇臂夹紧后，活塞杆通过弹簧片压动行程开关 ST2，使 ST2（1-17）断开，KM5、线圈断电，M3 停止旋转，摇臂夹紧完成。摇臂夹紧的行程开关 ST2 应调整到摇臂夹紧后能够动作，若调整不当摇臂夹紧后仍不能动作，会使液压泵电动机 M3 长期工作而过载。为防止由于长期过载而损坏液压泵电动机，电动机 M3 虽短时运行，也仍采用热继电器做过载保护。

摇臂升降的极限保护由组合开关 SCB 来实现。SCB 有两对常闭触头，当摇臂上升或下降到极限位置时相应常闭触头断开，切断对应的上升或下降接触器 KM2 与 KM3 线圈电路，使 M2 停止，摇臂停止移动，实现极限位置保护。此时可按下反方向移动起动按钮，使 M2 反向旋转，拖动摇臂反向移动。

（3）主轴箱与立柱的夹紧、放松控制 立柱与主轴箱均采用液压操纵夹紧与放松，两者是同时进行的，工作时要求二位六通阀 YV 不通电。松开与夹紧分别由松开按钮 SB5 和夹紧按钮 SB6 控制。指示灯 HL1、HL2 指示其动作。

按下松开按钮 SB5 时，KM4 线圈通电吸合，M3 电动机正转，拖动液压泵送出压力油，此时电磁阀线圈 YV 不通电，其提供的高压油经二位六通电磁阀到另一油路，进入立柱与主轴箱松开油腔，推动活塞和菱形块使立柱和主轴箱同时松开。当立柱与主轴箱松开后，行程开关 ST3 不受压复位，触头 ST3（101-102）闭合，指示灯 HL1 亮，表明立柱与主轴箱已松开。于是可以手动操作主轴箱在摇臂的水平导轨上移动。当移动到位，按下夹紧按钮 SB6 时，KM5 线圈通电吸合，M3 电动机反转，拖动液压泵送出压力油至夹紧油腔，使立柱与主轴箱同时夹紧。当确已夹紧，压下 ST3，触头 ST3（101-102）断开，HL1 灯灭，触头 ST3（101-103）闭合，HL2 灯亮，指示立柱与主轴箱均已夹紧，可以进行钻削加工。

（4）冷却泵电动机 M4 的控制 M4 电动机由开关 SA1 手动控制、单向旋转。

（5）联锁与保护环节 SCB 组合开关实现摇臂上升与下降的限位保护。ST1 行程开关实现摇臂松开到位，开始升降的联锁。ST2 行程开关实现摇臂完全夹紧，液压泵电动机 M3 停止运转的联锁。KT 时间继电器实现升降电动机 M2 断开电源、待 M2 停止后再进行夹紧的联锁。M2 电动机正反转具有双重互锁，M3 电动机正反转具有电气互锁。

SB5、SB6 立柱与主轴箱松开、夹紧按钮的常闭触头串接在电磁阀 YV 线圈电路中，实现立柱与主轴箱松开、夹紧操作时，压力油只进入立柱与主轴箱夹紧油腔而不进入摇臂夹紧油腔的联锁。

熔断器 FU1～FU5 实现电路的短路保护。热继电器 FR1、FR2 为电动机 M1、M3 的过载保护。

3. 照明与信号指示电路分析

HL1 为主轴箱与立柱松开指示灯，灯亮表示已松开，可以手动操作主轴箱沿摇臂移动或推动摇臂回转。

HL2 为主轴箱与立柱夹紧指示灯，灯亮表示已夹紧，可以进行钻削加工。

HL3 为主轴旋转工作指示灯。

EL 为机床局部照明灯，由控制变压器 TC 供给 24V 安全电压，由手动开关 SA2 控制。

4. Z3040 型摇臂钻床电气控制特点

1）Z3040 型摇臂钻床是机、电、液的综合控制。机床有二套液压系统：一套是由单向旋转的主轴电动机拖动齿轮泵送出压力油，通过操作手柄来操纵机构实现主轴正、反转、停车制动、空档、预选与变速的操纵机构液压系统；另一套是由液压泵电动机拖动液压泵送出压力油来实现摇臂的夹紧与松开、主轴箱和立柱的夹紧和放松的夹紧机构液压系统。

2）摇臂的升降控制与摇臂夹紧放松的控制有严格的程序要求，以确保先松开，再移动，移动到位后自动夹紧。所以对 M3、M2 电动机的控制有严格程序要求，这些程序控制的要求均由电气控制电路、液压、机械三者的相互配合来实现。

3）电路具有完善的保护和联锁，有明显的信号指示。

3.3 T68 型卧式镗床电气控制电路分析

镗床是一种精密加工机床，主要用于加工精确的孔和各孔间相互位置要求较高的零件。按用途不同，镗床可分为卧式镗床、立式镗床、坐标镗床、金刚镗床和专门化镗床，以卧式镗床使用为最多。T68 型镗床除镗孔外，还可用于钻孔、铰孔及加工端面，加上车螺纹附件后，还可车削螺纹；装上平旋盘刀架还可加工大的孔径、端面和外圆。

3.3.1　机床主要结构和运动形式

T68 型卧式镗床的结构如图 3-5 所示，主要由床身、前立柱、镗头架、后立柱、尾座、下溜板、上溜板、工作台等部分组成。

床身是一个整体的铸件，在它的一端固定有前立柱，在前立柱的垂直导轨上装有镗头架，镗头架可沿导轨垂直移动。镗头架上装有主轴、主轴变速箱、进给箱与操纵机构等部件。切削刀具固定在镗轴前端的锥形孔里，或装在平旋盘的刀具溜板上。在镗削加工时，镗轴一面旋转，一面沿轴向做进给运动。平旋盘只能旋转，装在其上的刀具溜板做径向进给运动。镗轴和平旋盘轴经由各自的传动链传动，因此可以独自旋转，也可以不同转速同时旋转。

在床身的另一端装有后立柱，后立柱可沿床身导轨在镗轴轴线方向调整位置。

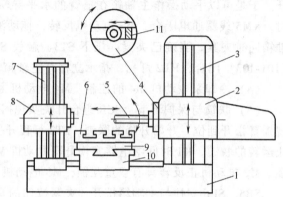

图 3-5　T68 型卧式镗床结构示意图
1—床身　2—镗头架　3—前立柱　4—平旋盘
5—镗轴　6—工作台　7—后立柱　8—尾座
9—上溜板　10—下溜板　11—刀具溜板

在后立柱导轨上安装有尾座，用来支撑镗轴的末端，尾座与镗头架同时升降，保证两者的轴心在同一水平线上。

安装工件的工作台安放在床身中部的导轨上，它由下溜板、上溜板与可转动的工作台组成。下溜板可沿床身导轨做纵向运动，上溜板可沿下溜板的导轨做横向运动，工作台相对于上溜板可做回转运动。

由上可知，T68 型卧式镗床的运动形式有三种：

1）主运动为镗轴和平旋盘的旋转运动。

2）进给运动为镗轴的轴向进给、平旋盘刀具溜板的径向进给、镗头架的垂直进给、工作台的纵向进给和横向进给。

3）辅助运动为工作台的回转、后立柱的轴向移动、尾座的垂直移动及各部分的快速移动等。

3.3.2　电力拖动方式和控制要求

镗床加工范围广，运动部件多，调速范围宽。而进给运动决定了切削量，切削量又与主轴转速、刀具、工件材料、加工精度等有关。所以一般卧式镗床主运动与进给运动由一台主轴电动机拖动，由各自传动链传动。为缩短辅助时间，镗头架上、下，工作台前、后、左、右及镗轴的进、出运动除工作进给外，还应有快速移动，由快速移动电动机拖动。

T68 型卧式镗床控制要求主要是：

1）主轴旋转与进给量都有较宽的调速范围，主运动与进给运动由一台电动机拖动，为简化传动机构采用双速笼型异步电动机。

2）由于各种进给运动都有正反不同方向的运转，故主电动机要求正、反转。

3）为满足调整工作需要，主电动机应能实现正、反转的点动控制。

4）保证主轴停车迅速、准确，主电动机应有制动停车环节。

5）主轴变速与进给变速可在主电动机停车或运转时进行。为便于变速时齿轮啮合，应有变速低速冲动过程。

6）为缩短辅助时间，各进给方向均能快速移动，配有快速移动电动机拖动，采用快速电动机正、反转的点动控制方式。

7）主电动机为双速电机，有高、低两种速度供选择，高速运转时应先经低速起动。

8）由于运动部件多，应设有必要的联锁与保护环节。

3.3.3　电气控制电路分析

图 3-6 为 T68 型卧式镗床电气原理图。

1. 主电路分析

电源经低压断路器 QF 引入，M1 为主电动机，由接触器 KM1、KM2 控制其正、反转；KM6 控制 M1 低速运转（定子绕组接成三角形，为 4 极），KM7、KM8 控制 M1 高速运转（定子绕组接成双星形，为 2 极）；KM3 控制 M1 反接制动限流电阻。M2 为快速移动电动机，由 KM4、KM5 控制其正反转。热继电器 FR 做 M1 过载保护，M2 为短时运行不需过载保护。

2. 控制电路分析

由控制变压器 TC 供给 110V 控制电路电压，36V 局部照明电压及 6.3V 指示电路电压。

（1）M1 主电动机的点动控制　由主电动机正反转接触器 KM1、KM2、正反转点动按钮 SB3、SB4 组成 M1 电动机正反转控制电路。点动时，M1 三相绕组接成三角形且串入电阻 R 实现低速点动。

以正向点动为例，合上电源开关 QF，按下 SB3 按钮，KM1 线圈通电，主触头接通三相正相序电源，KM1（4-14）闭合，KM6 线圈通电，电动机 M1 三相绕组接成三角形，串入电阻 R 低速起动。由于 KM1、KM6 此时都不能自锁故为点动，当松开 SB3 按钮时，KM1、KM6 相继断电，M1 断电而停车。

反向点动，由 SB4、KM2 和 KM6 控制。

（2）M1 电动机正反转控制　M1 电动机正反转由正反转起动按钮 SB1、SB2 操作，由中间继电器 KA1、KA2 及正反转接触器 KM1、KM2，并配合接触器 KM3、KM6、KM7、KM8 来完成 M1 电动机的可逆运行控制。

M1 电动机起动前，主轴变速，进给变速均已完成，即主轴变速与进给变速手柄置于推合位置，此时行程开关 ST1、ST3 被压下，触头 ST1（10-11），ST3（5-10）闭合。当选择 M1 低速运转时，将主轴速度选择手柄置于"低速"挡位，此时经速度选择手柄联动机构使高低速行程开关 ST 处于释放状态，其触头 ST（12-13）断开。

按下 SB1，KA1 通电并自锁，触头 KA1（11-12）闭合，使 KM3 通电吸合；触头 KM3（5-18）闭合与 KA1（15-18）闭合，使 KM1 线圈通电吸合，触头 KM1（4-14）闭合又使 KM6 线圈通电。于是，M1 电动机定子绕组接成三角形，接入正相序三相交流电源全电压起动低速正向运行。

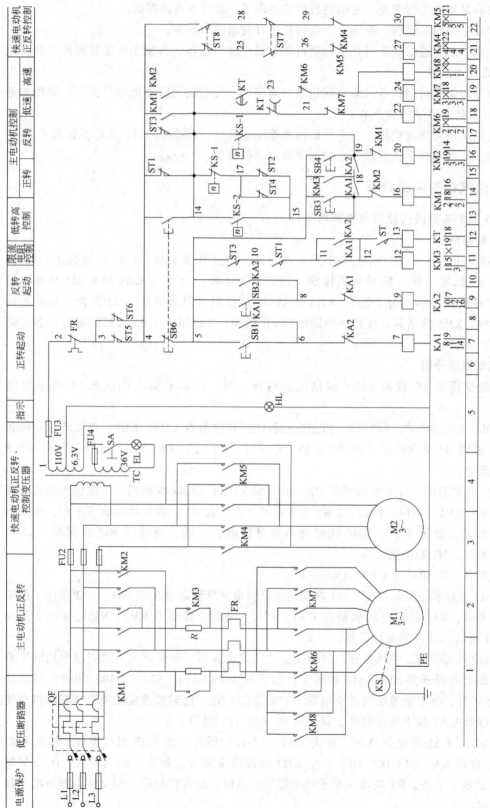

图 3-6　T68 型卧式镗床电气原理图

反向低速起动运行是由 SB2、KA2、KM3、KM2 和 KM6 控制的，其控制过程与正向低速运行相类似，此处不再复述。

（3）M1 电动机高低速的转换控制　行程开关 ST 是高低速的转换开关，即 ST 的状态决定 M1 是在三角形接线下运行还是在双星形接线下运行。ST 的状态由主轴孔盘变速机构机械控制，高速时 ST 被压动，低速时 ST 不被压动。

以正向高速起动为例，来说明高低速转换控制过程。将主轴速度选择手柄置于"高速"档，ST 被压动，触头 ST（12-13）闭合。按下 SB1 按钮，KA1 线圈通电并自锁，相继使 KM3、KM1 和 KM6 通电吸合，控制 M1 电动机低速正向起动运行；在 KM3 线圈通电的同时 KT 线圈通电吸合，待 KT 延时时间到，触头 KT（14-21）断开使 KM6 线圈断电释放，触头 KT（14-23）闭合使 KM7、KM8 线圈通电吸合，这样，使 M1 定子绕组由三角形接法自动换接成双星形接法，M1 自动由低速变高速运行。由此可知，主电动机在高速档为两级起动控制，以减少电动机高速档起动时的冲击电流。

反向高速档起动运行，是由 SB2、KA2、KM3、KT、KM2、KM6、KM7 和 KM8 控制的，其控制过程与正向高速起动运行相类似。

（4）M1 电动机的停车制动控制　由 SB6 停止按钮、KS 速度继电器、KM1 和 KM2 组成了正反向反接制动控制电路。下面仍以 M1 电动机正向运行时的停车反接制动为例加以说明。

若 M1 为正向低速运行，即由按钮 SB1 操作，由 KA1、KM3、KM1 和 KM6 控制使 M1 运转。欲停车时，按下停止按钮 SB6，使 KA1、KM3、KM1 和 KM6 相继断电释放。由于电动机 M1 正转时速度继电器 KS-1（14-19）触头闭合，所以按下 SB6 后，使 KM2 线圈通电并自锁，并使 KM6 线圈仍通电吸合。此时 M1 定子绕组仍接成三角形，并串入限流电阻 R 进行反接制动，当速度降至 KS 复位转速时 KS-1（14-19）断开，使 KM2 和 KM6 断电释放，反接制动结束。

若 M1 为正向高速运行，即由 KA1、KM3、KM1、KM7、KM8 控制下使 M1 运转。欲停车时，按下 SB6 按钮，使 KA1、KM3、KM1、KT、KM7、KM8 线圈相继断电，于是 KM2 和 KM6 通电吸合，此时 M1 定子绕组接成三角形，并串入不对称电阻 R 反接制动。

M1 电动机的反向高速或低速运行时的反接制动，与正向的类似。都是 M1 定子绕组接成三角形接法，串入限流电阻 R 进行，由速度继电器控制。

（5）主轴及进给变速控制　T68 型卧式镗床的主轴变速与进给变速可在停车时进行也可在运行中进行。变速时将变速手柄拉出，转动变速盘，选好速度后，再将变速手柄推回。拉出变速手柄时，相应的变速行程开关不受压；推回变速手柄时，相应的变速行程开关压下，ST1、ST2 为主轴变速用行程开关，ST3、ST4 为进给变速用行程开关。

1）停车变速。由 ST1～ST4、KT、KM1、KM2 和 KM6 组成主轴和进给变速时的低速脉动控制，以便齿轮顺利啮合。

下面以主轴变速为例加以说明。因为进给运动未进行变速，进给变速手柄处于推回状态，进给变速开关 ST3、ST4 均为受压状态，触头 ST3（4-14）断开，ST4（17-15）断开。主轴变速时，拉出主轴变速手柄，主轴变速行程开关 ST1、ST2 不受压，此时触头 ST1（4-14）、ST2（17-15）由断开状态变为接通状态，使 KM1 通电并自锁，同时也使 KM6 通电吸合，则 M1 串入电阻 R 低速正向起动。当电动机转速达到 140r/min 左右时，KS-1（14-17）

常闭触头断开，KS-1（14-19）常开触头闭合，使 KM1 线圈断电释放，而 KM2 通电吸合，且 KM6 仍通电吸合。于是，M1 进行反接制动，当转速降到 100r/min 时，速度继电器 KS 释放，触头复原，KS-1（14-17）常闭触头由断开变为接通，KS-1（14-19）常开触头由接通变为断开，使 KM2 断电释放，KM1 通电吸合，KM6 仍通电吸合，M1 又正向低速起动。

由上述分析可知：当主轴变速手柄拉出时，M1 正向低速起动，而后又制动为缓慢脉动转动，以利齿轮啮合。当主轴变速完成将主轴变速手柄推回原位时，主轴变速开关 ST1、ST2 压下，使 ST1、ST2 常闭触头断开，ST1 常开触头闭合，则低速脉动转动停止。

进给变速时的低速脉动转动与主轴变速时相类同，但此时起作用的是进给变速开关 ST3 和 ST4。

2）运行中变速控制。主轴或进给变速可以在停车状态下进行，也可在运行中进行变速。下面以 M1 电动机正向高速运行中的主轴变速为例，说明运行中变速的控制过程。

M1 电动机在 KA1、KM3、KT、KM1 和 KM7、KM8 控制下高速运行。此时要进行主轴变速，欲拉出主轴变速手柄，主轴变速开关 ST1、ST2 不再受压，此时 ST1（10-11）触头由接通变为断开，ST1（4-14）、ST2（17-15）触头由断开变为接通，则 KM3、KT 线圈断电释放，KM1 断电释放，KM2 通电吸合，KM7、KM8 断电释放，KM6 通电吸合。于是 M1 定子绕组接为三角形联结，串入限流电阻 R 进行正向低速反接制动，使 M1 转速迅速下降，当转速下降到速度继电器 KS 释放转速时，又由 KS 控制 M1 进行正向低速脉动转动，以利齿轮啮合。待推回主轴变速手柄时，ST1、ST2 行程开关压下，ST1 常开触头由断开变为接通状态。此时 KM3、KT 通电吸合，而 KM1、KM6 仍通电吸合，M1 先正向低速（三角形联结）起动，后在时间继电器 KT 控制下，自动转为高速运行。

由上述可知，所谓运行中变速是指机床拖动系统在运行中，可拉出变速手柄进行变速，而机床电气控制系统可使电动机接入电气制动，制动后又控制电动机低速脉动旋转，以利齿轮啮合。待变速完成后，推回变速手柄又能自动起动运转。

（6）快速移动控制　主轴箱、工作台或主轴的快速移动，由快速手柄操纵并联动 ST7、ST8 行程开关，控制接触器 KM4 或 KM5，进而控制快速移动电动机 M2 正反转来实现快速移动。将快速手柄扳在中间位置，ST7、ST8 均不被压动，M2 电动机停转。若将快速手柄扳到正向位置，ST7 压下，KM4 线圈通电吸合，M2 正转，使相应部件正向快速移动。反之，若将快速手柄扳到反向位置，则 ST8 压下，KM5 线圈通电吸合，M2 反转，相应部件获得反向快速移动。

（7）联锁保护环节分析　T68 型卧式镗床电气控制电路具有完善的联锁与保护环节。

1）主轴箱或工作台与主轴机动进给联锁。为了防止在工作台或主轴箱机动进给时出现将主轴或平旋盘刀具溜板也扳到机动进给的误操作，安装有与工作台、主轴箱进给操纵手柄有机械联动的行程开关 ST5，在主轴箱上安装了与主轴进给手柄、平旋盘刀具溜板进给手柄有机械联动的行程开关 ST6。

若工作台或主轴箱的操纵手柄扳在机动进给时，压下 ST5，其常闭触头 ST5（3-4）断开；若主轴或平旋盘刀具溜板进给操纵手柄扳在机动进给时，压下 ST6，其常闭触头 ST6（3-4）断开，所以，当这两个进给操作手柄中的任一个扳在机动进给位置时，电动机 M1 和 M2 都可起动运行。但若两个进给操作手柄同时扳在机动进给位置时，ST5、ST6 常闭触头都断开，切断了控制电路电源，电动机 M1、M2 无法起动，也就避免了误操作造成事故的危险，实现了联锁保护作用。

2）M1 电动机正反转控制、高低速控制、M2 电动机的正反转控制均设有互锁控制环节。

3）熔断器 FU1～FU4 实现短路保护；热继电器 FR 实现 M1 过载保护；电路采用按钮、接触器或继电器构成的自锁环节具有欠电压与零电压保护作用。

3. 辅助电路分析

机床设有 36V 安全电压局部照明灯 EL，由开关 SA 手动控制。电路还设有 6.3V 电源接通指示灯 HL。

4. 电气控制电路特点

1）主轴与进给电动机 M1 为双速笼型异步电动机。低速时由接触器 KM6 控制，将定子绕组接成三角形；高速时由接触器 KM7、KM8 控制，将定子绕组接成双星形。高、低速转换由主轴孔盘变速机构内的行程开关 ST 控制。低速时，可直接起动。高速时，先低速起动，而后自动转换为高速运行的二级起动控制，以减小起动电流。

2）电动机 M1 能正反转运行、正反向点动及反接制动。在点动、制动以及变速中的脉动慢转时，在定子电路中均串入限流电阻 R，以减少起动和制动电流。

3）主轴变速和进给变速均可在停车情况或在运行中进行。只要进行变速，M1 电动机就脉动缓慢转动，以利于齿轮啮合，使变速过程顺利进行。

4）主轴箱、工作台与主轴由快速移动电动机 M2 拖动实现其快速移动。它们之间的机动进给有机械和电气联锁保护。

3.4 XA6132 型卧式铣床电气控制电路分析

铣床可用来加工平面、斜面、沟槽，装上分度头可以铣切直齿齿轮和螺旋面，装上圆工作台还可铣切凸轮和弧形槽，所以铣床在机械行业的机床设备中占有相当大的比重，在金属切削机床中使用数量仅次于车床，按结构型式和加工性能不同，可分为卧式铣床、立式铣床、龙门铣床、仿形铣床以及各种专用铣床。XA6132 型卧式铣床是广泛应用的铣床之一，本节以其为例进行分析。

3.4.1 XA6132 型卧式铣床的主要结构与运动形式

XA6132 型卧式铣床主要由底座、床身、悬梁、刀杆支架、工作台、溜板和升降台等部分组成，其外形图如图 3-7 所示。箱形的床身 13 固定在底座 1 上，在床身内装有主轴传动机构及主轴变速机构，在床身的顶部有水平导轨，其上装着带有一个或两个刀杆支架的悬梁。刀杆支架用来支撑安装铣刀心轴的一端，而心轴另一端则固定在主轴上。在床身的前方有垂直导轨，一端悬挂的升降台可沿其做上下移动。在升降台上面的水平导轨上，装有可平行于主轴轴线方向移动（横向移动）的溜板 5。工作台 7 可沿溜板上部转动部分 6 的导轨在垂直于主轴轴线的方向移动（纵向移动）。这样，安装在工作台上的工件，可以在三个方向调整位置或完成进给运动，此外，由于转动部分对溜板 5 可绕垂直轴线转动一个角度（通常为正负 45°），这样工作台于水平面上除能平行或垂直于主轴轴线方向进给外，还能在倾斜方向进给，从而完成铣螺旋槽的加工。该铣床还可以安装圆工作台以扩大铣削能力。

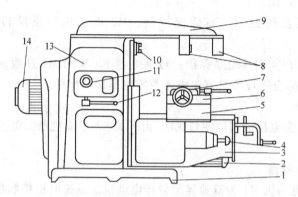

图 3-7 XA6132 型卧式铣床外形图

1—底座 2—进给电动机 3—升降台 4—进给变速手柄及变速盘 5—溜板

6—转动部分 7—工作台 8—刀杆支架 9—悬梁 10—主轴 11—主轴变速盘

12—主轴变速手柄 13—床身 14—主轴电动机

由上分析可知，XA6132 型卧式铣床的运动形式有主运动、进给运动及辅助运动。主轴带动铣刀的旋转运动为主运动，加工中工作台带动工件的移动或圆工作台的旋转运动为进给运动；而工作台带动工件在三个方向的快速直线移动为辅助运动。

3.4.2 XA6132 型卧式铣床的电力拖动特点与控制要求

XA6132 型卧式铣床的主轴传动系统在床身内部，进给系统在升降台内，由于主轴旋转运动与进给运动之间没有速度比例协调的要求，故采用单独传动，即主轴和工作台分别由主轴电动机、进给电动机拖动。工作台工作进给与快速移动皆由进给电动机拖动并经电磁离合器传动来获得。圆工作台的旋转也由进给电动机拖动。另外，铣削加工时为实现冷却，设有冷却泵电动机。

1. 主轴拖动对电气控制的要求

1）铣床加工方式有顺铣和逆铣两种，这就要求主轴能正、反转，但旋转方向不需要经常变换，在加工前预先选择好主轴旋转方向即可。为此，拖动主轴旋转的主轴电动机要求能实现正、反转，并由转向选择开关来选择电动机的转动方向。

2）为适应铣削加工的需要，主轴要求调节转速，为此主轴电动机选用法兰盘式三相笼型异步电动机，经主轴变速箱拖动主轴，经由变速箱获得 18 种主轴转速。

3）铣削加工为多刀多刃不连续切削加工，加工时负载波动大，为减轻负载波动的影响，往往在主轴传动系统中加入飞轮，用以加大转动惯量，但是这样又对主轴制动产生了影响，为此，主轴电动机在停车时应加有制动环节。同时，为保证安全，主轴在上刀时，也应对主轴实现制动。XA6132 型卧式铣床采用电磁离合器来控制主轴停车制动和主轴上刀制动。

4）为保证主轴变速时齿轮的顺利啮合，减少齿轮端面的冲击，主轴电动机在主轴变速时应有主轴变速冲动环节，实现主轴的变速冲动。

5）为满足铣削加工时操作者在铣床正面或侧面皆可操作的要求，主轴电动机的起动、停止等控制可实现两地操作。

2. 进给拖动对电气控制的要求

1) XA6132型卧式铣床工作台运行方式有手动、进给移动和快速移动三种。手动是由操作者摇动手柄实现工作台移动；进给移动与快速移动则由进给电动机拖动，分别是在工作进给电磁离合器与快速移动电磁离合器的控制下来完成运动的。

2) 为减少按钮数量，避免误操作，对进给电动机的控制采用电气开关、机构挂挡相互联动的手柄操作，在扳动操作手柄时一方面压合相应的电气开关，同时挂上相应传动机构的挡，而且要求操作手柄的扳动方向与工作台运动方向一致，增强直观性。

3) 工作台的运动有左右的纵向运动、前后的横向运动和上下的垂直运动，它们都是由进给电动机拖动的，故进给电动机要求正反转。采用的操作手柄有两个，一个是纵向操作手柄，其有左、中间、右三个位置；另一个是垂直与横向操作手柄，其有上、下、前、后、中间五个位置。

4) 进给运动的控制也为两地操作方式。为此，纵向操作手柄与垂直、横向操作手柄各有两套，分别设置在工作台正面与侧面，这两套之间是联动的，操作任一套手柄均可实现其进给。快速移动的控制也为两地操作。

5) 为安全起见，工作台上、下、左、右、前、后6个方向的运动，在同一时间只允许一个方向的运动。因此，要求有6个方向的联锁控制环节。

6) 进给运动由进给电动机拖动，经进给变速机构以获得18种进给速度。为使变速时齿轮顺利啮合，减少齿轮端面的撞击，进给电动机在变速后应做瞬时点动运转。

7) 为使铣床安全可靠地工作，铣床工作时，要求先起动主轴电动机（若换向开关扳在中间位置，主轴电动机不旋转），才能起动进给电动机。停车时主轴电动机与进给电动机同时停止，或者先停进给电动机后停主轴电动机。

3.4.3 电磁离合器

XA6132型卧式铣床主轴电动机停车制动、主轴上刀制动以及进给系统的工作进给和快速移动皆由电磁离合器来实现。

电磁离合器是利用表面摩擦和电磁感应原理，在两个做旋转运动的物体间传递转矩的执行电器。由于它便于远距离控制，控制能量小，动作迅速、可靠，结构简单，广泛应用于机床的电气控制，铣床上采用的是摩擦片式电磁离合器。

摩擦片式电磁离合器按摩擦片的数量可分为单片式与多片式两种，机床上普遍采用多片式电磁离合器，其结构如图3-8所示。在主动轴1的花链轴端，装有主动摩擦片6，它可以沿轴向自由移动，但因系花链连接，故将随同主动轴一起转动。从动摩擦片5与主动摩擦片交替叠装，其外缘凸起部分卡在与从动齿轮2固定在一起的套筒3内，因而可以随从动齿轮转动，并在主动轴转动时它可以不转。当线圈8通电后产生磁场，将摩擦片吸向铁心9，衔铁4也被吸住，紧紧压住各摩擦片。于是，依靠主动摩擦片与从动摩擦片之间的摩擦力，使从动齿轮随主动轴转动，实现转矩的传递。当电磁离合器线圈电压达到额定值的85%~105%时，离合器就能可靠地工作。当线圈断电时，装在内外摩擦片之间的圈状弹簧使衔铁和摩擦片复原，离合器便失去传递转矩的作用。

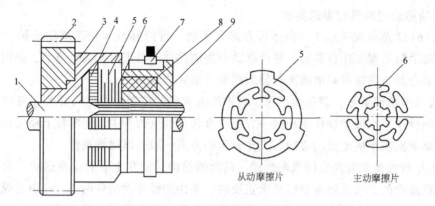

图 3-8　多片式电磁离合器结构简图

1—主动轴　2—从动齿轮　3—套筒　4—衔铁　5—从动摩擦片
6—主动摩擦片　7—电刷与滑环　8—线圈　9—铁心

3.4.4　XA6132 型卧式铣床电气控制电路分析

图 3-9 为 XA6132 型卧式铣床电气控制原理图。图中 M1 为主轴电动机，M2 为工作台进给电动机，M3 为冷却泵电动机。该电路的一个特点是采用电磁摩擦离合器控制，另一个特点是机械操作和电气操作密切配合进行。因此，在分析电气控制原理图时，应弄清机械操作手柄与相应电器开关动作的关系、各开关的作用及各指令开关状态。如 ST1、ST2 为与纵向操作手柄有机械联系的纵向进给行程开关，ST3、ST4 为与横向、垂直操作手柄有机械联系的横向、垂直进给行程开关，ST5 为主轴变速冲动开关，ST6 为进给变速冲动开关，SA1 为冷却泵选择开关，SA2 为主轴上刀制动开关，SA3 为圆工作台转换开关，SA4 为主轴电动机转向预选开关。我们在掌握了各电器用途之后再分析其电气控制原理图。

1. 主电路分析

三相交流电源由低压断路器 QF1 引入。主轴电动机 M1 由接触器 KM1、KM2 实现正、反转，由热继电器 FR1 做长期过载保护。进给电动机 M2 由接触器 KM3、KM4 实现正、反转，由热继电器 FR2 做长期过载保护，由熔断器 FU1 做短路保护。冷却泵电动机 M3 容量只有 0.125kW，由中间继电器 KA3 控制，单向旋转，由热继电器 FR3 做长期过载保护。整个电路由低压断路器 QF1 做过电流保护、过载保护。

2. 控制电路分析

由控制变压器 TC1 将交流 380V 变成交流 110V，作为交流控制电路电源，由熔断器 FU2 做短路保护。由整流变压器 TC2 将交流 380V 变成交流 28V，经桥式全波整流器整流成 24V 直流电，作为电磁离合器电源，由熔断器 FU3、FU4 做短路保护。由照明变压器 TC3 将交流 380V 变成交流 24V，供局部照明。

（1）主拖动控制电路分析

1）主轴电动机的起动控制。主轴电动机 M1 由正反转接触器 KM1、KM2 来实现正反转全压起动，而由主轴换向开关 SA4 来预选电动机的正反转。由停止按钮 SB1 或 SB2，起动按钮 SB3 或 SB4 与 KM1、KM2 构成主轴电动机正反转两地操作控制电路。起动时，应将电源引入开关 QF1 闭合，再把换向开关 SA4 扳到主轴所需的旋转方向，然后按下起动按钮 SB3

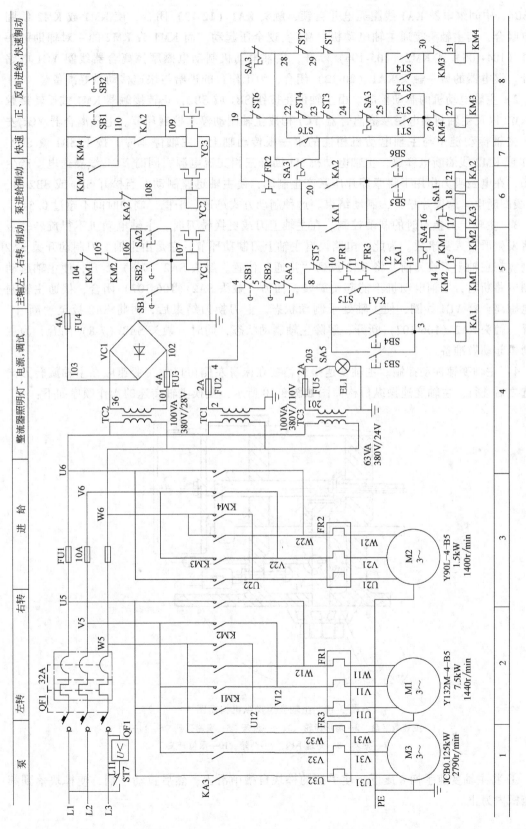

图 3-9 XA6132 型卧式铣床电气控制原理图

或 SB4，中间继电器 KA1 线圈通电并自锁，触头 KA1（12-13）闭合，使 KM1 或 KM2 线圈通电吸合，其主触头接通主轴电动机，M1 实现全压起动。而 KM1 或 KM2 的一对辅助触头 KM1（104-105）或 KM2（105-106）断开，主轴电动机制动电磁摩擦离合器线圈 YC1 电路断开。继电器的另一触头 KA1（20-12）闭合，为工作台的进给与快速移动做好准备。

2）主轴电动机的制动控制。由主轴停止按钮 SB1 或 SB2，正转接触器 KM1 或反转接触器 KM2 以及主轴制动电磁摩擦离合器 YC1 构成主轴制动停车控制环节。电磁离合器 YC1 安装在主轴传动链中与主轴电动机相连的第一根传动轴上，主轴停车时，按下 SB1 或 SB2，KM1 或 KM2 线圈断电释放，主轴电动机 M1 断开三相交流电源；同时 YC1 线圈通电，产生磁场，在电磁吸力作用下将摩擦片压紧产生制动，使主轴迅速制动。当松开 SB1 或 SB2 时，YC 线圈断电，摩擦片松开，制动结束。这种制动方式迅速、平稳，制动时间不超过 0.5s。

3）主轴上刀换刀时的制动控制。在主轴上刀或更换铣刀时，主轴电动机不得旋转，否则将发生严重人身事故。为此，电路设有主轴上刀制动环节，它是由主轴上刀制动开关 SA2 控制。在主轴上刀换刀前，将 SA2 扳到"接通"位置。触头 SA2（7-8）断开，使主轴起动控制电路断电，主轴电动机不能起动旋转；而另一触头 SA2（106-107）闭合，接通主轴制动电磁离合器 YC1 线圈，使主轴处于制动状态。上刀换刀结束后，再将 SA2 扳至"断开"位置，触头 SA2（106-107）断开，解除主轴制动状态，同时，触头 SA2（7-8）闭合，为主电动机起动做准备。

4）主轴变速冲动控制。主轴变速操纵箱装在床身左侧窗口上，变速应在主轴旋转方向预选之后进行。主轴变速操纵机构简图如图 3-10 所示，变换主轴转速的操作顺序如下：

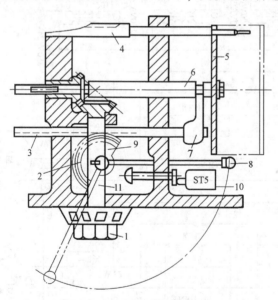

图 3-10　主轴变速操纵机构简图

1—变速数字盘　2—扇形齿轮　3、4—齿条　5—变速孔盘　6、11—轴
7—拨叉　8—变速手柄　9—凸轮　10—限位开关

① 将主轴变速手柄 8 压下，使手柄的榫块自槽中滑出，然后拉动手柄，使榫块落到第二道槽内为止。

② 转动变速数字盘，把所需转速对准指针。

③ 把手柄推回原来位置，使榫块落进槽内。

在将变速手柄推回原位置时，将瞬间压下主轴变速行程开关 ST5，使触头 ST5（8-13）闭合，触头 ST5（8-10）断开。于是 KM1 或 KM2 线圈瞬间通电吸合。其主触头瞬间接通主轴电动机做瞬时点动，利于齿轮啮合，当变速手柄榫块落入槽内时 ST5 不再受压，触头 ST5（8-13）断开，切断主轴电动机瞬时点动电路，主轴变速冲动结束。

主轴变速行程开关 ST5 的触头 ST5（8-10）是为主轴旋转时进行变速而设的，此时无须按下主轴停止按钮，只须将主轴变速手柄拉出，压下 ST5，使触头 ST5（8-10）断开，于是断开了主轴电动机的正转或反转接触器线圈电路，电动机自然停车，而后再进行主轴变速操作，电动机进行变速冲动，完成变速。变速完成后尚需再次起动电动机，主轴将在新选择的转速下起动旋转。

（2）进给拖动控制电路分析 工作台进给方向的左右纵向运动、前后的横向运动和上下的垂直运动，都是由进给电动机 M2 的正反转来实现的。而正、反转接触器 KM3、KM4 是由行程开关 ST1、ST3 与 ST2、ST4 来控制的，行程开关又是由两个机械操作手柄控制的。这两个机械操作手柄，一个是纵向机械操作手柄，另一个是垂直与横向操作手柄。扳动机械操作手柄，在完成相应的机械挂档同时，压合相应的行程开关，从而接通接触器，起动进给电动机，拖动工作台按预定方向运动。在工作进给时，由于快速移动继电器 KA2 线圈处于断电状态，而进给移动电磁离合器 YC2 线圈通电，工作台的运动是工作进给。

纵向机械操作手柄有左、中、右三个位置，垂直与横向机械操作手柄有上、下、前、后、中五个位置。ST1、ST2 为与纵向机械操作手柄有机械联系的行程开关；ST3、ST4 为与垂直、横向操作手柄有机械联系的行程开关。当这两个机械操作手柄处于中间位置时，ST1～ST4 都处在未被压下的原始状态，当扳动机械操作手柄时，将压下相应的行程开关。

SA3 为圆工作台转换开关，其有"接通"与"断开"两个位置，三对触头。当不需要圆工作台时，SA3 置于"断开"位置，此时触头 SA3（24-25）和 SA3（28-19）闭合，SA3（28-26）断开。当使用圆工作台时，SA3 置于"接通"位置，此时 SA3（24-25）和 SA3（19-28）断开，SA3（28-26）闭合。

在起动进给电动机之前，应先起动主轴电动机，即合上电源开关 QF1，按下主轴起动按钮 SB3 或 SB4，中间继电器 KA1 线圈通电并自锁，其触头 KA1（20-12）闭合，为起动进给电动机做准备。

1）工作台纵向进给运动的控制。若需工作台向右工作进给，将纵向进给操作手柄扳向右侧，在机械上通过联动机构接通纵向进给离合器，在电气上压下行程开关 ST1，触头 ST1（25-26）闭合，ST1（29-24）断开，后者切断通往 KM3、KM4 的另一条通路，前者使进给电动机 M2 的接触器 KM3 线圈通电吸合，M2 正向起动旋转，拖动工作台向右工作进给。

向右工作进给结束，将纵向进给操作手柄由右位扳到中间位置，行程开关 ST1 不再受压，触头 ST1（25-26）断开，KM3 线圈断电释放，M2 停转，工作台向右进给停止。

工作台向左进给的电路与向右进给时相仿。此时是将纵向进给操作手柄扳向左侧，在机械挂挡的同时，电气上压下的是行程开关 ST2，反转接触器 KM4 线圈通电，进给电动机反转，拖动工作台向左进给，当将纵向操作手柄由左侧扳回中间位置时，向左进给结束。

2）工作台向前与向下进给运动的控制。将垂直与横向进给操作手柄扳到"向前"位置，在机械上接通了横向进给离合器，在电气上压下行程开关 ST3，触头 ST3（25-26）闭合，ST3（23-24）断开，正转接触器 KM3 线圈通电吸合，进给电动机 M2 正向转动，拖动工作台向前进给。向前进给结束，将垂直与横向进给操作手柄扳回中间位置，ST3 不再受压，KM3 线圈断电释放，M2 停止旋转，工作台向前进给停止。

工作台向下进给电路工作情况与"向前"时完全相同，只是将垂直与横向操作手柄扳到"向下"位置，在机械上接通垂直进给离合器，电气上仍压下行程开关 ST3，KM3 线圈通电吸合，M2 正转，拖动工作台向下进给。

3）工作台向后与向上进给的控制　电路情况与向前和向下进给运动的控制相仿，只是将垂直与横向操作手柄扳到"向后"或"向上"位置，在机械上接通垂直或横向进给离合器，电气上都是压下行程开关 ST4，反向接触器 KM4 线圈通电吸合，进给电动机 M2 反向起动旋转，拖动工作台实现向后或向上的进给运动。当操作手柄扳回中间位置时，进给结束。

4）进给变速冲动控制。进给变速冲动只有在主轴起动后，纵向进给操作手柄、垂直与横向操作手柄置于中间位置时才可进行。

进给变速箱是一个独立部件，装在升降台的左边，进给速度的变换由进给变速手柄控制，进给变速手柄位于进给变速箱前方。进给变速的操作顺序是：

① 将蘑菇形手柄拉出。

② 转动手柄，把刻度盘上所需的进给速度值对准指针。

③ 把蘑菇形手柄向前拉到极限位置，此时借变速孔盘推压行程开关 ST6。

④ 将蘑菇形手柄推回原位，此时 ST6 不再受压。

就在蘑菇形手柄向前拉到极限位置，在反向推回之前，ST6 压下，触头 ST6（22-26）闭合，ST6（19-22）断开。此时，正向接触器 KM3 线圈瞬时通电吸合，进给电动机瞬时正向旋转，获得变速冲动。如果一次瞬间点动时齿轮仍未进入啮合状态，此时变速手柄不能复原，可再次拉出手柄并再次推回，实现再次瞬间点动，直到齿轮啮合为止。

5）进给方向快速移动的控制。进给方向的快速移动是由电磁离合器改变传动链来获得的。先开动主轴，将进给操作手柄扳到所需移动方向对应位置，则工作台按操作手柄选择的方向以选定的进给速度做工作进给。此时如按下快速移动按钮 SB5 或 SB6，接通快速移动继电器 KA2 电路，KA2 线圈通电吸合，触头 KA2（104-108）断开，切断工作进给电磁离合器 YC2 线圈电路，而触头 KA2（110-109）闭合，快速移动电磁离合器 YC3 线圈通电，工作台按原运动方向做快速移动。松开 SB5 或 SB6，快速移动立即停止，仍以原进给速度继续进给，所以，快速移动为点动控制。

（3）圆工作台的控制　圆工作台的回转运动是由进给电动机经传动机构驱动的，使用圆工作台时，首先把圆工作台转换开关 SA3 扳到"接通"位置。按下主轴起动按钮 SB3 或 SB4，KA1、KM1 或 KM2 线圈通电吸合，主轴电动机起动旋转。接触器 KM3 线圈经 ST1～ST4 行程开关常闭触头和 SA3（28-26）触头通电吸合，进给电动机起动旋转，拖动圆工作台单向回转。此时工作台进给两个机械操作手柄均处于中间位置。工作台不动，只拖动圆工作台回转。

（4）冷却泵和机床照明的控制　冷却泵电动机 M3 通常在铣削加工时由冷却泵转换开关 SA1 控制，当 SA1 扳到"接通"位置时，冷却泵起动继电器 KA3 线圈通电吸合，M3 起动旋转，并由热继电器 FR3 作长期过载保护。

机床照明由照明变压器 TC3 供给 24V 安全电压，并由控制开关 SA5 控制照明灯 EL。

（5）控制电路的联锁与保护　XA6132 型卧式铣床运动较多，电气控制电路较为复杂，为安全可靠地工作，电路具有完善的联锁与保护。

1）主运动与进给运动的顺序联锁。进给电气控制电路接在中间继电器 KA1 触头 KA1（20-12）之后，这就保证了只有在起动主轴电动机之后才可起动进给电动机，而当主轴电动机停止时，进给电动机也立即停止。

2）工作台 6 个运动方向的联锁。铣床工作时，只允许工作台往一个方向运动。为此，工作台上、下、左、右、前、后 6 个方向之间都有联锁。其中工作台纵向操作手柄实现工作台左、右运动方向的联锁；垂直与横向操作手柄实现上、下、前、后 4 个方向的联锁，但关键在于如何实现这两个操作手柄之间的联锁，对此电路设计成：接线点 22~24 之间由 ST3、ST4 常闭触头串联组成，24~28 之间由 ST1、ST2 常闭触头串联组成，然后在 24 号点并接后串于 KM3、KM4 线圈电路中，以控制进给电动机正反转。这样，当扳动纵向操作手柄时，ST1 或 ST2 行程开关压下，断开 24~28 支路，但 KM3 或 KM4 仍可经 22-24 支路供电。若此时再扳动垂直与横向操作手柄，又将 ST3 或 ST4 行程开关压下，将 22-24 支路断开，使 KM3 或 KM4 电路断开，进给电动机无法起动。从而实现了工作台 6 个方向之间的联锁。

3）长工作台与圆工作的联锁。圆形工作台的运动必须与长工作台 6 个方向的运动有可靠的联锁，否则将造成刀具与机床的损坏。这里由选择开关 SA3 来实现其相互间的联锁，当使用圆工作台时，选择开关 SA3 置于"接通"位置，此时触头 SA3（24-25）、SA3（19-28）断开，SA3（28-26）闭合。进给电动机起动接触器 KM3 经由 ST1~ST4 常闭触头串联电路接通，若此时又操纵纵向或垂直与横向进给操作手柄，将压下 ST1~ST4 行程开关的某一个，于是断开了 KM3 线圈电路，进给电动机立即停止，圆工作台也停止，若长工作台正在运动，扳动圆工作台选择开关 SA3 于"接通"位置，此时触头 SA3（24-25）断开，于是断开了 KM3 或 KM4 线圈电路，进给电动机也立即停止。

4）工作台进给运动与快速运动的联锁。工作台工作进给与快速移动分别由电磁磨擦离合器 YC2 与 YC3 传动，而 YC2 与 YC3 是由快速进给继电器 KA2 控制时，利用 KA2 的常开触头与常闭触头实现工作台工作进给与快速运动的联锁。

5）具有完善的保护：

① 熔断器 FU1、FU2、FU3、FU4、FU5 实现相应电路的短路保护。

② 热继电器 FR1、FR2、FR3 实现相应电动机的长期过载保护。

③ 断路器 QF1 实现整个电路的过电流和欠电压等保护。

④ 工作台 6 个运动方向的限位保护采用机械与电气相配合的方法来实现，当工作台左、右运动到预定位置时，安装在工作台前方的挡铁将撞动纵向操作手柄，使其从左位或右位返回到中间位置，使工作台停止，实现工作台纵向左右运动的限位保护。

在铣床床身导轨旁设置了上、下两块挡铁，当升降台上下运动到一定位置时，挡铁撞动垂直与横向操作手柄，使其回到中间位置，实现工作台垂直上下运动的限位保护。

在铣床工作台左侧底部前、后位置安装了两块挡铁，当溜板向前、向后运动到一定位置时，挡铁撞动垂直与横向操作手柄，并使其由"前"或"后"位返回"中"位，实现工作台横向前，后运动的限位保护"。

⑤ 打开电气控制箱门断电的保护。在机床左壁龛上安装了行程开关 ST7，ST7 常开触头

与断路器 QF1 失电压线圈串联，当打开控制箱门时 ST7 触头断开，使断路器 QF1 失电压线圈断电，QF1 跳闸，达到开门断电的目的。

（6）XA6132 型卧式铣床电气控制特点　XA6132 型卧式铣床电气控制的特点如下：

1）采用电磁摩擦离合器的传动装置，实现主轴电动机的停车制动和主轴上刀时的制动，以及对工作台工作进给和快速进给的控制。

2）主轴变速与进给变速均设有变速冲动环节。

3）进给电动机的控制采用机械挂挡-电气开关联动的手柄操作，而且操作手柄扳动方向与工作台运动方向一致，具有运动方向的直观性。

4）采用两地控制，操作方便。

5）具有完善的联锁与保护，工作安全可靠。

3.5　交流桥式起重机电气控制电路分析

起重机是用来在空间垂直升降和水平运移重物的起重设备。广泛用于厂矿车间、港口货场、建筑工地、仓库料场等需起重搬运物件的场所。

3.5.1　桥式起重机概述

1. 桥式起重机的结构及运动情况

桥式起重机由桥架（又称大车）、大车移行机构、小车及小车移行机构、提升机构及驾驶室等部分组成，其结构如图 3-11 所示。

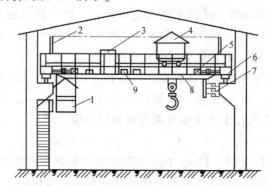

图 3-11　桥式起重机结构示意图

1—驾驶室　2—辅助滑线架　3—控制盘　4—小车　5—大车电动机
6—大车端梁　7—主滑线　8—大车主梁　9—电阻箱

（1）桥架　桥架由主梁、端梁、走台等部分组成，主梁跨架在跨间的上空，其两端连有端梁，而主梁外侧设有走台，并附有安全栏杆。在主梁一端的下方安有驾驶室，在驾驶室一侧的走台上装有大车移行机构，在另一侧走台上装有辅助滑线，以便向小车电气设备供电，在主梁上方铺有导轨供小车在其上移动。整个桥式起重机在大车移动机构拖动下，沿车间长度方向的导轨移动。

（2）大车移行机构　大车移行机构由大车拖动电动机、制动器、传动轴、减速器及车轮等部分组成，采用两台电动机分别拖动两个主动轮，驱动整个起重机沿车间长度方向移动。

（3）小车 小车安装在桥架导轨上，可沿车间宽度方向移动。主要由小车架、小车移行机构和提升机构等组成。

小车架由钢板焊成，其上装有小车移行机构、提升机构、护栏及提升限位开关。小车移行机构由小车电动机、制动器、减速器、车轮等组成，小车主动轮相距较近，由一台小车电动机拖动。提升机构由提升电动机、减速器、卷筒、制动器等组成，提升电动机经联轴节、制动轮与减速器连接，减速器的输出轴与缠绕钢丝绳的卷筒相连接，钢丝绳的另一端装有吊钩，当卷筒转动时，吊钩就随钢丝绳在卷筒上的缠绕或放开而提升或下放。

由上分析可知：重物在吊钩上随着卷筒的旋转获得上下运动；随着小车移动在车间宽度方向获得左右运动；随着大车在车间长度方向的移动获得前后运动。这样可将重物移至车间任一位置，完成起重运输任务。每种运动都应有极限位置保护。

（4）驾驶室 驾驶室是控制起重机的吊舱，其内装有大小车移行机构的控制装置，提升机构的控制装置和起重机的保护装置等。驾驶室固定在主梁一端的下方，也有安装在小车下方随小车移动的。驾驶室上方开有通向走台的窗口，供检修人员上下用。

2. 桥式起重机对电力拖动和电气控制的要求

桥式起重机工作性质为重复短时工作制，拖动电动机经常处于起动、制动、调速、反转等工作状态；起重机负载很不规律，经常承受大的过载和机械冲击；起重机工作环境差，往往粉尘大、温度高、湿度大。为此，专门设计制造了YZR系列起重及冶金用三相异步电动机。

为提高起重机的生产率与安全性，对起重机提升机构的电力拖动自动控制提出了较高要求，而对大车与小车移行机构的要求则比较低，要求有一定的调速范围，分几档控制及适当的保护等。起重机对提升机构电力拖动自动控制的主要要求是：

1）具有合理的升降速度，空钩能实现快速下降，轻载提升速度大于重载时的提升速度。

2）具有一定的调速范围，普通起重机的调速范围为2~3。

3）提升的第1档作为预备档，用以消除传动系统中的齿间隙，将钢丝绳张紧，避免过大的机械冲击，该级起动转矩一般限制在额定转矩的一半以下。

4）下放重物时，依据负载大小，提升电动机可运行在电动状态（强力下放）、倒拉反接制动状态、再生发电制动状态，以满足不同下降速度的要求。

5）为确保安全，提升电动机应设有机械抱闸并配有电气制动。

由于起重机使用广泛，所以其控制设备都已标准化。根据拖动电动机容量大小，常用的控制方式为采用凸轮控制器直接去控制电动机的起动、停止、正反转、调速和制动。这种控制方式受控制器触头容量的限制，只适用于小容量起重电动机的控制，另一种是采用主令控制器与控制盘配合的控制方式，适用于容量较大，调速要求较高的起重机和工作十分繁重的起重机。对于15t以上的桥式起重机，一般同时采用两种控制方式，主提升机构采用主令控制器配合控制屏控制方式，而大、小车移行机构和副提升机构则采用凸轮控制器控制方式。

3. 起重机电动机工作状态的分析

移行机构拖动电动机的负载为摩擦转矩，它始终为反抗转矩，移行机构来回移动时，拖动电动机工作在正向电动状态或反向电动状态。

提升机构电动机则不然，其负载转矩除摩擦转矩外，主要是由重物产生的重力转矩，当提升重物时，重力转矩为阻转矩，而下放重物时，重力转矩成为原动转矩。在空钩或轻载下放时，还可能出现重力转矩小于摩擦转矩，需要强迫下放。所以，提升机构电动机将视重力负载大小不同，提升与下放的不同，运行在不同的运行状态。

（1）提升重物时电动机的工作状态　提升重物时电动机负载转矩 T_L 由重力转矩 T_W 及提升机构摩擦阻转矩 T_f 两部分组成，如图 3-12 所示。当电动机电磁转矩 T 克服这两个阻转矩时，重物将被提升，当 $T = T_W + T_f$ 时，电动机稳定工作在机械特性的 a 点，以 n_a 转速提升重物。电动机工作在正向电动状态，在起动时，为获得较大的起动转矩，减小起动电流，往往在绕线型异步电动机的转子电路中串入电阻，然后依次切除，使提升速度逐渐提高，最后达到预定提升速度。

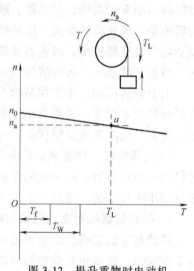

图 3-12　提升重物时电动机工作状态

（2）下降重物时电动机的工作状态　下放重物电动机有三种工作状态。

1）反转电动状态。当空钩或轻载下放时，由于重力转矩 T_W 小于提升机构摩擦阻转矩 T_f，此时依靠重物自身重量不能下降。为此电动机必须向着重物下降方向产生电磁转矩 T，并与重力转矩 T_W 一起共同克服摩擦阻转矩 T_f，强迫空钩或轻载下放，这在起重机中称为强迫下放。电动机工作在反转电动状态，如图 3-13a 所示。电动机运动在 $-n_a$ 下，以 n_a 转速强迫下放。

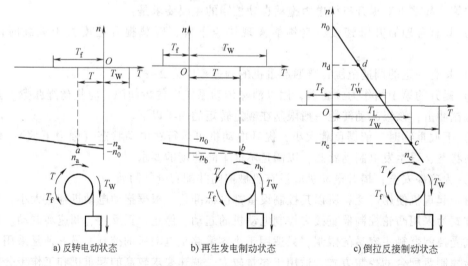

a) 反转电动状态　　　b) 再生发电制动状态　　　c) 倒拉反接制动状态

图 3-13　下降重物时电动机的三种工作状态

2）再生发电制动状态。在中载或重载长距离下降重物时，可将提升电动机按反转相序接电源，产生下降方向的电磁转矩 T，此时电动机电磁转矩 T 方向与重力转矩 T_W 方向一致，使电动机很快加速并超过电动机的同步转速。此时，电动机转子绕组内感应电动势与电流均改变方向产生阻止重物下降的电磁转矩，当 $T = T_W - T_f$ 时，电动机以高于同步转速的转速稳定运行，如图 3-13b 所示，电动机工作在再生发电制动状态，以高于同步转速的 n_b 下放重物。

3）倒拉反接制动状态。在下放重物时，为获得低速下降，常采用倒拉反接制动。此时电动机定子按正转提升相序接电源，但在电动机转子电路中串接较大电阻，这时电动机起动转矩 T 小于负载转矩 T_L，电动机在重力负荷作用下，迫使电动机反转。反转以后电动机转差率 s 加大，直至 $T = T_L$，其机械特性如图 3-13c 所示，在 c 点稳定运行，以 n_c 转速低速下放重物。这时如用于轻载下放，且重力转矩小于 T_W' 时，将会出现不但不下降反而会上升的后果，如图 3-13c 中在 d 点稳定运动，以转速 n_d 上升。

3.5.2　凸轮控制器控制提升机构的电路分析

凸轮控制器是一种大型手动控制电路，是起重机上重要的电气操作设备之一，用以直接操作与控制电动机的正反转、调速、起动与停止。应用凸轮控制器控制的电路结构简单，维修方便，广泛用于中、小型起重机的平移机构和小型起重机提升机构的控制中。

1. 凸轮控制器的构造、型号及主要技术数据

凸轮控制器从外部看，由机械结构、电气结构和防护结构三部分组成。其中手柄、转轴、凸轮、杠杆、弹簧、定位棘轮为机械部分。触头、接线柱和连接板等为电气部分。而上下盖板、外罩及灭弧罩为防护部分。

图 3-14 为凸轮控制器工作原理图。当转轴在手柄扳动下转动时，固定在轴上的凸轮同时转动，当凸轮的凸起部位顶住滚子时，由于杠

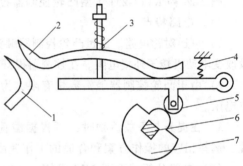

图 3-14　凸轮控制器工作原理图
1—静触头　2—动触头　3—触头弹簧　4—复位弹簧
5—滚子　6—绝缘方轴　7—凸轮

杆作用，使动触头与静触头分开；当凸轮凹处与滚子相对时，动触头在弹簧作用下，使动静触头闭合接触，实现触头接通与断开的目的。

在方轴上可以叠装不同形状的凸轮块，以使一系列的触头按预先安排的顺序接通与断开。将这些触头接于电动机电路中，便可实现控制电动机的目的。

起重机常用的凸轮控制器有 KT10、KT14 系列交流凸轮控制器，型号含义如下：

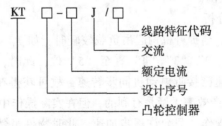

KT14 系列凸轮控制器的主要技术数据见表 3-1。

凸轮控制器在电路中是以其圆柱表面的展开图来表示的，竖虚线为工作位置，横虚线为触头位置，在横竖两条虚线交点处若用黑圆点标注，则表明控制器该位置、该触头是闭合接通的，若无黑圆点标注，则表明该触头在该位置是断开的，如图 2-24 所示。

表 3-1　KT14 系列凸轮控制器的主要技术数据

型　号	额定电压 /V	额定电流 /A	工作位置数		在通电持续率为 25% 时所能控制的电动机		额定操作频率 /（次·h⁻¹）
			向前（上升）	向后（下降）	转子最大电流/A	最大功率/kW	
KT14-25J/1	380	25	5	5	32	11	600
KT14-25J/2						2×2.5	
KT14-25J/3			1	1		5.5	
KT14-60J/1		60	5	5	80	30	
KT14-60J/2						2×11	
KT14-60J/3						2×30	

2. 凸轮控制器控制的提升机构控制电路

图 2-24 为 KT14-25J/1 型凸轮控制器控制电动机调速电路。

（1）电路特点

1）可逆对称电路。通过凸轮控制器触头来换接电动机定子电源相序实现电动机正反转以及改变电动机转子外接电阻。在控制器提升、下放对应档位时，电动机工作情况完全相同。

2）由于凸轮控制器触头数量有限，为获得尽可能多的调速等级，电动机转子串接不对称电阻。

3）在提升与下放重物时，可根据载荷情况（轻载、中载还是重载）和电动机机械特性，选择相应的操作方案和合适的工作速度档位，以期获得经济、合理、安全的操作。

（2）电路分析　由图 2-24 可知：凸轮控制器左右各有 5 个工作位置，共有 9 对常开主触头、3 对常闭触头，采用对称接法。其中 4 对常开主触头接于电动机定子电路实现换相控制，实现电动机正反转；另 5 对主触头接于电动机转子电路，实现转子电阻的接入和切除。由于转子电阻采用不对称接法，在凸轮控制器提升或下放的 5 个位置，由于逐级切除转子电阻，获得如图 3-15 与图 3-16 所示的机械特性，以得到不同的运行速度。其余 3 对常闭触头，其中 1 对用以实现零位保护，另 2 对常闭触头与上升限位开关 SQ1 和下降限位开关 SQ2 实现限位保护。

此外，在凸轮控制器控制电路中，KOC 为过电流继电器，实现过载与短路保护；YB 为电动机机械制动电磁抱闸线圈。

（3）凸轮控制器操作分析

1）轻载时的提升操作。当提升机构起吊负载较轻时，如 $T_L^* = 0.4$ 时，扳动凸轮控制器手柄由 "0" 位依次由 "1" "2" "3" "4" 直至 "5" 位，此时，电动机稳定运行在图 3-15A 点对应的转速 n_A 上。该转速已接近电动机同步转速，故可获得在此负载下的最大提升速度，这对加快吊运进度，提高生产效率无疑是有利的，但在实际操作中应注意以下几点：

① 严禁采用快速推档操作，只允许逐步加速。此时物件虽然较轻，但电动机从 $n=0$ 增速到 $n_A \approx n_0$，若加速时间太短，会产生过大的加速度，给提升机构和桥架主梁造成强烈的冲击。为此，应逐级推档，且每档停留 1s 为宜。

② 一般不允许控制器手柄长时间置于提升第 1 档位提升物件。因在此档位，电动机起动转矩 $T_{st}^* = 0.75$，电动机稳定转速 $n_A^* = 0.5$ 左右，提升速度较低，特别对于提升距离较长

时，采用该档工作极不经济。再者，电动机转子电阻是为电动机起动和调速配置的，受通电持续率和电阻发热的限制，不允许长期通电。同时，电动机低速运行也不利于电动机散热。

③ 当物件已提至所需高度时应制动停车，此时应将控制器手柄逐级扳转回至"0"位，此时每档也应有 1s 左右的停留时间，使电动机逐级减速，最后制动停车。

2）中型负载的提升操作。当起吊物件负载转矩 $T_L^* = 0.5 \sim 0.6$ 时，由于物件较重，为避免电动机转速增加过快对起重机的冲击，控制器手柄可在提升"1"位停留 2s 左右，然后再逐级加速，最后电动机稳定运行在图 3-15 中的 B 点。

3）重型负载的提升操作。当起吊物件负载转矩 $T_L^* = 1$ 时，当控制器手柄由"0"位推至提升"1"位，由于电动机起动转矩 $T_{st}^* = 0.75 < T_L^* = 1$，故电动机不能起动旋转。这时，应将手柄迅速通过提升"1"位而置于提升"2"位，然后再逐级加速，直至提升"5"位。在此负载下，电动机稳定运行在图 3-15 中的 C 点上。

在提升重载时，无论在提升过程中，还是将已提升的重物停留在空中，在将控制手柄扳回"0"位的操作时，手柄不能在提升"1"位有所停留，不然重物不但不上升，反而以倒拉反接制动状态下降，即负载转矩拖动电动机以 $n^* \approx 0.33$ 的转速做下放重物运转，稳定工作在图 3-15 的 D 点。这将发生重物下降的误动作，或重物在空中停不住的危险事故。所以，由提升"5"扳回"0"档位的正确操作是：在扳回每一档位时应有适当的停留，一般为 1s。在提升"2"位时应停留稍长些，使速度减下来后再迅速扳至"0"位，制动停车。

无论是重载还是轻载提升工作时，在平稳起动后都应把控制器手柄推至提升"5"档位，而不允许在其他档位长时间提升重物。一方面由于其他档位提升速度低，生产效率低；另一方面由于电动机转子长时间串入电阻，电能损耗太不经济。

4）轻型负载下放时的操作。当轻型负载下放时，可将控制器手柄扳到下放"1"位，由图 3-16 中可知，电动机在反转电动状态下运转。

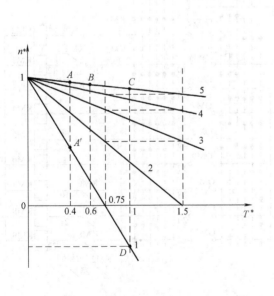

图 3-15 提升时电动机机械特性

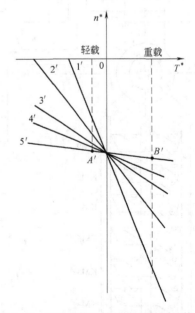

图 3-16 提升机构下降操作时的机械特性

5）重型负载下放时的操作 当下放重型负载时，电动机工作在再生发电制动状态。这时，应将控制器手柄从"0"位迅速扳至下放"5"位，使被吊物件以稍高于同步转速下放，并在 B' 点运行。

3.5.3 主令控制器控制提升机构的电路分析

由凸轮控制器控制的起重机电路具有线路简单、操作维护方便、经济等优点，但存在着触头容量和触头数量的限制，其调速性能不够好。因此，在下列情况下采用主令控制器发出指令，再控制相应的接触器动作，来换接电路，进而控制提升电动机的控制方式。

1）电动机容量大，凸轮控制器触头容量不够。

2）操作频繁，每小时通断次数接近或超过 600 次。

3）起重机工作繁重，要求电气设备具有较高寿命。

4）要求有较好的调速性能。

图 3-17 为提升机构 PQR10B 主令控制器电路图。主令控制器 QM 有 12 对触头，在提升与下放时各有 6 个工作位置，通过控制器手柄置于不同工作位置，使 12 对触头 QM1 ~QM12 相应闭合与断开，进而控制电动机定子电路与转子电路接触器，实现电动机工作状态的改

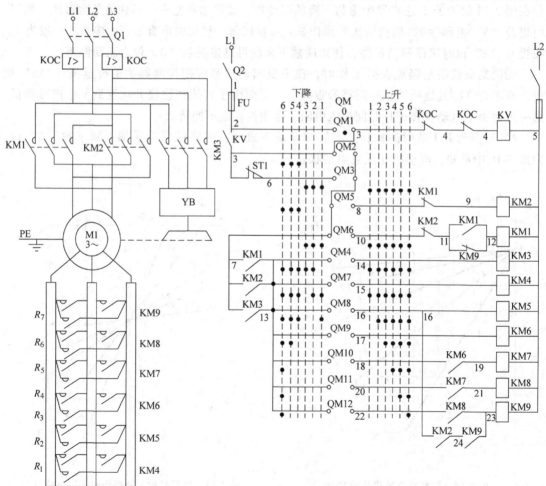

图 3-17 提升机构 PQR10B 主令控制器电路图

变，使重物获得上升与下降的不同速度。由于主令控制器为手动操作，所以电动机工作状态的变换由操作者掌握。

图中 KM1、KM2 为电动机正反向接触器，用以变换电动机相序，实现电动机正反转。KM3 为制动接触器，用以控制电动机三相制动器线圈 YB。在电动机转子电路中接有 7 段对称接法的转子电阻，其中前两段 R_1、R_2 为反接制动电阻，分别由反接制动接触器 KM4、KM5 控制；后四段 $R_3 \sim R_6$ 为起动加速调速电阻，由加速接触器 KM6~KM9 控制；最后一段 R_7 为固定接入的软化特性电阻。当主令控制器手柄置于不同控制档位时，获得如图 3-18 所示的机械特性。

电路的工作过程是：合上电源开关，当主令控制器手柄置于"0"位时，QM1 闭合，电压继电器在 KV 线圈通电并自锁，为起动做准备。当控制器手柄离开零位，处于其他工作位置时，虽然触头 QM1 断开，不影响 KV 的吸合状态。但当电源断电后，却必须将控制器手柄返回零位后才能再次起动，这就是零电压和零位保护作用。

（1）提升重物的控制　控制器提升控制共有 6 个档位，在提升各档位上，控制器触头 QM3、QM4、QM6 与 QM7 都闭合，于是将上升行程开关 ST1 接入，起提升限位保护作用；接触器 KM3、KM1、KM4 始终通电吸合，电磁抱闸松开，短接 R_1 电阻，电动机按提升相序接通电源，产生提升方向电磁转矩，在提升"1"位时，由于起动转矩 T_{st}^* 一般吊不起过重的物体，所以只作为张紧钢丝绳和消除齿轮间隙的预备起动级。

当主令控制器手柄依次扳到上升"2"至上升"6"位时，控制器触头 QM8~QM12 依次闭合，接触器 KM5~KM9 线圈依次通电吸合，将 $R_2 \sim R_6$ 各段转子电阻逐级短接。于是获得图 3-18 中第 2 至第 6 条机械特性，可根据负载大小选择适当档位进行提升操作，以获得五种提升速度。

（2）下放重物的控制　主令控制器在下放重物时也有 6 个档位，但在前 3 个档位，正转接触器 KM1 通电吸合，电动机仍以提升相序接线，产生向上的电磁转矩，只有在下降的后 3 个档位，反转接触器 KM2 才通电吸合，电动机产生向下的电磁转矩，所以，前 3 个档位为倒拉反接制动下放，而后 3 个档位为强力下放。

1）下降"1"档为预备档。此时控制器触头 QM4 断开，KM3 断电释放，制动器未松开；触头 QM6、QM7、QM8 闭合，接触器 KM4、KM5、KM1 通电吸合，电动机转子电阻 R_1、R_2 被短接，定子按提升相序接通三相交流电源，但此时由于制动器未打开，故电动机并不旋转。该档位是为适应提升机构由提升变换到下放重物，消除因机械传动间隙产生冲击而设的。所以此档不能停留，必须迅速通过该档扳向

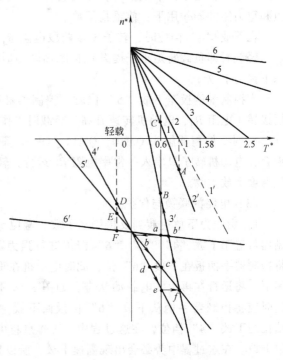

图 3-18　PQR10B 主令控制器控制电动机机械特性

并置于下放其他档位，以防电动机在堵转状态下时间过长而烧毁电动机。该档位转子电阻与提升"2"位相同，故该档位机械特性为上升特性2在第4象限的延伸。

2）下放"2"档是为重载低速下放而设的。此时控制器触头 QM6、QM4、QM7 闭合，接触器 KM1、KM3、KM4、YB 线圈通电吸合，制动器打开，电动机转子串入 $R_2 \sim R_7$ 电阻，定子按提升相序接线，在重载时获得倒拉反接制动低速下放。如图 3-18 中，当 $T_{\mathrm{L}}^* = 1$ 时，电动机起动转矩 $T_{\mathrm{ST}}^* = 0.67$。所以，控制器手柄在该档位时，将稳定运行在 A 点上低速下放重物。

3）下放"3"档是为中型载荷低速下放而设的。在该档位时，控制器触头 QM6、QM4 闭合，接触器 KM1、KM3、YB 线圈通电吸合，制动器打开，电动机转子串入全部电阻，定子按提升相序接通三相交流电源，但由于电动机起动转矩 $T_{\mathrm{ST}}^* = 0.33$，当 $T_{\mathrm{L}}^* = 0.6$ 时，在中型载荷作用下电动机按下放重物方向运转，获得倒拉反接制动下降，如图 3-18 中，电动机稳定工作在 B 点。

在上述制动下降的 3 个档位，控制器触头 QM3 始终闭合，将提升限位开关 ST1 接入，其目的在于当对吊物重量估计不准，如将中型载荷误估为重型载荷而将控制器手柄置于下放"2"位时，将会发生重物不但不下降反而上升，并运行在图 3-18 中的 C 点，以 n_c 速度提升，此时 ST1 起上升限位作用。

另外，在下放"2"与"3"位还应注意，对于负载转矩 $T_{\mathrm{L}}^* \leqslant 0.3$ 时，不得将控制器手柄在这两档位停留，因此时电动机起动转矩 $T_{\mathrm{ST}}^* > T_{\mathrm{L}}^*$，同样会出现轻载不但不下降反而提升的现象。

4）控制手柄在下放"4""5""6"位时为强力下放。此时，控制器触头 QM2、QM4、QM5、QM7 与 QM8 始终闭合，接触器 KM2、KM3、KM4、KM5、YB 线圈通电吸合，制动器打开，电动机定子按下放重物相序接线，转子电阻逐级短接，提升机构在电动机下放电磁转矩和重力矩共同作用下，使重物下放。

在下放"4"档位时，转子短接两段电阻 R_1、R_2 起动旋转，电动机工作在反转电动状态，轻载时即负载转矩小于提升机构摩擦转矩时，工作于图 3-18 第三象限——反向电动状态下强力下放。

当控制手柄扳至下放"5"位时，控制器触头 QM9 闭合，接触器 KM6 线圈通电吸合，短接转子电阻 R_3，电动机转速升高，轻载时工作于图 3-18 中 E 点；当控制器手柄扳至下放"6"位时，控制器触头 QM10、QM11、QM12 都闭合，接触器 KM7、KM8、KM9 线圈通电吸合，电动机转子只串入一常串电阻 R_7 运行，轻载时在 F 点工作，获得低于同步转速的下放速度下放重物。

（3）电路的联锁与保护

1）由强力下放过渡到反接制动下放，避免重载时高速下放的保护。对于轻型载荷，控制器可置于下放"4""5""6"档位进行强力下放。若此时重物并非轻载，而判断错误，将控制器手柄扳在下放"6"位，此时电动机在重物重力转矩和电动机下放电磁转矩共同作用下，将运行在再生发电制动状态，如图 3-18 所示，当 $T_{\mathrm{L}}^* = 0.6$ 时，电动机工作在 a 点。这时应将控制器手柄从下放"6"位扳回下放"3"位。在这过程中势必要经过下放"5"档位与下放"4"档位，在这过程中，工作点将由 $a \rightarrow b \rightarrow c \rightarrow d \rightarrow e \rightarrow f$，最终在 B 点以低速稳定下放。在这过程中势必会出现高速下放，所以控制器手柄在由下放"6"档位扳回至下放"3"位时，应避开下放"5"与下放"4"档位对应的下放 5、下放 4 两条机械特性。为此，在控制电路中的触头 KM2（16-24）、KM9（24-23）串联后接在控制器 QM8 与接触器 KM9 线圈之间。这样，当控制器手柄由下放 "6" 位扳回至下放 "3" 或 "2" 档位，在途径下放 "5" 或 "4" 档位时，使接触器 KM9 仍保持通电吸合状态，转子始终串入 R_7 常串电阻，使电动机仍运行在下放 6 机械特性上，由 a 点经 b' 点平稳过渡到 B 点，不致发生高速下放。

在该环节中串入触头 KM2（16-24）是为了当提升电动机正转接线时，该触头断开，使 KM9 不能构成自锁电路，从而使该保护环节在提升重物时不起作用。

2）确保反接制动电阻串入情况下进行制动下放的环节。当控制器手柄由下放 "4" 扳到下放 "3" 时，控制器触头 QM5 断开，QM6 闭合。接触器 KM2 断电释放，而 KM1 通电吸合，电动机处于反接制动状态。为避免反接时产生过大的冲击电流，应使接触器 KM9 断电释放，接入反接电阻，且只有在 KM9 断电释放后才允许 KM1 通电吸合。为此，一方面在控制器触头闭合顺序上保证在 QM8 断开后，QM6 才闭合；另一方面增设了 KM1（11-12）与 KM9（11-12）常闭触头相并联的联锁触头。这就保证了在 KM9 断电释放后，KM1 才能通电并自锁。此环节还可防止由于 KM9 主触头因电流过大而发生熔焊使触头分不开，将转子电阻 $R_1 \sim R_6$ 短接，只剩下常串电阻 R_7，此时若将控制器手柄扳于提升档位将造成转子只串入 R_7 发生直接起动事故。

3）制动下放档位与强力下放档位相互转换时切断机械制动的保护环节。在控制器手柄下放 "3" 位与下放 "4" 位转换时，接触器 KM1、KM2 之间设有电气互锁，这样，在换接过程中必有一瞬间这两个接触器均处于断电状态，这将使制动接触器 KM3 断电释放，造成电动机在高速下进行机械制动引起强烈振动而损坏设备和发生人身事故。为此，在 KM3 线圈电路中设有 KM1、KM2、KM3 三对常开触头并联电路。这样，由 KM3 实现自锁，确保 KM1、KM2 换接过程中 KM3 线圈始终通电吸合，避免上述情况发生。

4）顺序联锁保护环节。在加速接触器 KM6、KM7、KM8、KM9 线圈电路中串接了前一级加速接触器的常开辅助触头，确保转子电阻 $R_3 \sim R_6$ 按顺序依次短接，实现机械特性平滑过渡，电动机转速逐级提高。

5）由过电流继电器 KOC 实现过电流保护；电压继电器 KV 与主令控制器 QM 实现零压保护与零位保护；行程开关 ST1 实现上升的限位保护等。

3.5.4　起重机电气控制中的保护设备

起重机在使用中应安全、可靠，因此，各种起重机电气控制系统中设置了自动保护和联锁环节，主要有电动机过电流保护、短路保护、零压保护、控制器的零位保护、各运动方向的行程限位保护、舱盖、栏杆安全开关及紧急断电保护，必要的警报及指示信号等。由于起重机使用广泛，其控制设备，包括保护装置均已标准化，并有系列产品，常用的保护配电柜有 GQX6100 系列和 XQB1 系列等，可根据被控电动机台数及电动机容量来选择。

习　题

3-1　试述 C650 型车床主轴电动机的控制特点及时间继电器 KT 的作用。

3-2　C650 型车床电气控制具有哪些保护环节？

3-3　Z3040 型摇臂钻床在摇臂升降过程中，液压泵电动机 M3 和摇臂升降电动机 M2 应如何配合工作? 并以摇臂下降为例分析电路工作情况。

3-4　在 Z3040 型摇臂钻床电气电路中, 行程开关 ST1~ST4 各有何作用?

3-5　在 Z3040 型摇臂钻床电气电路中, 设置了哪些联锁与保护环节?

3-6　T68 型卧式镗床电气控制中, 主轴与进给电动机电气控制有何特点?

3-7　试述 T68 型卧式镗床主轴电动机 M1 高速起动控制的操作过程和电路工作情况。

3-8　在 T68 型卧式镗床电气控制电路中, 行程开关 ST、ST1~ST8 各有何作用? 安装在何处? 它们分别由什么操作手柄来控制?

3-9　试述 T68 型卧式镗床主轴低速脉动变速时的操作过程和电路工作情况。

3-10　试述 T68 型卧式镗床电气控制特点。

3-11　在 XA6132 型卧式铣床电气控制电路中, 行程开关 ST1~ST7 各有何作用?

3-12　在 XA6132 型卧式铣床电气控制电路中, 设置了哪些联锁与保护环节?

3-13　XA6132 型卧式铣床进给变速能否在运行中进行? 试述进给变速时的操作顺序及电路工作情况。

3-14　XA6132 型卧式铣床电气控制具有哪些控制特点?

3-15　图 2-24 凸轮控制器控制电动机调速电路有何特点? 操作时应注意什么?

3-16　图 3-17 提升机构 PQR10B 主令控制器电路有何特点? 操作时应注意什么?

3-17　图 3-17 电路设置了哪些联锁环节? 它们是如何实现的?

3-18　桥式起重机具有哪些保护环节?

第4章

电气控制系统设计

电气控制系统设计包括电气原理图设计和电气工艺设计两部分。电气原理图设计是为满足生产机械及其工艺要求而进行的电气控制系统设计，电气工艺设计是为电气控制装置本身的制造、使用、运行及维修的需要而进行的生产工艺设计。前者直接决定着设备的实用性、先进性和自动化程度的高低，是电气控制系统设计的核心。后者决定着电气控制设备制造、使用、维修的可行性，直接影响电气原理图设计的性能目标和经济技术指标的实现。

在熟练掌握电气控制电路基本环节和具有对一般生产机械电气控制电路的分析能力之后，应能对一般生产机械电气控制系统进行设计并能提供完善的技术资料。本章将讨论电气控制系统的设计过程和设计中的一些共性问题。

4.1 电气控制系统设计的原则、内容和程序

4.1.1 电气控制系统设计的一般原则

在电气控制系统的设计中，应遵循以下几个原则：

1) 最大限度地满足生产机械和生产工艺对电气控制的要求，这些生产工艺要求是电气控制系统设计的依据。因此在设计前，应深入现场进行调查，搜集资料，并与生产过程有关人员、机械部分设计人员、实际操作者密切配合，明确控制要求，共同拟订电气控制方案，协同解决设计中的各种问题，使设计成果满足生产工艺要求。

2) 在满足控制要求前提下，设计方案力求简单、经济、合理，不要盲目追求自动化和高指标。力求控制系统操作简单、使用与维修方便。

3) 正确、合理地选用电器元件，确保控制系统安全可靠地工作。同时考虑技术进步、造型美观。

4) 为适应生产的发展和工艺的改进，在选择控制设备时，设备能力应留有适当裕量。

4.1.2 电气控制系统设计的基本任务和内容

电气控制系统设计的基本任务是根据控制要求，设计和编制出电气设备制造和使用维修中必备的图样和资料等。图样包括电气原理图、电气系统的组件划分图、元器件布置图、安装接线图、电气简图、控制面板图、元器件安装底板图和非标准件加工图等。资料有外购件清单、材料消耗清单及设备说明书等。

电气控制系统设计内容主要包括电气原理图设计和电气工艺设计两部分。以电力拖动控制设备为例，分别叙述如下：

1. 电气原理图设计内容

1）拟订电气设计任务书。

2）选择电气拖动方案和控制方式。

3）确定电动机类型、型号、容量、转速。

4）设计电气控制原理框图，确定各部分之间的关系，拟定各部分技术指标与要求。

5）设计并绘制电气控制原理图，计算主要技术参数。

6）选择电器元件，制定元器件目录清单。

7）编写设计说明书。

电气原理图是整个设计的中心环节，是工艺设计和制定其他技术资料的依据。

2. 电气工艺设计内容

电气工艺设计是为了便于组织电气控制装置的制造与施工，实现电气原理图设计功能和各项技术指标，为设备的制造、调试、维护、使用提供必要的技术资料。电气工艺设计的主要内容有：

1）根据设计出的电气原理图及选定的电器元件，设计电气设备的总体配置，绘制电气控制系统的总装配图及总接线图。总图应反映出电动机、执行电器、电器箱各组件、操作台布置、电源以及检测元器件的分布情况和各部分之间的接线关系及连接方式，以供总装、调试及日常维护使用。

2）按照原理框图或划分的组件，对总原理图进行编号，绘制各组件原理电路图，列出各部件的元件目录表，并根据总图编号列出各组件的进出线号。

3）根据组件原理电路图及选定的元件目录表，设计组件电器装配图（电器元件布置与安装图）、接线图，图中应反映出各电器元件的安装方式和接线方式。这些资料是组件装配和生产管理的依据。

4）根据组件装配要求，绘制电器安装板和非标准的电器安装零件图样。这些图样是机械加工的技术资料。

5）设计电气箱（柜），根据组件尺寸及安装要求确定电气箱（柜）结构与外形尺寸、设置安装支架、标明安装方式、各组件的连接方式、通风散热方式及开门方式等。

6）汇总总原理图、总装配图及各组件原理图等资料，列出外购件清单，标准件清单，主要材料消耗定额等。这些是生产管理和成本核算必备的技术资料。

7）编写使用维护说明书。

4.1.3 电气控制系统设计的一般程序

以电力拖动电气控制系统设计为例，电气控制设计程序通常按以下步骤进行：

（1）拟订设计任务书 设计任务书是整个系统设计的依据，也是工程竣工验收的依据，必须认真对待。往往设计任务书下达部门只对系统的功能要求和技术指标提出一个粗略轮廓，而涉及设备应达到的各项具体技术指标和各项具体要求，则是由技术领导部门、设备使用部门及承担机电设计任务部门等几个方面共同讨论协商，最后以技术协议形式予以确定的。

在电气设计任务书中，除简要说明所设计设备的型号、用途、工艺过程、动作要求、传动参数、工作条件等外，还应说明以下主要技术指标和要求：

1）对控制精度和生产效率的要求。

2）电气传动基本特性，运动部件数量、用途，动作顺序，负载特性，调速指标，起动、制动要求等。

3）对自动化程度、稳定性及抗干扰的要求。

4）联锁条件及保护要求。

5）设备布局、安装要求、操作台布置、照明、信号指示、报警方式等。

6）验收标准及验收方式。

7）其他要求。

（2）选择拖动方案　电力拖动方案是指根据设备加工精度和加工效率要求、生产机械的结构、运动部件的数量、运动要求、负载性质、调速要求等条件确定电动机的类型、数量、传动方式，拟定电动机起动、调速、反向、制动等控制要求。作为电气控制原理图设计及电器元件选择的依据。因此，在设计任务书下达后，要认真做好调查研究工作，要注意借鉴已经获得成功并经生产实践验证的类似设备或生产工艺，列出多种方案，经分析比较后再做决定。

（3）电动机的选择　拖动方案确定后，可进一步选择电动机的类型、型式、容量、额定电压与额定转速等。

（4）选择控制方式　拖动方案确定后，电动机已选好，采用什么方法来实现这些控制要求就是控制方式的选择。随着电气技术、电子技术、计算机技术、检测技术及自动控制理论的迅速发展，已使生产机械电力拖动控制方式发生了深刻的变革。从传统的继电接触器控制向可编程控制、计算机控制等方面发展，各种新型的工业控制器及标准系列控制系统不断出现，可供选择的控制方式很多。

（5）设计控制原理图　设计电气控制原理图、合理选用元器件，编制元器件目录清单。

（6）设计施工图　设计电气设备制造、安装、调试所必需的各种施工图，并以此为依据编制各种材料定额清单。

（7）编写说明书　编写设计说明书和使用说明书。

4.2　电力拖动方案的确定和电动机的选择

电力拖动形式的选择是电气设计的主要内容之一，也是后续各部件设计内容的基础和先决条件。一个电气传动系统一般由电动机、电源装置和控制装置三部分组成，设计时应根据生产机械的负载特性、工艺要求及环境条件和工程技术条件选择电力拖动方案。

4.2.1　电力拖动方案的确定

首先根据生产机械结构和工艺要求来选用电动机的种类和数量，然后根据各运动部件的调速范围来选择调速方案。在选择电动机调速方案时，应使电动机的调速特性与负载特性相适应，以获得电动机的充分合理利用。

1. 拖动方式的选择　电力拖动方式有单独拖动与集中拖动两种。电力拖动发展的趋向是电动机逐步接近工作机构，形成多电动机的拖动方式，这样，不仅能缩短机械传动链，提高传动效率，便于自动化，而且也能使总体结构得到简化。在具体选择时，应根据工艺要求及结构具体情况决定电动机的数量。

2. 调速方案的选择 对于生产机械设备从生产工艺出发往往要求能够调速，不同的设备有不同的调速范围和调速精度，为了满足一定的调速性能，应选用不同的调速方案，如采用机械变速，多速电动机变速，变频调速等方法来实现。随着交流调速技术的发展，其经济技术指标不断提高，采用各种形式的变频调速技术，将是机械设备调速的主流。

3. 电动机调速性质应与负载特性相适应 机械设备的各个工作机构，具有各自不同的负载特性，如机床的主运动为恒功率负载，而进给运动为恒转矩负载。在选择电动机调速方案时，要使电动机的调速性质与生产机械的负载特性相适应，以使电动机获得充分合理的使用。如双速笼型异步电动机，当定子绕组由三角形联结改成双星形联结时，转速增加一倍，功率却增加很少，适用于恒功率传动；对于低速为星形联结的双速电动机改成双星形联结后，转速和功率都增加一倍，而电动机输出的转矩保持不变，适用于恒转矩传动。

4.2.2 拖动电动机的选择

电动机的选择包括电动机种类、结构形式、电动机额定转速和额定功率。

1. 电动机选择的基本原则

1）电动机的机械特性应满足生产机械提出的要求，要与负载的负载特性相适应。保证运行稳定且具有良好的起动和制动性能。

2）工作过程中电动机容量能得到充分利用，使其温升尽可能达到或接近额定温升值。

3）电动机结构形式满足机械设计提出的安装要求，并能适应周围环境工作条件。

4）在满足设计要求前提下，应优先采用结构简单、价格便宜、使用维护方便的三相笼型异步电动机。

2. 电动机容量的选择

电动机容量的选择方法有两种，一种是分析计算法，一种是调查统计类比法。

（1）分析计算法 根据生产机械负载图预选一台电动机，再用该电动机的技术数据和生产机械负载图求出电动机的负载图。最后按电动机的负载图从发热方面进行校验，并检查电动机的过载能力与起动转矩是否满足要求，如若不合格，另选一台电动机重新计算，直至合格为止。此法计算工作量大，负载图的绘制较为困难。对于比较简单、无特殊要求、生产数量不多的电力拖动系统，电动机容量往往采用统计类比法。

（2）统计类比法 将各国同类型、先进的机床电动机容量进行统计和分析，从中找出电动机容量与机床主要参数间的关系，再根据国情得出相应的计算公式来确定电动机容量的一种实用方法。几种典型机床电动机的统计分析法公式如下

$$车床 \quad P = 36.5D^{1.54} \tag{4-1}$$

$$立式车床 \quad P = 20D^{0.88} \tag{4-2}$$

式中 P——电动机容量，单位为 kW；

D——工件最大直径，单位为 m。

$$摇臂钻床 \quad P = 0.0646D^{1.19} \tag{4-3}$$

式中 D——最大钻孔直径，单位为 mm。

$$卧式镗床 \quad P = 0.004D^{1.7} \tag{4-4}$$

式中 D——镗杆直径，单位为 mm。

$$龙门铣床 \quad P = \frac{1.16B}{1.66} \tag{4-5}$$

式中　B——工作台宽度，单位为 mm。

$$外圆磨床 \quad P = 0.1KB \tag{4-6}$$

式中　B——砂轮宽度，单位为 mm；

　　　K——砂轮主轴用滚动轴承时，$K = 0.8 \sim 1.1$；砂轮主轴用滑动轴承时，$K = 1.0 \sim 1.3$。

当机床的主运动和进给运动由同一台电动机拖动时，则应按主运动电动机功率计算。若进给运动单独由一台电动机拖动，并具有快速运动功能时，则电动机功率应按快速移动所需功率来计算。快速移动所需要的功率，可由表 4-1 中所列数据选择。

表 4-1　拖动机床快速运动部件所需电动机功率

机床类型		运动部件	移动速度/m·min^{-1}	所需电动机功率/kW
普通车床	$D = 400mm$	溜板	$6 \sim 9$	$0.6 \sim 1$
	$D = 600mm$	溜板	$4 \sim 6$	$0.8 \sim 1.2$
	$D = 1000mm$	溜板	$3 \sim 4$	3.2
摇臂钻床 $d = (35 \sim 75) mm$		摇臂	$0.5 \sim 1.5$	$1 \sim 2.8$
升降台铣床		工作台	$4 \sim 6$	$0.8 \sim 1.2$
		升降台	$1.5 \sim 2$	$1.2 \sim 1.5$
龙门铣床		横梁	$0.25 \sim 0.5$	$2 \sim 4$
		横梁上的铣头	$1 \sim 1.5$	$1.5 \sim 2$
		立柱上的铣头	$0.5 \sim 1$	$1.5 \sim 2$

此外，还有一种类比法，通过对长期运行的同类生产机械的电动机容量调查，并对机械主要参数、工作条件进行类比，然后再确定电动机的容量。

4.3　电气原理图设计的步骤与方法

电气控制原理图是电气控制设计的核心，是电气工艺设计和编制各种技术资料的依据，在总体方案确定之后，首当其冲的是进行电气控制原理图的设计。

4.3.1　电气控制原理图设计的基本步骤

电气控制原理图设计的基本步骤是：

1) 根据选定的拖动方案和控制方式设计系统的原理框图，拟订出各部分的主要技术要求和主要技术参数。

2) 根据各部分的要求，设计出原理框图中各个部分的具体电路。对于每一部分电路的设计都是按照主电路→控制电路→联锁与保护→总体检查，反复修改与完善的步骤来进行。

3) 绘制系统总原理图。按系统框图结构将各部分电路连成一个整体，完善辅助电路，绘成系统原理图。

4) 合理选择电气原理图中每一电器元件，制订出元器件目录清单。

对于比较简单的控制电路，如普通机械或非标设备的电气配套设计、技术改造的电气配套设计，可以省略前两步，直接进行电气原理图的设计和选用电器元件。但对于比较复杂的电气自动控制电路，如新产品开发设计，新上工程项目的配套设计，就必须按上述步骤按部就班地进行设计，有时还需对上述步骤进一步细化，分步进行。只有各个独立部分都达到技术要求，才能保证总体技术要求的实现。

4.3.2　电气控制原理图的设计方法

电气控制原理图的设计方法有分析设计法和逻辑设计法两种。分别介绍如下。

1. 分析设计法

分析设计法是根据生产工艺的要求选择适当的基本控制环节或将比较成熟的电路按各部分的联锁条件组合起来，并经补充和修改，将其综合成满足控制要求的完整电路，当没有现成典型环节可运用时，可根据控制要求边分析边设计。由于这种设计方法是以熟练掌握各种电气控制电路的基本环节和具备一定的阅读分析电气控制电路的经验为基础，故又称经验设计法。分析设计法的步骤是：

1) 设计各控制单元环节中拖动电动机的起动、正反向运转、制动、调速、停车等的主电路或执行元件的电路。

2) 设计满足各电动机的运转功能和工作状态相对应的控制电路，以及满足执行元件实现规定动作相适应的指令信号的控制电路。

3) 连接各单元环节构成满足整机生产工艺要求，实现加工过程自动或半自动和调整的控制电路。

4) 设计保护、联锁、检测、信号和照明等环节控制电路。

5) 全面检查所设计的电路。应特别注意电气控制系统在工作过程中因误操作、突然失电等异常情况下不应发生事故，或所造成的事故不应扩大，力求完善整个系统的控制电路。

这种设计方法简单，容易为初学者所掌握，在电气控制中被普遍采用。其缺点是不易获得最佳设计方案；当经验不足或考虑不周时会影响电路工作的可靠性。因此，应反复审核电路工作情况，有条件时应进行模拟试验，发现问题及时修改，直至电路动作准确无误，满足生产工艺要求为止。

2. 逻辑设计法

逻辑设计法是利用逻辑代数这一数学工具来进行电路设计的。它是从工艺资料（工作循环图、液压系统图等）出发，将控制电路中的接触器、继电器线圈的通电与断电，触头的闭合与断开，以及主令元件的接通与断开等看成逻辑变量，并根据控制要求，将这些逻辑变量关系表示为逻辑函数关系式，再运用逻辑函数基本公式和运算规律对逻辑函数式进行化简，然后按化简后的逻辑函数式画出相应的电路结构图，最后再做进一步的检查和完善，以期获得最佳设计方案，使设计出的控制电路既符合工艺要求，又达到线路简单、工作可靠、经济合理的要求。

逻辑设计法设计控制电路的方法步骤：

1) 按工艺要求做出工作循环图。

2) 决定执行元件与检测元件，并做出执行元件动作节拍表和检测元件状态表。

3) 根据检测元件状态表写出各程序的特征数，并确定待相区分组，设置中间记忆元件，使各待相区分组所有程序区分开。

4) 列写中间记忆元件开关逻辑函数式及其执行元件动作逻辑函数式并画出相应的电路结构图。

5) 对按逻辑函数式画出的控制电路进行检查、化简和完善。

逻辑设计法的优点：能获得理想、经济的设计方案，但设计难度较大、设计过程较复杂，在一般常规设计中很少单独使用，这里不做进一步介绍。

4.3.3 电气控制原理图设计中的一般要求

电气控制原理图设计中首先要满足生产机械加工工艺要求，电路要具有安全可靠、结构合理、操作维修方便、设备投资少等特点。为此，必须正确的设计电气控制电路，合理选择电器元器件。电气控制原理图设计应满足以下几个要求：

（1）电气控制电路应满足生产工艺要求 设计前必须对生产机械工作性能、结构特点和实际加工情况有充分的了解，并在此基础上考虑控制方式、起动、反向、制动及调速的要求，设置各种联锁与保护。

（2）应尽量减少控制电路中电流、电压的种类 控制电压选择标准电压等级。电气控制电路常用的电压等级见表4-2。

表 4-2 常用控制电压等级

控制电路类型		常用的电压值/V	电 源 设 备
交流电力传动的控制电路较简单	交流	380、220	不用控制电源变压器
交流电力传动的控制电路较复杂		110(127)、48	采用控制电源变压器
照明及信号指示电路		48、24、6	采用控制电源变压器
直流电力传动的控制电路	直流	220、110	整流器或直流发电机
直流电磁铁及电磁离合器的控制电路		48、24、12	整流器

（3）确保电气控制电路工作的可靠性和安全性 为保证电气控制电路可靠的工作，应考虑以下几方面：

1) 尽量减少电器元件的品种、规格与数量，在电器元件选用时，尽可能选用性能优良、价格便宜的新型元件，同一用途电器元件尽可能选用相同型号。

2) 正常工作中，尽可能减少通电电器的数量，以利节能，延长电器元件寿命及减少线路故障。

3) 合理使用电器触头。触头数量应满足电路要求，否则可采用逻辑设计化简法，通过改变触头的组合方式来减少触头使用数量，或增设中间继电器来解决。还应检查触头容量是否满足控制负载的要求。

4) 做到正确接线。具体应注意以下几点：首先正确连接电器线圈，电压线圈通常不能串联使用，即便是两个同型号电压线圈也不能串联后接于两倍线圈额定电压上，以免电压分配不匀引起工作不可靠。对于交流电压线圈更不能串联使用，因电器动作有先有后，若 KM1 先动作，KM2 后动作，造成 KM1 磁路气隙先减小，使该线圈电感增大，阻抗加大，KM1 线圈分配到的电压大，而 KM2 线圈将低于其额定电压，甚至造成 KM2 不能吸合，影响电路正常工作；同时电路电流增大，可能烧毁接触器线圈。

对于电感量较大的电磁阀、电磁铁线圈或电动机励磁线圈不宜与相同电压等级的接触器

或中间继电器线圈直接并联工作，否则在接通断开
电源时会造成后者的误动作。

第二要合理安排电器元件及触头的位置。对一
个串联电路，电器元件或触头位置互换，并不影响
其工作原理，但却影响到运行安全和节省导线。如图
4-1 所示的两种接线，工作原理相同，但采用图 4-1a
所示接法既不安全又浪费导线。因为行程开关 ST 的常
开、常闭触头相距很近，在触头断开时，由于电弧可
能造成电源短路，很不安全，而且 ST 引出线需用 4
根，很不合理，采用图 4-1b 所示接法更为合理。

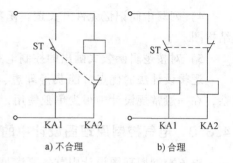

图 4-1　合理安排触头位置

第三要注意避免出现寄生电路。在控制电路的动作过程
中，出现的不是由于误操作而产生的意外接通的电路称为寄
生电路。图 4-2 为一个具有指示灯和长期过载保护的电动机
正反向控制电路。在正常工作时，能完成正反向起动、停止
与信号的指示。但当热继电器 FR 动作，FR 常闭触头断开后
就会出现图中虚线所示的寄生电路，使接触器不能可靠释放
而得不到过载保护。若将 FR 常闭触头移接到 SB1 上端，再
将原 FR 常闭触头处用导线短接，就可避免寄生电路。

5）尽量减少连接导线的数量，缩短连接导线的长度。

6）尽可能提高电路工作的可靠性、安全性。首先应考
虑电器元件动作时间配合不当引起的竞争，因此应分析电器
元件动作时间及元件之间的配合情况，使之满足控制要求。
第二应仔细考虑每一控制程序间必要的联锁，在发生误操作
时不会造成事故。第三应根据设备特点及使用情况设置必要的电气保护。

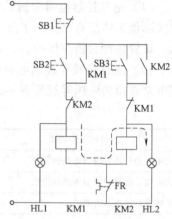

图 4-2　存在寄生电路的控制电路

(4) 应具有必要的保护　电气控制电路在事故情况下，应能保证操作人员、电气设备、
生产机械的安全，并能有效地制止事故的扩大。为此，在电气控制电路中，应设有必要的保
护措施。常用的有：漏电开关保护、过载、短路、过电流、过电压、失电压、联锁与行程保
护等，必要时还应设置相应的指示信号与报警信号。

(5) 应简捷方便　电路设计要考虑操作、使用、调试与维修的方便，力求简单经济。

4.4　常用控制电器的选择

在电气控制原理图设计完成后，应着手选择各种电器，正确合理地选择电器元件是控制
电路安全、可靠工作的重要保证。第一章已对低压电器选用原则做了介绍，下面仅对常用控
制电器的选择做进一步介绍。

4.4.1　接触器的选用

接触器随使用场合和控制对象不同，其操作条件与工作繁重程度也不同。为尽可能经济
正确地使用接触器，必须对控制对象的工作情况及接触器的性能有较全面的了解，不能仅看

产品的铭牌数据，因接触器铭牌上所标定的电压、电流、控制功率等参数均为某一使用条件下的额定值，选用时应根据具体使用条件来正确选择。通常接触器选用的原则是：

1）根据接触器所控制负载的工作任务来选择相应使用类别的接触器。

2）根据接触器控制对象的工作参数（如工作电压、工作电流、控制功率、操作频率、工作制等）来确定接触器的容量等级。

3）根据控制回路电压决定接触器线圈电压。

4）对于特殊环境条件下工作的接触器选用派生型产品。

1. 交流接触器的选用

交流接触器控制的负载分为电动机负载和非电动机负载（如电热设备、照明装置、电容器、电焊机等）两大类。

（1）电动机负载时的选用　采用的是以使用类别为基础，并辅以选用数据的选用方法。电动机的负载按轻重程度分为一般任务、重任务和特重任务三类。根据负载情况来确定适宜于使用场合的接触器系列。

1）一般任务。主要运行于 AC-3 使用类别，其操作频率不高，用来控制笼型异步电动机或绕线转子异步电动机，在满速运行时断开，并伴有少量的点动。这种任务在使用中所占的比例很大，并常与热继电器组成电磁起动器来满足控制和保护的要求。属于这一类的典型机械有：压缩机、泵、通风机、升降机、传送带、电梯、搅拌机、离心机、空调机、冲床、剪床等。选配接触器时，只要使选用接触器的额定电压和额定电流等于或稍大于电动机的额定电压和额定电流即可，通常选用 CJ10 系列。

2）重任务。主要运行于 90% AC-3 和 10% AC-4 或 50% AC-1 和 50% AC-2 的混合使用类别，平均操作频率可达 100 次/h 或以上，用以起动笼型或绕线转子异步电动机，并不时运行于点动、反接制动、反向和低速时断开。属于这一类的典型机械有：车床、钻床、铣床、磨床、升降设备、轧机辅助设备等。在这类设备的控制中，常出现混合的使用类别，电动机功率一般在 20kW 以下，因此选用 CJ10Z 系列重任务交流接触器较为合适。为保证电气寿命能满足要求，有时可降容来提高电气寿命。当电动机功率超过 20kW 时，则应选用 CJ20 系列。对于中大容量绕线转子异步电动机，则可选用 CJ12 系列。

3）特重任务。主要运行于近于 100% 的 AC-4 或 100% AC-2 的使用类别，操作频率可达 1000～1200 次/h，个别的甚至达 3000 次/h，用于笼型或绕线转子异步电动机的频繁点动、反接制动和可逆运行。属于这一类的典型设备有：印刷机、拉丝机、镗床、港口起重设备、轧钢辅助设备等。选用接触器时，务必使其电气寿命满足使用要求。对于已按重任务设计的 CJ10Z 等系列接触器可按电气寿命选用，电气寿命可按与分断电流平方成反比的关系推算。有时，粗略按电动机的起动电流作为接触器额定使用电流来选用接触器，便可得到较高的电气寿命。由于控制容量大，常可选用 CJ12 系列。

有时为了减少维护时间，减少频繁操作带来的噪声，可考虑选用晶闸管交流接触器。

交流接触器主触头的额定电压应大于或等于负载电路的额定电压。

交流接触器主触头的额定电流应等于或稍大于实际负载电流，对于电动机负载，可用下面经验公式计算：

$$I_N = P_N \times 10^3 / K U_N \tag{4-7}$$

式中　P_N——受控电动机额定功率，单位为 kW；

U_N——受控电动机额定线电压，单位为 V；

K——经验系数，一般取 $1 \sim 1.4$。

也可查阅各系列接触器与可控电动机容量的对应表，来选择交流接触器的额定电流。

接触器吸引线圈的电压值应取控制电路的电压等级。

（2）非电动机负载时的选用　非电动机负载有电阻炉、电容器、变压器、照明装置等。选用接触器时，除考虑接触器接通容量外，还要考虑使用中可能出现的过电流。

1）电热设备。按接触器的额定发热电流等于或大于 1.2 倍的电热设备额定电流来选择。

电热负载往往是单相的，这时可把接触器触头并联，以扩大它的使用电流。对于 CJ10 系列三对触头并联后的电流值可为（$2 \sim 2.4$）倍接触器的额定发热电流。

2）电容器。用开关设备控制电容器时，必须考虑电容器的合闸电流、持续电流和在负载下的电气寿命。推荐按表 4-3 来选配接触器。

表 4-3　电容器选配接触器参考表

型号	电容器额定工作电流 I_N/A	电容器 Q_C/kvar	
		$U_C = 220V$	$U_C = 380V$
CJ10-10	7.5	3	5
CJ10-20	12	5	8
CJ10-40	30	12.5	20
CJ10-60	53	25	40
CJ10-100	80	30	60
CJ10-150	105	40	75
CJ10-250	130	50	100

3）变压器。这类负载有交流弧焊机、电阻焊机和带变压器的感应炉等。表 4-4 列出了负载为电焊变压器时选配接触器的参考表。经验表明，焊接时的分断电流平均比接通电流大 $2 \sim 4$ 倍，而且为单相负载，因此所用接触器的三对主触头可并联使用。

表 4-4　电焊变压器选配接触器参考表

型号	变压器额定电流 I_N/A	变压器容量 S/kVA		变压器一次侧最大短路电流 I_K/A	
		$U_N = 220V$	$U_N = 380V$	$U_N = 220V$	$U_N = 380V$
CJ10-60	30	11	20	300	300
CJ10-100	53	20	30	450	450
CJ10-150	66	25	40	600	600
CJ20-250	105	40	70	1050	1050
CJ20-250	130	50	90	1800	1800

4）照明装置。根据照明装置的类型、起动电流、长期工作电流等因素来选择。

2. 直流接触器的选用

直流接触器主要用于控制直流电动机和电磁铁。选用直流接触器时，首先要对其使用场合和控制对象的工作参数有全面了解，然后再从适合其用途的各种系列接触器中选用接触器型号和规格。

（1）控制直流电动机时的选用　选择前首先应弄清电动机实际运行的主要技术参数。接触器的额定电压、额定电流（或额定控制功率）均不得低于电动机的相应值。当用于反复短时工作制或短时工作制时，接触器的额定发热电流应不低于电动机实际运行的等效有效电流，接触器的额定操作频率也不应低于电动机实际运行的操作频率。然后根据电动机的使用类别，选择相应使用类别的接触器系列。

（2）控制直流电磁铁时的选用　控制直流电磁铁时，应根据额定电压、额定电流、通电持续率和时间常数等主要技术参数，选用合适的直流接触器。

4.4.2　电磁式控制继电器的选用

继电器是组成各种控制系统的基础元件，选用时应综合考虑继电器的适用性、功能特点、使用环境、工作制、额定工作电压及额定工作电流等因素，做到选用适当，使用合理，保证系统正常而可靠的工作。

1. 类型的选用

继电器的类型及用途如表 4-5 所示。首先按被控制或被保护对象的工作要求来选择继电器的种类，然后根据灵敏度或精度要求来选择适当的系列。如时间继电器有直流电磁式、交流电磁式（气囊结构）、同步电动机式、晶体管式等，可根据系统对延时精度、延时范围、操作电源等综合考虑选用。

表 4-5　电磁式控制继电器的类型与用途

名　称	动作特点	主要用途
电压继电器	当电路中的电压达到规定值时动作	用于电动机失电压或欠电压保护、制动和反转制动
电流继电器	当电路中通过的电流达到规定值时动作	用于电动机过载与短路保护，直流电动机磁场控制及失磁保护
中间继电器	当电路中的电压达到规定值时动作	触头数量较多、容量较大，通过它增加控制回路或起信号放大作用
时间继电器	自得到动作信号起至触头动作有一定延时	用于交流电动机，作为以时间为函数起动时切换电阻的加速继电器，笼型电动机的丫-△起动、能耗制动及控制各种生产工艺程序等

2. 使用环境的选用

继电器选用时应考虑继电器安装地点的周围环境温度、海拔、相对湿度、污染等级及冲击、振动等条件。确定继电器的结构特征和防护类别。如继电器用于尘埃较多场所时，应选用带罩壳的全封闭式继电器，如用于湿热带地区时，应选用湿热带型（TH），以保证继电器正常而可靠的工作。

3. 使用类别的选用

继电器的典型用途是用来控制交、直流电磁铁。如用于控制交、直流接触器的线圈，对应的继电器使用类别应为 AC-11 与 DC-11 类。

4.4.3　控制变压器的选用

控制变压器用于降低控制电路或辅助电路电压，以保证控制电路安全可靠。选择控制变压器的原则为：

1）控制变压器一、二次电压应与交流电源电压、控制电路电压与辅助电路电压要求相符。

2）应保证接于控制变压器二次侧的交流电磁器件在起动时能可靠地吸合。

3）电路正常运行时，变压器温升不应超过允许温升。

4）控制变压器容量的近似计算公式为

$$S \geq 0.6 \sum S_1 + 0.25 \sum S_2 + 0.125 \sum KS_3 \qquad (4\text{-}8)$$

式中　S——控制变压器容量，单位为 VA；

　　　S_1——电磁器件的吸持功率，单位为 VA；

　　　S_2——接触器、继电器起动功率，单位为 VA；

　　　S_3——电磁铁起动功率，单位为 VA；

　　　K——电磁铁工作行程 L 与额定行程 L_N 之比的修正系数。当 $L/L_N = 0.5 \sim 0.8$ 时，$K = 0.7 \sim 0.8$；当 $L/L_N = 0.85 \sim 0.9$ 时，$K = 0.85 \sim 0.95$；当 $L/L_N = 0.9$ 以上时，$K = 1$。

满足式（4-8）时，既可保证已吸合的电器在起动其他电器时仍能保持吸合状态，且正在起动的电器也能可靠地吸合。

控制变压器也可按长期运行的温升来考虑，这时变压器容量应大于或等于最大工作负荷的功率，即

$$S \geq \sum S_1 K_1 \qquad (4\text{-}9)$$

式中　S_1——电磁器件吸持功率，单位为 VA；

　　　K_1——变压器容量的储备系数，$K_1 = 1.1 \sim 1.25$。也可按下式计算：

$$S \geq 0.6 \sum S_1 + 1.5 \sum S_2 \qquad (4\text{-}10)$$

式中，S、S_1、S_2 与式（4-8）中相同。

4.5　电气控制工艺设计

电气控制工艺设计必须在电气原理图设计完成之后进行，首先进行电气控制设备总体配置即总装配图、总接线图设计，然后再进行各部分电气装配图与接线图的设计，列出各部分的元件目录、进出线号以及主要材料清单，最后编写使用说明书。

4.5.1　电气设备总体配置设计

一台设备往往由若干台电动机来拖动，而各台电动机又由许多电器元件来控制，这些电动机与各类电器元件都有一定的装配位置。如电动机与各种执行元件如电磁铁、电磁阀、电磁离合器、电磁吸盘等，各种检测元件如行程开关、传感器、温度、压力、速度继电器等必须安装在生产机械的相应部位。各种控制电器如各种接触器、继电器、电阻、断路器、控制变压器、放大器等，以及各种保护电器如熔断器、电流/电压保护继电器等则安放在单独的电器箱内，而各种控制按钮、控制开关，各种指示灯、指示仪表，需经常调节的电位器等，则必须安装在控制台面板上。由于各种电器元件安装位置不同，所以在构成一个完整的自动

控制系统时，必须划分组件，解决好组件之间，电气箱之间以及电气箱与被控制装置之间的连线问题。

组件的划分原则是：

1）将功能类似的元件组合在一起可构成控制面板组件、电气控制盘组件、电源组件等。

2）尽可能减少组件之间的连线数量，将接线关系密切的电器元件置于同一组件中。

3）强电与弱电控制器分离，以减少干扰。

4）力求整齐美观，外形尺寸相同、重量相近的电器组合在一起。

5）为便于检查与调试，将须经常调节、维护和易损元件组合在一起。

电气控制设备的各部分及组件之间的接线方式通常有：

1）电器板、控制板、机床电器的进出线一般采用接线端子。

2）被控制设备与电气箱之间采用多孔接插件，便于拆装、搬运。

3）印制电路板与弱电控制组件之间宜采用各种类型接插件。

总体配置设计是以电气系统的总装配图与总接线图形式来表达的，图中应以示意方式反映出各部分主要组件的位置及各部分接线关系、走线方式及使用管线要求。

总装配图和接线图是进行分部设计和协调各部分组成一个完整系统的依据。总体设计要使整个系统集中、紧凑，同时要考虑将发热厉害和噪声振动大的电气部件置于离操作者较远位置，电源紧急停止控制应安放在方便而明显的位置，对于多工位加工的大型设备，应考虑多处操作等。

4.5.2 元器件布置图的设计

电气元器件布置图是指某些电器元件按一定的原则组合。如电气控制箱中的电器板、控制面板、放大器等。电器元件布置图的设计依据是部件原理图。同一组件中的电器元件的布置应注意以下几点：

1）体积大和较重的电器元件安装在电器板的下方，发热元器件安放在电器板的上方。

2）强电弱电分开并加以屏蔽，以防干扰。

3）需要经常维护、检修、调整的电器元件安装高度要适宜。

4）电器元器件的布置应考虑整齐、美观、对称。外形尺寸与结构类似的电器安放在一起，以利加工、安装和配线。

5）电器元器件之间应留有一定间距，若采用板前走线槽配线方式，应适当加大各排电器间距，以利布线和维护。

各电器元器件位置确定以后，便可绘制电器布置图。布置图是根据电器元件的外形尺寸按比例绘制的，并标明各元件间距尺寸。同时，还要根据本部件进出线的数量和导线规格，来选择适当的接线端子板和接插件，按一定顺序标上进出线的接线号。

4.5.3 电气部件接线图的绘制

电气部件接线图是根据部件电气原理图及电器元件布置图来绘制的。它表示了成套装置的连接关系，是电气安装和查线的依据。接线图应按以下要求绘制：

1）接线图和接线表的绘制应符合 GB/T 6988.1—2008《电气技术用文件的编制 第 1

部分：规则》的规定。

2）电器元件按外形绘制，并与布置图一致，偏差不要太大。

3）所有电器元件及其引线应标注与电气原理图相一致的文字符号及接线号。

4）在接线图中同一电器元件的各个部分（触头、线圈等）必须画在一起。

5）电气接线图一律采用细实线，走线方式有板前走线与板后走线两种，一般采用板前走线。对于简单电气控制部件，电器元件数量较少，接线关系不复杂，可直接画出元件内的连线。但对于复杂部件，电器元件数量多，接线较复杂时，一般是采用走线槽，只要在各电器元件上标出接线号，不必画出各元件之间连线。

6）接线图中应标出配线用的各种导线的型号、规格、截面积及颜色要求。

7）部件的进出线除大截面导线外，都应经过接线端子板，不得直接进出。

4.5.4　电气箱及非标准零件图的设计

在电气控制比较简单时，电气控制板往往附在生产机械上，而在控制系统比较复杂，或生产环境或操作需要时，采用单独的电气控制箱，以利制造、使用和维护。

电气控制箱设计要考虑以下几方面的问题：

1）根据控制面板及箱内各电气部件的尺寸来确定电气箱总体尺寸及结构方式。

2）结构紧凑外形美观，与生产机械相匹配。

3）根据控制面板及箱内电气部件的安装尺寸，设计箱内安装支架。

4）从方便安装考虑，根据调整及维修要求，设计控制箱开门方式。

5）为利于箱内电器的通风散热，在箱体适当部位设计通风孔或通风槽。

6）为利于电气箱的搬动，设计合适的起吊钩、起吊孔、扶手架或箱体底部带活动轮等。

外形确定以后，再按上述要求进行各部分的结构设计，绘制箱体总装图及门、控制面板、底板、安装支架、装饰条等零件图，并注明加工尺寸。

非标准的电器安装零件，如开关支架、电气安装底板、控制箱的有机玻璃面板等，应根据机械零件设计要求，绘制其零件图。

4.5.5　各类元器件及材料清单的汇总

在电气控制原理设计及工艺设计结束后，应根据各种图样，对本设备需要的各种零件及材料进行综合统计，列出外购件清单表、标准件清单表、主要材料消耗定额表及辅助材料消耗定额表，供有关部门备料，以备生产。这些资料也是成本核算的依据。

4.5.6　编写设计说明书及使用说明书

设计说明及使用说明是设计审定及调试、使用、维护过程中不可缺少的技术资料。

设计及使用说明书应包含以下主要内容：

1）拖动方案选择依据及本设计的主要特点。

2）主要参数的计算过程。

3）设计任务书中要求的各项技术指标的核算与评价。

4）设备调试要求与调试方法。使用、维护要求及注意事项。

习　题

4-1　电气控制设计中应遵循的原则是什么？设计内容包括哪些主要方面？

4-2　如何确定生产机械电气拖动方案？

4-3　电气控制原理图设计方法有几种？常用什么方法？电气控制原理图的要求有哪些？

4-4　采用分析设计法，设计一个以行程原则控制的机床控制电路。要求工作台每往复一次（自动循环），即发出一个控制信号，以改变主轴电动机的转向一次。

4-5　某机床由两台三相笼型异步电动机 M1 与 M2 拖动，其拖动要求是：

1) M1 容量较大，采用丫-△减压起动，停车带有能耗制动；

2) M1 起动后经 20s 后方允许 M2 起动（M2 容量较小可直接起动）；

3) M2 停车后方允许 M1 停车；

4) M1 与 M2 起动、停止均要求两地控制，试设计电气原理图并设置必要的电气保护。

4-6　如何绘制电气设备的总装配图、总接线图及电器部件的布置图与接线图？

4-7　设计说明书及使用说明书应包含哪些主要内容？

第5章

PLC的基本知识

5.1 PLC的组成、工作原理、性能、分类及特点

PLC是以微处理器为核心的计算机控制系统,虽然各厂家产品类型繁多,功能和指令系统各不相同,但其组成和基本工作原理大同小异。

5.1.1 PLC的组成和基本工作原理

1. PLC的组成

PLC主要由CPU模块、输入/输出模块、编程器和电源组成,如图5-1所示。

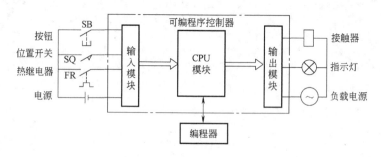

图 5-1 PLC控制系统示意图

(1) CPU模块 CPU模块主要由微处理器(CPU)和存储器组成。在PLC控制系统中,CPU模块不断地采集输入信号,执行用户程序,刷新系统的输出,存储器用来储存程序和数据。PLC的存储器有两种,一种是可进行读/写操作的随机存储器(RAM);另一种为只读存储器(ROM、PROM、EPROM、EEPROM)。PLC中的RAM用来存放用户编制的程序或用户数据,存于RAM中的程序可随意修改。

PLC的系统程序是由PLC生产厂家设计提供的,出厂时已固化在各种只读存储器中,不能由用户直接修改。

(2) 输入/输出模块 输入模块和输出模块简称为I/O模块,这是PLC与被控设备相连接的接口电路,是联系外部现场设备和CPU模块的桥梁。

1) 输入模块。输入模块用来接收和采集输入信号,分为开关量输入模块和模拟量输入模块。开关量输入模块用来接收从按钮、选择开关、数字拨码开关、接近开关、光电开关、限位开关、压力继电器等送来的开关量输入信号。模拟量输入模块用来接收电位器、测速发电机和各种变送器提供的连续变化的模拟量电流电压信号。图5-2所示为某直流输入模块的

内部电路和外部接线图,图中只画出了一路输入电路,输入电流为数毫安;1M 是同一组输入点各内部输入电路的公共点。S7-200 PLC 可以用 CPU 模块输出的 DC 24V 电源作为输入回路的电源,它还可以为接近开关、光电开关之类的传感器提供 DC 24V 电源。

当图 5-2 中外部连接的触点接通时,光耦合器中两个反并联的发光二极管亮、光敏晶体管导通;外部连接触点断开时,光耦合器中的发光二极管熄灭,光敏晶体管截止,信号经内部电路传送给 CPU 模块。

交流输入方式适合于有油雾、粉尘的恶劣环境下使用,输入电压有 110V 和 220V 两种。直流输入电路的延时时间较短,可以直接与接近开关、光电开关等电子输入装置连接。

2)输出模块。输出模块是用来控制接触器、电磁铁、指示灯、电磁阀、数字显示装置、报警装置等输出设备。模拟输出模块用来控制调节阀、变频器等执行装置。

S7-200 PLC 的 CPU 模块的数字量输出电路的功率组件有驱动直流负载的场效应晶体管和小型继电器,后者既可以驱动交流负载又可以驱动直流负载,负载电源由外部提供。

输出电路的额定电流值与负载的性质有关,如 S7-200 PLC 的继电器输出电路可以驱动 2A 的电阻负载,但是只能驱动 200W 的白炽灯。输出电路一般分为若干组,对每一组的总电流也有限制。

图 5-3 所示为继电器输出模块电路,继电器同时起隔离和功率放大作用。每一路只给用户提供一对常开触点。与触点并联的 RC 电路和压敏电阻用来消除触点断开时产生的电弧。

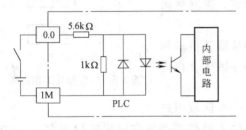

图 5-2 直流输入模块电路

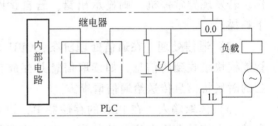

图 5-3 继电器输出模块电路

图 5-4 所示为使用场效应晶体管输出模块电路。输出信号送给内部电路中的输出锁存器,再经光耦合器送给场效应晶体管,后者的饱和导通状态和截止状态相当于触点的接通和断开。图中稳压管用来抑制过电压和外部的浪涌电压,以保护场效应晶体管,场效应晶体管输出电路的工作频率可达 20~100kHz。

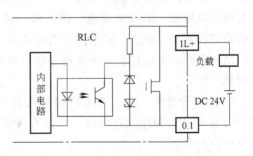

图 5-4 场效应晶体管输出模块电路

继电器输出模块的使用电压范围广,导通压降小,承受瞬时过电压和过电流的能力较强,但是动作速度较慢,寿命(动作次数)有一定的限制。如果系统输出量的变化不是很频繁,建议优先选用继电器型的输出模块。

场效应晶体管输出模块用于直流负载,它的可靠性高、反应速度快、寿命长,但是过载能力稍差些。

(3)编程器 编程器用来生成用户程序,并用它进行编辑、检查、修改和监视用户程序的执行情况。手持式编程器不能直接输入和编辑梯形图，只能输入和编辑指令表程序，因此又称为指令编程器。它的体积小，价格便宜，一般用来给小型 PLC 编程，或者用于现场调试和维护。

通过编程软件可以在计算机屏幕上直接生成和编辑梯形图或指令表程序，并且可以实现不同编程语言之间的相互转换。程序被编译后可以下载到 PLC，也可以将 PLC 中的程序上传到计算机。程序可以存盘或打印，通过网络还可以实现远程编程和传送。

（4）电源　PLC 一般使用 AC 220V 电源或 DC 24V 电源。内部的开关电源为各模块提供不同电压等级的直流电源。小型 PLC 可以为输入电路和外部的电子传感器提供 DC 24V 电源，驱动 PLC 负载的直流电源一般由用户提供。

2. PLC 的基本工作原理

PLC 是按照集中采样、集中扫描的工作方式工作的。整个工作过程可分为 5 个阶段：自诊断、通信处理、读取输入、执行程序和改写输出，其工作过程如图 5-5 所示。这种周而复始的循环工作模式称为扫描工作模式。

（1）自诊断　每次扫描用户程序之前，都先执行自诊断测试。自诊断测试包括定期检查 CPU 模块的操作和扩展模块的状态是否正常，将监控定时器复位，以及完成一些其他的内部工作。若发现异常停机，则显示出错；若自诊断正常，则继续向下扫描。

（2）通信处理　在通信处理阶段，CPU 处理从通信接口和智能模块接收到的信息，如读取信息并存放在缓冲区中，在适当的时候将信息传送给通信请求方。

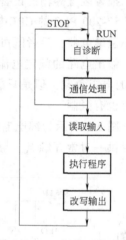

图 5-5　PLC 扫描工作过程

（3）读取输入　在 PLC 的存储器中，设置了一片区域用来存放输入信号和输出信号的状态，它们分别称为输入映像寄存器和输出映像寄存器。CPU 以字节（8 位）为单位来读写输入/输出映像寄存器。在读取输入阶段，PLC 把所有外部数字量输入电路的 ON/OFF 状态，读入输入映像寄存器。外部的输入电路闭合时，对应的输入映像寄存器为 1 状态，梯形图中对应的输入点的常开触点接通，常闭触点断开。外接的输入电路断开时，对应的输入映像寄存器为 0 状态，梯形图中对应的输入点的常开触点断开，常闭触点闭合。

（4）执行程序　PLC 的用户程序由若干条指令组成，指令在存储器中顺序排列。在 RUN 工作模式的程序执行阶段，在没有跳转指令时，CPU 从第 1 条指令开始，逐条顺序地执行用户程序。

在执行指令时，从 I/O 映像寄存器读出其 I/O 状态，并根据指令的要求执行相应的逻辑运算，运算的结果写入到相应映像寄存器中。因此，各映像寄存器（只读的输入映像寄存器除外）的内容随着程序的执行而变化。

在程序执行阶段，即使外部输入信号的状态发生了变化，输入映像寄存器的状态也不会随之改变，输入信号变化了的状态只能在下一个扫描周期的读取输入阶段被读入。执行程序时，对输入/输出的存取通常是通过映像寄存器，而不是实际的 I/O 点，这样做有以下好处。

1）程序执行阶段的输入值是固定的，程序执行完后再用输出映像寄存器的值更新输出点，使系统的运行稳定。

2）用户程序读写 I/O 映像寄存器比读写 I/O 点快得多，这样可以提高程序的执行速度。

（5）改写输出 CPU 执行完用户程序后，将输出映像寄存器的二进制数 0/1 状态，传送到输出模块并锁存起来。梯形图中某一输出位的线圈通电时，对应的映像寄存器的二进制数为 1 状态。信号经输出模块隔离和功率放大后，继电器输出模块中对应的硬件继电器的线圈通电，其常开触点闭合，使外部负载通电工作。若梯形图中输出点的线圈断电，对应的输出映像寄存器中存放的二进制数为 0 状态，将它送到继电器输出模块，对应的硬件继电器的线圈断电，其常开触点断开，外部负载断电，停止工作。

PLC 经过这 5 个阶段的工作过程，称为 1 个扫描周期，完成 1 个扫描周期后，又重新执行上述过程，扫描周而复始地进行。在不考虑通信处理时，扫描周期 T 的大小为

$$T = (输入/点时间×输入点数) + (运算速度×程序步数) +$$
$$(输出/点时间×输出点数) + 故障诊断时间$$

显然扫描周期主要取决于程序的长短，一般每秒钟可扫描数十次以上，这对于工业设备通常没有什么影响。但对控制时间要求较严格，响应速度要求快的系统，就应该精确计算响应时间，细心编制程序，合理安排指令的顺序，以尽可能减少扫描周期造成的响应延时等不良因素。

5.1.2 PLC 的性能指标、分类及特点

1. PLC 的性能指标

（1）I/O 总点数 I/O 总点数是衡量 PLC 输入信号和输出信号的总数量，PLC 输入信号/输出信号有开关量和模拟量两种。其中开关量用最大 I/O 点数表示，模拟量用最大 I/O 通道数表示。

（2）存储器容量 存储器容量是衡量 PLC 可存储用户应用程序多少的指标，通常以字或千字为单位，约定 16 位二进制数为 1 个字（即两个 8 位的字节），每 1024 个字为 1 千字。PLC 通常以字为单位来存储指令和数据，一般的逻辑操作指令每条占 1 个字，定时器、计数器、移位操作等指令占 2 个字，而数据操作指令占 2~4 个字。有些 PLC 的用户程序存储器容量用编程的步数来表示，每一条语句占一步长。

（3）编程语言 编程语言是 PLC 厂家为用户设计的用于实现各种控制功能的编程工具，常用的编程语言有：梯形图、语句表、顺序功能图、功能块图和结构文本等。一般指令的种类和数量越多，其功能就越强。

（4）扫描时间 扫描时间是执行 1000 条指令所需要的时间，一般为 10ms 左右，小型PLC 可能大于 40ms。

（5）内部寄存器的种类和数量 内部寄存器的种类和数量是衡量 PLC 硬件功能的一个指标。它主要用于存放变量的状态、中间结果、数据等，还提供大量的辅助寄存器、定时器、计数器、移位寄存器和状态寄存器等，供用户编程使用。

（6）通信能力 通信能力是指 PLC 与 PLC、PLC 与计算机之间的数据传送及交换能力，它是工厂自动化的必备基础。目前生产的 PLC 不论是小型的还是中型的，都配有 1~2 个，甚至多个通信端口。

2. PLC 的分类

（1）按 I/O 点数分类　按 I/O 点数不同，PLC 可分为小型、中型和大型 3 类。

1）小型 PLC。这类 PLC 的规模较小，它的 I/O 点数一般在 20～128 点。其中 I/O 点数小于 64 点的 PLC 又称超小型 PLC。

2）中型 PLC。中型 PLC 的 I/O 点数通常在 128～512 点之间，用户程序存储器的容量为 2～8KB。除具有小型机的功能外，还具有较强的模拟量 I/O、数字计算、过程参数调节、数据传送与比较、数制转换、中断控制、远程 I/O 及通信联网功能。

3）大型 PLC。大型 PLC 又称高档 PLC，I/O 点数在 512 点以上，其中 I/O 点数大于 8192 点的又称为超大型 PLC，用户程序存储器容量在 8KB 以上，除具有中型机的功能外，还具有较强的数据处理、模拟调节、特殊功能函数运算、监视、记录、打印，以及强大的通信联网、中断控制、智能控制、远程控制等功能。一般用于大规模过程控制、分布式控制系统和工厂自动化网络等场合。

（2）按硬件结构分类　根据硬件结构的不同，可将 PLC 分为整体式和模块式。

1）整体式 PLC 又叫基本单元或箱体式。整体式 PLC 是将 CPU 模块、输入/输出模块和电源装在一个箱型塑料壳内，可以在其上加装扩展模块以扩大其使用范围。它的体积小、价格低。小型 PLC 一般采用整体式结构。

2）模块式 PLC 是把 CPU、电源、输入/输出接口等做成独立的单元模块，具有配置灵活、组装方便、便于扩展等优点，适合输入/输出点数差异较大或有特殊功能要求的控制系统。中、大型 PLC 一般采用模块式结构。

3. PLC 的主要特点

（1）操作方便　PLC 提供了多种编程语言，可针对不同的应用场合，供不同的开发和应用人员选择使用。PLC 最大的一个特点就是采用了易学易懂的梯形图语言，它以计算机软件技术构成人们惯用的继电器模型，直观、易懂，易于被广大电气工程技术人员掌握。

（2）可靠性高　可靠性是指 PLC 平均无故障运行的时间。PLC 在设计、制作、元器件的选择上，采用了精选、高度集成化、冗余量大等一系列措施，从而延长了元器件的使用寿命，提高了系统的可靠性。在抗干扰性上，采取了软、硬件多重抗干扰措施，使其能安全工作在恶劣的环境中。

目前，各生产厂家的 PLC 平均无故障安全运行时间都远大于国际电工委员会（IEC）规定的 10 万小时的标准。

（3）控制功能强　PLC 不但具有对开关量和模拟量的控制能力，还具有位置控制、数据采集及监控、多 PLC 分布式控制等功能。此外，PLC 还具有功能的可组合性，如运动控制模块可以对伺服电动机和步进电动机速度与位置进行控制，实现对数控机床和工业机器人的控制。

（4）系统的设计、安装、调试工作量少　PLC 用软件功能取代了继电器-接触器控制系统中大量的中间继电器、时间继电器、计数器等元器件，使控制柜的设计、安装、接线工作量大大减少。

PLC 的梯形图程序一般采用顺序设计法来设计，这种编程方法有规律，很容易掌握。对于复杂的控制系统，设计梯形图的时间比设计相同功能的继电器控制系统电路图的时间要少。

在梯形图程序调试中，可通过 PLC 上的发光二极管观察输入、输出信号的状态。在现场调试过程中发现问题一般通过修改程序来解决，所以系统调试的时间比继电器系统调试的时间少。

（5）体积小，能耗低　PLC 结构紧凑、体积小、重量轻、能耗低、便于安装，特别是具有模块式结构的特点，便于维护，并且使功能扩充很方便。

5.2　PLC 的结构、性能及寻址方式

5.2.1　S7-200 系列 PLC 的外部结构

S7-200 系列 PLC 有 CPU 21X 和 CPU 22X 两代产品，外部结构如图 5-6 所示。它是整体式 PLC，它将输入/输出模块、CPU 模块、电源模块均装在一个机壳内，当系统需要扩展时，可选用需要的扩展模块与基本单元（主机）连接。

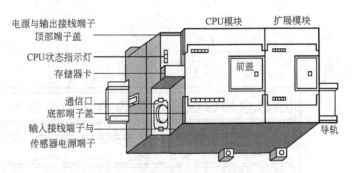

图 5-6　S7-200 系列 PLC 外部结构

1. PLC 各部件的功能

1）输入接线端子：用于连接外部控制信号，在底部端子盖下是输入接线端子和为传感器提供的 24V 直流电源端子。

2）输出接线端子：用于连接被控设备，在顶部端子盖下是输出接线端子和 PLC 的工作电源。

3）CPU 状态指示灯：CPU 状态指示灯有 SF、STOP 和 RUN 3 个，其作用如下。

① SF：系统故障指示灯。当系统出现严重的错误或硬件故障时亮。

② STOP：停止状态指示灯。编辑或修改用户程序，通过编程装置向 PLC 下载程序或进行系统设置时此灯亮。

③ RUN：运行指示灯。执行用户程序时亮。

4）输入状态指示灯：用来显示是否有控制信号（如控制按钮、行程开关、接近开关、光电开关等数字量信号）接入 PLC。

5）输出状态指示灯：用来显示 PLC 是否有信号输出到执行设备（如接触器、电磁阀、指示灯等）。

6）扩展接口：通过扁平电缆线，连接数字量 I/O 扩展模块、模拟量 I/O 扩展模块、热电偶模块和通信模块等。

7）通信接口：支持 PPI、MPI 通信协议，有自由口通信能力。用以连接编程器、PLC 网络等外部设备。

2. 输入/输出接线

输入/输出模块电路是 PLC 与被控设备间传递输入/输出信号的接口部件。各输入/输出点的通/断状态用 LED 显示，外部接线就接在 PLC 输入/输出接线端子上。

S7-200 系列 CPU 22X 主机的输入回路为直流双向光耦合输入电路，输出有继电器和场效应晶体管两种类型，用户可根据需要选用。

（1）输入接线　CPU 224 的主机共有 14 个输入点（I0.0~I0.7、I1.0~I1.5）和 10 个输出点（Q0.0~Q0.7、Q1.0~Q1.1）。

（2）输出接线　CPU 224 的输出电路有场效应晶体管输出电路和继电器输出电路两种供用户选用。在场效应晶体管输出电路中，PLC 由 24V 直流电源供电，负载采用了 MOSFET 功率器件，所以只能用直流电源为负载供电。输出端分成两组，每一组有 1 个公共端，共有 1L、2L 两个公共端，可接入不同电压等级的负载电源。CPU 224 输入/输出接线图如图 5-7 所示。

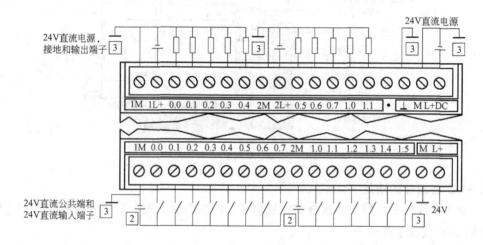

图 5-7　CPU 224 输入/输出接线图

5.2.2　S7-200 系列 PLC 的性能

1. CPU 模块性能

PLC 的 CPU 模块性能主要描述 PLC 的存储器能力、指令运行时间、各种特殊功能等。这些技术性指标是选用 PLC 的依据，S7-200 系列 CPU 22X 的主要技术指标见表 5-1。

表 5-1　CPU 22X 主要技术指标

技术指标＼型号	CPU 221	CPU 222	CPU 224	CPU 226
用户数据存储器类型	EEPROM	EEPROM	EEPROM	EEPROM
程序空间（永久保存）	2048 字	2048 字	4096 字	4096 字
数据后备（超级电容）典型值/H	50	50	190	190
用户存储器类型	1024	1024	2560	2560

（续）

技术指标 \ 型号	CPU 221	CPU 222	CPU 224	CPU 226
主机 I/O 点数	4/6	8/6	14/10	24/16
可扩展模块/个	无	2	7	7
本机 I/O 点数	6/4	8/6	14/10	24/16
扩展模块数量/个	无	2	7	7
24V 传感器电源最大电流/电流限制/mA	180/600	180/600	280/600	400/1500
数字量 I/O 映像区大小/点	256	256	256	256
模拟量 I/O 映像区大小/点	无	16/16	32/32	32/32
AC 120/240V 电源 CPU 输入电流/最大负载电流/mA	25/180	25/180	35/220	40/160
DC 24V 电源 CPU 输入电流/最大负载电流/mA	70/600	70/600	120/900	150/1050
为扩展模块提供的 DC 5V 电源输出的电流/mA	—	最大 340	最大 660	最大 1000
内置高速计数器(30kHz)	4	4	6	6
定时器/计数器	256/256	256/256	256/256	256/256
高速脉冲输出(20kHz)	2	2	2	2
布尔指令执行时间/μs	0.37	0.37	0.37	0.37
模拟量调节电位器	1	1	2	2
实时时钟	有(时钟卡)	有(时钟卡)	有(内置)	有(内置)
RS-485 通信口	1	1	1	2

2. I/O 模块性能

PLC 的 I/O 模块性能主要是描述 I/O 模块电路的电气性能，如电流、电压的大小，通断时间，隔离方式等。CPU 22X 的输入特性见表 5-2，输出特性见表 5-3。

表 5-2 CPU 22X 的输入特性

项目 \ 型号	CPU 221	CPU 222	CPU 224	CPU 226
输入类型	汇型/源型	汇型/源型	源型/汇型	漏型/源型
输入点数	8	8	14	24
输入电压 DC/V	24	24	24	24
输入电流/mA	4	4	4	4
逻辑 1 信号/V	15~35	15~35	15~35	15~35
逻辑 0 信号/V	0~5	0~5	0~5	0~5
输入延迟时间/ms	0.2~12.8	0.2~12.8	0.2~12.8	0.2~12.8
高速输入频率/kHz	30	30	30	20~30
隔离方式	光电	光电	光电	光电
隔离组数	2/4	4	6/8	11/13

表 5-3　CPU 22X 的输出特性

项　目 型号	CPU 221		CPU 222		CPU 224		CPU 226	
输 出 类 型	晶体管	继电器	晶体管	继电器	晶体管	继电器	晶体管	继电器
输出点数	4	4	6	6	10	10	16	16
负载电压/V	DC20.4~28.8	DC5~30/AC5~250	DC20.4~28.8	DC5~30/AC5~250	DC20.4~28.8	DC5~30/AC5~250	DC20.4~28.8	DC5~30/AC5~250
输出电流　1信号/mA	0.75	2	0.75	2	0.75	2	0.75	2
输出电流　0信号/mA	10^{-2}	—	10^{-2}	—	10^{-2}	—	10^{-2}	—
公共端输出电流总和/A	3.02	6.0	4.5	6.0	3.75	8.0	6	10
接通延时　标准	15	10^4	15	10^4	15	10^4	15	10^4
接通延时　脉冲/μs	2	—	2	—	2	—	2	—
关断延时　标准	100	10^4	100	10^4	100	10^4	100	10^4
关断延时　脉冲/μs	10	—	10	—	10	—	10	—
隔离方式	光电	电磁	光电	电磁	光电	电磁	光电	电磁
隔离组数	4	1/3	6	3	5	3/4	8	4/5/7

5.2.3　PLC 的编程语言与程序结构

1. PLC 的编程语言

由于各厂家 PLC 的编程语言和指令的功能和表达方式均不一样，有的甚至有相当大的差异，因此各厂家的 PLC 互不兼容。IEC 于 1994 年 5 月公布了 PLC 标准 IEC 61131，它由 5 部分组成，其中的第 3 部分（IEC 61131-3）是 PLC 的编程语言标准。

IEC 61131-3 详细地说明了 5 种编程语言：顺序功能图（Sequential Function Chart，SFC），梯形图（Ladder Diagram，LD），功能块图

图 5-8　PLC 的编程语言

（Function Block Diagram，FBD），指令表（Instruction List，IL）和结构文本（Structured Text，ST），如图 5-8 所示。

标准中有两种图形语言——梯形图和功能块图，还有两种文字语言——指令表和结构文本，而顺序功能图是一种结构块控制程序流程图。

（1）顺序功能图　这是一种位于其他编程语言之上的图形语言，用来编制顺序控制程序。顺序功能图提供了一种组织程序的图形方法，步、转换和动作是顺序功能图中的 3 种主要组件。

（2）梯形图　梯形图是使用最多的 PLC 图形编程语言。梯形图与继电器-接触器控制系统的电路图相似，具有直观易懂的优点，非常容易被熟悉继电器控制的技术人员掌握，特别适用于数字量逻辑控制。

梯形图由触点、线圈和用方框表示的功能块组成。触点代表逻辑输入条件，如外部的开关、按钮、内部条件等。线圈通常代表逻辑输出结果，用来控制外部的指示灯、接触器、内

部的输出条件等。功能块用来表示定时器、计数器或数学运算等指令。

在分析梯形图的逻辑关系时，为了借用继电器电路图的分析方法，可以想象左右两侧垂直电源线之间有一个左正右负的直流电源电压，S7-200系列PLC的梯形图中省略了右侧的垂直电源线，如图5-9所示。

当图5-9中的I0.0或M0.0的触点接通时，有一个假想的"能流"流过Q0.0线圈。利用能流这一概念，可以帮助我们更好地理解和分析梯形图，而能流只能是从左向右流动。

触点和线圈等组成的独立电路称为网络（Network），用编程软件生成的梯形图和指令表程序中有网络编号，允许以网络为单位，给梯形图加注释。本书为节省篇幅，一般没有标注网络号。在网络中，程序的逻辑运算按从左至右的方向执行，与能流的方向一致。各网络按从上至下的顺序执行，当执行完所有的网络后，下一个扫描周期返回到最上面的网络重新执行。使用编程软件可以直接生成和编辑梯形图。

（3）功能块图   功能块图是一种类似于数字逻辑电路的编程语言，该编程语言用类似与门、或门的方框来表示逻辑运算关系，方框的左侧为逻辑运算的输入变量，右侧为输出变量，输入、输出端的小圆圈表示"非"运算，方框用导线连接在一起，能流从左向右流动。功能块图5-10中的控制逻辑与图5-9中的控制逻辑完全相同。

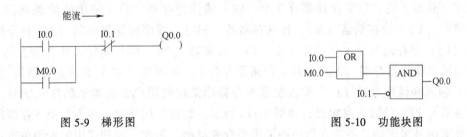

图 5-9   梯形图   图 5-10   功能块图

（4）语句表   语句表是一种与计算机的汇编语言中的指令相似的助记符表达式，由指令组成语句表程序。

（5）结构文本   结构文本是一种专用的高级编程语言，与梯形图相比，它能实现复杂的数学运算，编写的程序非常简洁和紧凑。

（6）编程语言的相互转换和选用   在S7-200系列PLC编程软件中，用户常选用梯形图和语句表编程，编程软件可以自动切换用户程序使用的编程语言。

梯形图中输入信号与输出信号之间的关系一目了然，易于理解，而语句表程序却较难阅读，其中的逻辑关系很难一眼看出。在设计复杂的数字量控制程序时建议使用梯形图语言。但语句表输入方便快捷，还可以为每一条语句加上注释，在设计通信、数学运算等高级应用程序时，建议使用语句表。

梯形图的一个网络中只能有一块独立电路。在语句表中，几块独立电路对应的语句可以放在一个网络中，但是这样的网络不能转换为梯形图，而梯形图程序一定能转换为语句表程序。

2. S7-200系列的程序结构

S7-200系列PLC其CPU的控制程序由主程序、子程序和中断程序组成。

（1）主程序   主程序是程序的主体，每一个项目都必须并且只能有一个主程序。在主程序中可以调用子程序和中断程序。

主程序通过指令控制整个应用程序的执行，每个扫描周期都要执行一次主程序。因为各个程序都存放在独立的程序块中，各程序结束时不需要加入无条件结束指令或无条件返回指令。

（2）子程序　子程序仅在被其他程序调用时执行。同一个子程序可以在不同的地方被多次调用。使用子程序可以简化程序代码和减少扫描时间。

（3）中断程序　中断程序用来及时处理与用户程序的执行时序无关的操作，或者不能事先预测何时发生的中断事件。中断程序不是由用户程序调用的，而是在中断事件发生时由操作系统调用的。中断程序是用户编写的。

5.2.4　S7-200系列PLC的内存结构及寻址方式

PLC的内存分为程序存储区和数据存储区两部分。程序存储区用来存放用户程序，它由机器按顺序自动存储程序。数据存储区用来存放输入/输出状态及各种中间运行结果。本节主要介绍S7-200系列PLC的数据存储区及寻址方式。

1. 内存结构

S7-200系列PLC的数据存储区按存储器存储数据的长短可划分为字节存储器、字存储器和双字存储器3类。字节存储器有7个：输入映像寄存器（I）、输出映像寄存器（Q）、变量存储器（V）、位存储器（M）、特殊存储器（SM）、顺序控制继电器（S）和局部变量存储器（L）；字存储器有4个：定时器（T）、计数器（C）、模拟量输入映像寄存器（AI）和模拟量输出映像寄存器（AQ）；双字存储器有两个：累加器（AC）和高速计数器（HC）。

（1）输入映像寄存器（I）　输入映像寄存器用来接收用户设备发来的输入信号。输入映像寄存器与PLC的输入点相连，如图5-11a所示。编程时应注意，输入映像寄存器的线圈必须由外部信号来驱动，不能在程序内部用指令来驱动。因此，在程序中输入映像寄存器只有触点，而没有线圈。

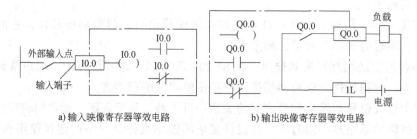

a) 输入映像寄存器等效电路　　　　b) 输出映像寄存器等效电路

图5-11　输入/输出映像寄存器示意图

输入映像寄存器地址的编号范围为I0.0~I15.7。

I、Q、V、M、SM、L均可以按字节、字、双字存取。

（2）输出映像寄存器（Q）　输出映像寄存器用来存放CPU执行程序的数据结果，并在输出扫描阶段，将输出映像寄存器的数据结果传送给输出模块，再由输出模块驱动外部的负载，如图5-11b所示。若梯形图中Q0.0的线圈通电，对应的硬件继电器的常开触点闭合，使接在标号Q0.0端子的外部负载通电，反之则外部负载断电。

在梯形图中每一个输出映像寄存器常开和常闭触点可以多次使用。

（3）变量存储器（V） 变量存储器用来在程序执行过程中存放中间结果，或者用来保存与工序或任务有关的其他数据。

（4）位存储器（M） 位存储器（M0.0~M31.7）类似于继电器-接触器控制系统中的中间继电器，用来存放中间操作状态或其他控制信息。虽然名为"位存储器"，但是也可以按字节、字、双字来存取。

S7-200系列PLC的位存储器只有32个字节（即MB0~MB29）。如果不够用可以用变量存储器来代替位存储器。可以按位、字节、字、双字来存取变量存储器的数据，如V10.1、VB0、VW100和VD200等。

（5）特殊存储器（SM） 特殊存储器用于CPU与用户之间交换信息，例如SM0.0一直为1状态，SM0.1仅在执行用户程序的第一个扫描周期为1状态。SM0.4和SM0.5分别提供周期为1min和1s的时钟脉冲。SM1.0、SM1.1和SM1.2分别为零标志位、溢出标志和负数标志，各特殊存储器的功能见附录C。

（6）顺序控制继电器（S） 顺序控制继电器又称状态组件，与顺序控制继电器指令配合使用，用于组织设备的顺序操作，以实现顺序控制和步进控制。可以按位、字节、字或双字来存取，编址范围为S0.0~S31.7。

（7）局部变量存储器（L） S7-200系列PLC有64个字节的局部变量存储器，编址范围为LB0.0~LB63.7，其中60个字节可以用作暂时存储器或者给子程序传递参数。如果用梯形图编程，编程软件保留这些局部变量存储器的后4个字节。如果用语句表编程，可以使用所有的64个字节，但建议不要使用最后4个字节，最后4个字节为系统保留字节。

局部变量存储器和变量存储器很相似，主要区别在于局部变量存储器是局部有效的，变量存储器则是全局有效。全局有效是指同一个存储器可以被任何程序（如主程序、中断程序或子程序）存取，局部有效是指存储区和特定的程序相关联。

（8）定时器（T） PLC中的定时器相当于继电器系统中的时间继电器，用于延时控制。S7-200系列PLC有3种定时器，它们的时基增量分别为1ms、10ms和100ms，定时器的当前值寄存器是16位有符号的整数，用于存储定时器累计的时基增量值（1~32767）。

定时器的地址编号范围为T0~T255，它们的分辨率和定时范围各不相同，用户应根据所用CPU型号及时基，正确选用定时器编号。

（9）计数器（C） 计数器主要用来累计输入脉冲个数，其结构与定时器相似，其设定值在程序中赋予。CPU提供了3种类型的计数器，各为加计数器、减计数器和加/减计数器。计数器的当前值为16位有符号整数，用来存放累计的脉冲数（1~32767）。计数器的地址编号范围为C0~C255。

（10）模拟量输入映像寄存器（AI） 模拟量输入映像寄存器用于接收模拟量输入模块转换后的16位数字量，其地址编号为AIW0、AIW2…，模拟量输入映像寄存器AI为只读数据。

（11）模拟量输出映像寄存器（AQ） 模拟量输出映像寄存器用于暂存模拟量输出模块的输入值，该值经过模拟量输出模块（D-A）转换为现场所需要的标准电压或电流信号，其地址编号以偶数表示，如AQW0、AQW2…，模拟量输出值是只写数据，用户不能读取模拟量输出值。

（12）累加器（AC） 累加器是用来暂存数据的寄存器，可以同子程序之间传递参数，以及存储计算结果的中间值。S7-200 系列 CPU 中提供了 4 个 32 位累加器 AC0～AC3。累加器支持以字节、字和双字的存取。按字节或字为单位存取时，累加器只使用低 8 位或低 16 位，数据存储长度由所用指令决定。

（13）高速计数器（HC）　CPU 224 PLC 提供了 6 个高速计数器（每个计数器最高频率为 30kHz）用来累计比 CPU 扫描速率更快的事件。高速计数器的当前值为双字长的符号整数，且为只读值。高速计数器的地址由符号 HC 和编号组成，如 HC0、HC1…HC5。

2. 寻址方式

（1）编址方式　在计算机中使用的数据均为二进制数，二进制数的基本单位是 1 个二进制位，8 个二进制位组成 1 个字节，两个字节组成一个字，两个字组成一个双字。

存储器的单位可以是位、字节、字、双字，编址方式也可以是位、字节、字、双字。存储单元的地址由寄存器标识符、字节地址和位地址组成。

1）位编址：寄存器标识符+字节地址+位地址，如 I0.1、M0.0、Q0.3 等。

2）字节编址：寄存器标识符+字节长度（B）+字节号，如 IB0、VB10、QB0 等。

3）字编址：寄存器标识符+字长度（W）+起始字节号，如 VW0 表示 VB0、VB1 这两个字节组成的字。

4）双字编址：寄存器标识符+双字长度（D）+起始字节号，如 VD20 表示由 VW20、VW21 这两个字组成的双字或由 VB20、VB21、VB22、VB23 这 4 个字节组成的双字。

位、字节、字、双字的编址方式如图 5-12 所示。

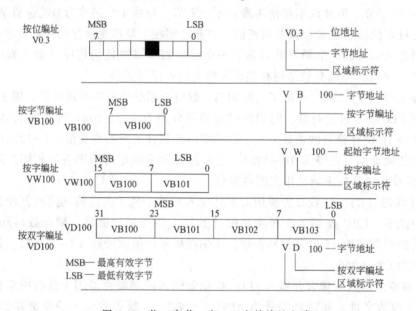

图 5-12　位、字节、字、双字的编址方式

（2）寻址方式　S7-200 系列 PLC 指令系统的寻址方式有立即寻址、直接寻址和间接寻址。

1）立即寻址。对立即数直接进行读写操作的寻址方式称为立即寻址。立即寻址的数据在指令中以常数形式出现，常数的大小由数据的长度（二进制数的位数）决定。不同数据的取值范围见表 5-4。

表 5-4 不同数据的取值范围

数据大小	无符号数范围		有符号数范围	
	十 进 制	十 六 进 制	十 进 制	十 六 进 制
字节(8位)	0~255	0~FF	−128~+127	80~7F
字(16位)	0~65535	0~FFFF	−32768~+32768	8000~7FFF
双字(32位)	0~4294967295	0~FFFFFFFF	−2147483648~+2147483647	800000000~7FFFFFFFF

S7-200 系列 PLC 中，常数值可为字节、字、双字，存储器以二进制方式存储所有常数。指令中可用二进制、十进制、十六进制或 ASCII 码形式来表示常数，其具体格式为

① 二进制格式：在二进制数前加 2#表示，如 2#1010。

② 十进制格式：直接用十进制数表示，如 12345。

③ 十六进制格式：在十六进制数前加 16#表示，如 16#4E4F。

④ ASCII 码格式：用单引号 ASCII 码文本表示，如 'good by'。

2）直接寻址。直接寻址是指在指令中直接使用存储器的地址编号，直接到指定的区域读取或写入数据，如 I0.1、MB10、VW200 等。

3）间接寻址。S7-200 系列 CPU 允许用指针对下述存储区域进行间接寻址：I、Q、V、M、S、AI、AQ、T（仅当前值）和 C（仅当前值）。间接寻址不能用于位地址、HC 或 L。

在使用间接寻址之前，首先要创建一个指向该位置的指针，指针为双字值，用来存放一个存储器的地址，只能用 V、L 或 AC 做指针。建立指针时必须用双字传送指令（MOVD）将需要间接寻址的存储器地址送到指针中，如 "MOVD&VB200, AC1"。指针也可以为子程序传递参数。&VB200 表示 VB200 的地址，而不是 VB200 中的值，该指令的含义是将 VB200 的地址送到累加器 AC1 中。

指针建立好后，可利用指针存取数据。用指针存取数据时，在操作数前加 " * " 号，表示该操作数为 1 个指针，如 "MOVW * AC1, AC0" 表示将以 AC1 中的内容为起始地址的一个字长的数据（即 VB200、VB201 的内容）送到 AC0 中，传送示意图如图 5-13 所示）。

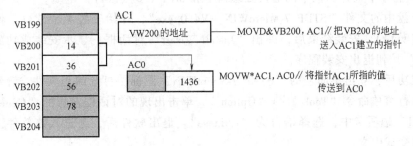

图 5-13 使用指针的间接寻址

S7-200 系列 PLC 的存储器寻址范围见表 5-5。

表 5-5 S7-200 系列 PLC 的存储器寻址范围

型号	CPU 221	CPU 222	CPU 224	CPU 224XP	CPU 226
位存取 (字节、位)	I0.0~I15.7 Q0.0~Q15.7 M0.0~M31.7 T0~T255 C0~C255 L0.0~L59.7				
	V0.0~V2047.7		V0.0~V8191.7	V0.0~V10239.7	
	SM0.0~SM179.7	SM0.0~SM199.7	SM0.0~SM549.7		

（续）

型号	CPU 221	CPU 222	CPU 224	CPU 224XP	CPU 226
字节存取	IB0~IB15　QB0~QB15　MB0~MB31　SB0~SB31　LB0~LB59　AC0~AC3				
	VB0~VB2047		VB0~VB8191	VB0~VB10239	
	SMB0.0~SMB179	SMB0.0~SMB299	SMB0.0~SMB549		
字存取	IW0~IW14　QW0~QW14　MW0~MW30　SW0~SW30 T0~T255　C0~C255　LW0~LW58　AC0~AC3				
	VW0~VW2046		VW0~VW8190	VW0~VW10238	
	SMW0~SMW178	SMW0~SMW298	SMW0~SMW548		
	AIW0~AIW30	AQW0~AQW30	AIW0~AIW62	AQW0~AQW30	
双字存取	ID0~ID2044　QD0~QD12　MD0~MD28　SD0~SD28　LD0~LD56　AC0~AC3				
	VD0~VD2044		VD0~VD8188	VD0~VD10236	
	SMD0~SMD176	SMD0~SMD296	SMD0~SMD546		

5.3　STEP7-Micro/WIN 编程软件介绍

5.3.1　编程软件的安装与项目的组成

1. 编程软件的安装

STEP7 Micro/WIN 是 S7-200 系列 PLC 的编程软件，本节以 V4.0 版本为例进行说明。安装编程软件的计算机应使用 Windows 操作系统，为了实现 PLC 与计算机的通信，必须配备下列设备中的一种。

1）1 条 PC/PPI 电缆或 PPI 多主站电缆。

2）1 块插在个人计算机中的通信处理器卡和 MPI（多点接口）电缆。

双击光盘中的文件 "STEP 7-MicroWIN_ V4.0.exe"，开始安装编程软件，使用默认的安装语言（英语）。安装结束后，弹出 "Install Wizart" 对话框，显示安装成功的信息。单击 "Finish" 按钮退出安装程序。

安装成功后，双击桌面上的 "STEP 7-MicroWIN" 图标，打开编程软件，看到的是英文的界面。执行菜单命令 "Tools" → "Options"，单击出现的对话框左边的 "General" 图标，在 "General" 选项卡中，选择语言为 "Chinese"。退出软件后，再进入该软件，界面和帮助文件均已变成中文。

2. 项目的组成

图 5-14 所示为 STEP7-Micro/WIN V4.0 版 PLC 编程软件的界面，项目包括下列基本组件。

（1）程序块　程序块由可执行的代码和注释组成，可执行的代码由主程序、可选的子程序和中断程序组成。代码被编译并下载到 PLC，程序注释被忽略。

（2）符号表　符号表允许用符号来代替存储器的地址，符号便于记忆，使程序更容易理解。程序编辑后下载到 PLC 时，所有的符号地址被转换为绝对地址，符号表中的信息不会下载到 PLC。

（3）状态表　状态表用来监视、修改和强制程序执行时指定的变量的状态，状态表并不下载到 PLC，仅是监控用户程序运行情况的一种工具。

（4）数据块　数据块由数据（变量存储器的初始值）和注释组成。数据被编译并下载到 PLC，注释被忽略。

（5）系统块　系统块用来设置系统参数，如存储器的断电保持范围、密码、STOP 模式时 PLC 的输出状态（输出表）、模拟量与数字量输入滤波值、脉冲捕捉等。系统块中的信息需要下载到 PLC，如果没有特殊的要求，一般可以采用默认的参数值。

（6）交叉引用　交叉引用列举出程序中使用的各编程组件所有的触点、线圈等在哪一个程序块的哪一个网络中出现，以及对应的指令的助记符。还可以查看哪些存储器区域已经被使用，是作为位使用还是作为字节、字或双字使用。在运行模式下编写程序时，可以查看程序当前正在使用的跳变触点的编号。

双击交叉引用某一行，可以显示出该行的操作数和指令对应的程序块中的网络。

双击交叉引用并不下载到 PLC，程序编译后才能看到双击交叉引用的内容。

5.3.2　STEP 7-Micro/WIN 主界面

如图 5-14 所示，主界面一般可分为以下几个部分：主菜单、工具条、浏览条、指令树、用户窗口、输出窗口和状态条等。除菜单条外，用户可以根据需要通过查看菜单和窗口菜单决定其他部分的取舍和样式的设置。

1. 主菜单

主菜单包括文件、编辑、查看、PLC、调试、工具、窗口和帮助 8 个主菜单项，各主菜单项的功能如下。

（1）文件菜单　操作项目主要有对文件进行新建、打开、关闭、保存、另存、导入、导出、上载、下载、页面设置、打印、预览、退出等操作。

（2）编辑菜单　可以实现剪切/复制/粘贴、插入、查找/替换/转至等操作。

（3）查看菜单　用于选择各种编辑器，如程序块编辑器、数据块编辑器、符号表编辑器、状态表编辑器、交叉引用查看以及系统块和通信参数设置等。

查看菜单可以控制程序注解、网络注解、浏览条、指令树和输出视窗的显示与隐藏，还可以对程序块的属性进行设置。

（4）PLC 菜单　用于与 PLC 连机时的操作，如用软件改变 PLC 的运行方式（运行、停止），对用户程序进行编译，清除 PLC 程序，电源启动重置，查看 PLC 的信息、时钟、存储卡的操作、程序比较、PLC 类型选择的操作。其中对用户程序进行编译可以离线进行。

（5）调试菜单　用于连机时的动态调试。调试时可以指定 PLC 对程序执行有限次扫描（从 1 次扫描到 65535 次扫描）。通过选择 PLC 运行的扫描次数，可以在程序改变过程变量时对其进行监控。第 1 次扫描时，SM0.1 数值为 1（打开）。

（6）工具菜单　提供复杂指令向导（PID、HSC、NETR/NETW 指令），使复杂指令编程时的工作简化；提供文本显示器 TD200 设置向导；定制子菜单，可以更改 STEP7-Micro/WIN 工具条的外观或内容，以及在工具菜单中增加常用工具；选项子菜单可以设置 3 种编辑器的风格，如字体、指令盒的大小等样式。

（7）窗口菜单　可以设置窗口的排放形式，如层叠、水平、垂直。

（8）帮助菜单　可以提供 S7-200 系列的指令系统及编程软件的所有信息，并提供在线

浏览条　菜单条　指令树　工具条　　　　交叉引用　　数据块　　　状态表　　　符号表

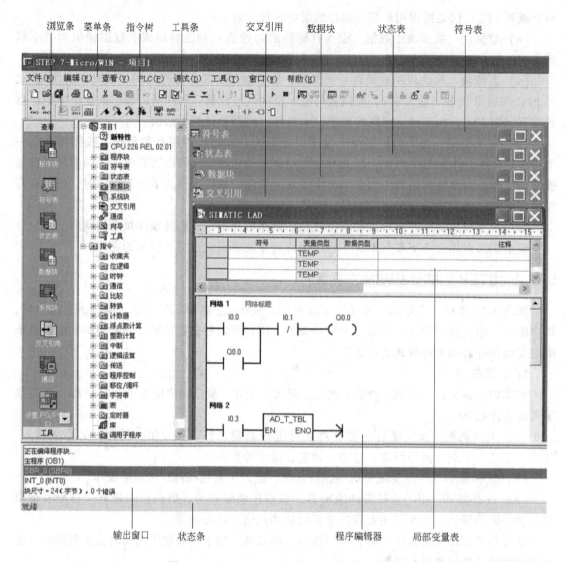

图 5-14　STEP 7-Micro/WIN 编程软件的主界面

帮助、网上查询和访问等功能。

2. 工具条

（1）标准工具条　标准工具条（见图 5-15）各快捷按钮从左到右分别为：新建项目、打开现有项目、保存当前项目、打印、打印预览、剪切选项并复制至剪贴板、将选项复制至剪贴板、在光标位置粘贴剪切板内容、撤销最后一个条目、编译程序块或数据块（任意一个现用窗口）、全部编译（程序块、数据块和系统块）、将项目从 PLC 上载至 STEP7-Micro/WIN、从 STEP7-Micro/WIN 下载至 PLC、符号表名称列（按照 A~Z 从小至大排序）、符号表名称列（按 Z~A 从大至小排序）、选项。

图 5-15　标准工具条

（2）调试工具条   调试工具条（见图 5-16）各快捷按钮从左到右分别为：将 PLC 设为运行模式、将 PLC 设为停止模式、程序状态监控、暂停程序状态监控、趋势图、暂停趋势图、单词读取、全部写入、强制 PLC 数据、取消全部强制 PLC 数据、取消全部强制数值及读取全部强制数值。

图 5-16   调试工具条

（3）公用工具条   公用工具条（见图 5-17）各快捷按钮从左到右分别为：插入网络、删除网络、程序注解显示与隐藏之间切换、网络注释、查看/隐藏每个网络的符号表、切换书签、下一个书签、上一个书签、消除全部书签、在项目中应用所有符号、建立表格未定义符号。

图 5-17   公用工具条

（4）LAD 指令工具条   LAD 指令工具条（见图 5-18）各快捷按钮从左到右分别为：插入向下直线、插入向上直线、插入左行、插入右行、插入触点、插入线圈及插入指令盒。

3. 浏览条

浏览条为编程提供按钮控制，可以实现窗口的快速切换，即对编程工具执行直接按钮存取，包括程序块、符号表、状态表、数据块、系统块、交叉引用和通信等。单击上述任意按钮，则主窗口切换成此按钮对应的窗口。

图 5-18   LAD 指令工具条

4. 指令树

指令树以树形结构提供编程时用到的所有快捷操作命令和 PLC 指令，可分为项目分支和指令分支。项目分支用于组织程序项目，指令分支用于输入程序。

5. 用户窗口

可同时或分别打开 6 个用户窗口，分别为交叉引用、数据块、状态表、符号表、程序编辑器和局部变量表。

（1）交叉引用   在程序编译成功后，可用下面的方法之一打开"交叉引用"窗口。

1）单击浏览条中的"交叉引用"按钮。

2）使用菜单命令："查看"→"交叉引用"。

交叉引用列出在程序中使用的各操作数所在的程序组织单元（POU）、网络或行位置，以及每次使用各操作数的语句表指令。通过交叉引用还可以查看哪些内存区域已经被使用，是作为位还是作为字节使用。在运行方式下编辑程序时，交叉引用可以查看程序当前正在使用的跳变信号的地址。交叉引用不能下载到 PLC，在程序编译成功后，才能打开交叉引用。在交叉引用中双击某操作数，可以显示出包含该操作数的那一部分程序。

（2）数据块   数据块可以设置和修改变量存储器的初始值和常数值，并加注必要的注释说明。用下面的任意一种方法均可打开"数据块"窗口。

1) 单击浏览条上的"数据块"按钮。

2) 使用菜单命令:"查看"→"组件"→"数据块"。

3) 单击指令树中的"数据块"图标。

(3) 状态表　将程序下载到PLC后,可以建立一个或多个状态表,在联机调试时,进入状态表监控状态,可监视各变量的值和状态。状态表不能下载到PLC,它只是监视用户程序运行的一种工具。用下面的任意一种方法均可打开"状态表"窗口。

1) 单击浏览条上的"状态表"按钮。

2) 使用菜单命令:"查看"→"组件"→"状态表"。

3) 单击指令树中的"状态表"文件夹,然后双击"状态表"图标。

若在项目中有一个以上的状态表,使用位于"状态表"窗口底部的标签在状态图之间切换。

(4) 符号表　符号表是程序员用符号编址的一种工具表。在编程时不采用组件的直接地址作为操作数,而用有实际含义的自定义符号名作为编程组件的操作数,这样可使程序更容易理解。符号表则建立了自定义符号名与直接地址编号之间的关系。程序被编译后下载到PLC时,所有的符号地址被转换为绝对地址,符号表中的信息不能下载到PLC。用下面的任意一种方法均可打开"符号表"窗口。

① 单击浏览条中的"符号表"按钮。

② 使用菜单命令:"查看"→"符号表"。

③ 单击指令树中的"符号表"文件夹,然后双击一个表格图标。

(5) 程序编辑器　"程序编辑器"窗口的打开方法如下:

① 单击浏览条中的"程序块"按钮,打开"程序编辑器"窗口,单击窗口下方的主程序、子程序、中断程序标签,可自由切换程序窗口。

② 单击指令树中的"程序块",双击主程序图标、子程序图标或中断程序图标。

"程序编辑器"的设置方法如下。

① 使用菜单命令:"工具"→"选项"→"程序编辑器"。

② 使用"选项"快捷按钮。

"指令语言"的选择方法如下。

① 使用菜单命令"查看"→"LAD、FBD、STL",更改编辑器类型。

② 使用菜单命令"工具"→"选项"→"一般"标签,可更改编辑器(LAD、FBD或STL)和编程模式(SIMATIC或IEC 113-3)。

(6) 局部变量表　程序中的每个程序块都有自己的局部变量表,局部变量表用来定义局部变量,局部变量只在建立该局部变量的程序块中才有效。在带参数的子程序调用中,参数的传递就是通过局部变量表来实现的。将水平分裂条拉至程序编辑器窗口的顶部,局部变量表不再显示,但仍然存在。

6. 输出窗口

用来显示STEP 7-Micro/WIN程序编译的结果,如编译结果有无错误,错误编码和位置等。通过菜单命令"查看"→"帧"→"输出窗口",可打开或关闭输出窗口。

7. 状态条

提供有关在STEP 7-Micro/WIN中操作的信息。

5.3.3　STEP 7-Micro/WIN 程序的编写与传送

1. 编辑的准备工作

（1）创建项目或打开已有的项目　在为控制系统编程之前，首先应创建一个项目，通过菜单命令"文件"→"新建"或单击标准工具条最左边的"新建项目"按钮，生成一个新的项目。执行菜单命令"文件"→"另存为"，可以修改项目的名称和项目文件所在的文件夹。

执行菜单命令"文件"→"打开"，或者单击标准工具条上对应的打开按钮，可以打开已有的项目，项目存放在扩展名为 mwp 的文件中，可以修改项目的名称和项目文件所在的文件夹。

（2）设置 PLC 的型号　在给 PLC 编程之前，应正确地设置其型号，执行菜单命令"PLC"→"型号"，在出现的对话框中设置 PLC 的型号。如果已经成功地建立起与 PLC 的通信连接，单击对话框中的"读取 PLC"按钮，可以通过通信读出 PLC 的型号与 CPU 的版本号。按"确认"按钮后启用新的型号和版本。

指令树用红色标记"×"表示对选择的 PLC 的型号无效的指令。如果设置的 PLC 型号与实际的 PLC 型号不一致，不能下载系统块。

2. 编写与传送用户程序

（1）编写用户程序　用选择的编程语言编写用户程序。梯形图程序被划分为若干个网络，一个网络中只能有一块独立的电路，如果一个网络中有两块独立的电路，在编译时将会显示"无效网络或网络太复杂无法编辑"。

语句表允许将若干个独立的电路对应的语句表放在一个网络中，但是这样的网络不能转换为梯形图。

在生成梯形图程序时，可有以下方法：在指令树中选择需要的指令，拖放到需要的位置；将光标放在需要的位置，在指令树中双击需要的指令；将光标放在需要的位置，单击工具栏指令按钮，打开一个通用指令窗口，选择需要的指令；使用计算机键盘功能键 F4 = 触点，F6 = 线圈，F9 = 功能块，打开一个通用指令窗口，选择需要的指令。

当编程元件图形（触点或线圈）出现在指定位置后，再单击编程元件符号的"???"，输入操作数。红色字样显示语法出错，当把不合法的地址或符号改变为合法值时，红色字样消失。数值下面出现红色的波浪线，则表示输入的操作数超出范围或与指令的类型不匹配。

在梯形图编辑器中可对程序进行注释。注释级别共有 4 个：程序注释、网络标题、网络注释和程序属性。

"属性"对话框中有两个标签："一般"和"保护"。选择"一般"可为子程序、中断程序和主程序块重新编号和重新命名，并为项目指定一个作者。选择"保护"则可以选择一个密码保护程序，可使其他用户无法看到该程序，并在下载时加密。若用密码保护程序，则选择"用密码保护该 POU"复选框，输入一个 4 个字符的密码并核实该密码。

（2）对网络的操作

1）剪切、复制、粘贴或删除多个网络。通过用 <Shift> 键 + 鼠标单击，可以选择多个相邻的网络，进行剪切、复制、粘贴或删除行、列、垂直线或水平线的操作，在操作时不能选择网络的一部分，只能选择整个网络。

2）编辑单元格、指令、地址和网络。用光标选中需要进行编辑的单元，单击右键，弹出快捷菜单，可以进行插入或删除行、列、垂直或水平线的操作。删除垂直线时把方框放在垂直线左边单元上，删除时选"行"，或按<Del>键。进行插入编辑时，先将方框光标移至欲插入的位置，然后选"列"。

3）程序的编辑。程序的编辑操作用于检查程序块、数据块及系统块是否存在错误，程序经过编译后，才能下载到PLC。单击"编译"按钮或选择菜单命令"PLC"→"编译"，编译当前被激活的窗口中的程序块或数据块；单击"全部编译"按钮或选择菜单命令"PLC"→"全部编译"，编译全部项目元件（程序块、数据块和系统块）。使用"全部编译"与哪一个窗口是活动窗口无关。编辑的结果显示在主窗口下方的输出窗口中。

（3）程序的下载与上传

1）下载程序。计算机和PLC之间建立了通信连接后，可以将程序下载到PLC中去。单击工具栏中的"下载"按钮，或者执行菜单命令"文件"→"下载"，将会出现"下载"对话框，如图5-19所示。用户可以用多选框选择是否下载程序块、数据块、系统块、配方和数据记录配置。不能下载或上载符号表或状态表。单击"下载"按钮，开始下载数据。

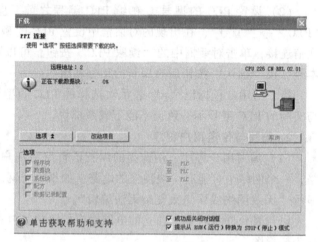

图5-19　"下载"对话框

下载应在STOP模式下进行，下载时可以将CPU自动切换到STOP模式，下载结束后可以自动切换到RUN模式。可以用多选框选择下载之前从"RUN"模式切换到"STOP"模式，或从"STOP"模式切换到"RUN"模式是否需要提示。

2）上载程序。上载前应建立起计算机与PLC之间的通信连接，在STEP 7-Micro/WIN中新建一个空项目用来保存上载的块，项目中原有的内容被上载的内容覆盖。

3. 程序的运行、调试与状态监控

（1）程序的运行　下载程序后，将PLC的工作模式开关置于RUN位置，RUN指示灯亮，用户程序开始运行。工作模式开关在RUN位置时，可以用编程软件工具条上的RUN按钮和STOP按钮切换PLC的操作模式。

（2）程序的调试　在运行模式下，用接在PLC输入端子的各开关（如I0.0或I0.1）的通/断状态来观察PLC输出端（如Q0.0或Q0.1）的对应的LED状态变化是否符合控制要求。

（3）程序状态监控　将运行STEP 7-Micro/WIN的计算机与PLC之间建立起通信连接，并将程序下载到PLC后，执行菜单"调试"→"开始程序状态监控"，或单击工具条中的"程序状态监控"按钮，可以用程序状态监控程序运行情况。

若需要停止程序状态监控，单击工具条中的"暂停程序状态监控"按钮，当前的数据保存在屏幕上，再次单击该按钮，继续执行程序状态监控。

1）梯形图程序的程序状态监控。在 RUN 模式启动程序状态功能后，将用颜色显示出梯形图中各元件的状态，如图 5-20 所示。左边的垂直"左母线"与它相连的水平"导线"变为蓝色。如果位操作数为 1，其常开触点和线圈变为蓝色，它们中间出现蓝色方块，有"能流"通过的"导线"也变为蓝色。如果有"能流"流入方框指令的使能输入端，且该指令被执行时，方框指令的方框变为蓝色。定时器和计数器的方框为绿色时表示它们包含有效数据。红色方框表示执行指令时出现了错误。灰色表示无"能流"、指令被跳过、未调用或 PLC 处于 STOP 模式。

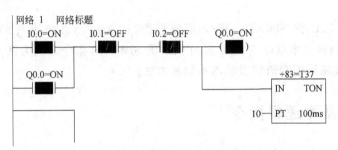

图 5-20　梯形图程序的程序状态监控

用菜单命令"工具"→"选项"打开"选项"对话框，在"程序编辑器"选项卡中设置梯形图编辑器中栅格（即矩形光标）的宽度、字符的大小、仅显示符号或同时显示符号和地址等。

2）语句表程序的程序状态监控。语句表和梯形图的程序状态监控功能与方法完全相同。在菜单命令"工具"→"选项"打开的窗口中，选择"程序编辑器"中的"STL 状态"选项卡，可以选择语句表程序状态监控的内容。每条指令最多可以监控 17 个操作数、逻辑栈中 4 个当前值和 1 个指令状态位。

习　　题

5-1　S7-200 系列 PLC 的外部结构主要由哪几部分组成？

5-2　S7-200 系列 PLC 有哪几种编程语言？

5-3　PLC 的程序结构主要包括哪几个程序？

5-4　S7-200 系列 PLC 寻址方式有几种？如何实现间接寻址？

5-5　S7-200 系列 PLC 的数据存储区按存储器存储数据的长短可分为几种类型？其中字节存储器有几个？各为什么存储器？分别用什么符号表示？

第6章

S7-200系列PLC的基本指令、功能指令

S7-200 系列 PLC 的 SIMATIC 指令有梯形图（LAD）、语句表（STL）和功能块图（FBD）3 种编程语言。本章以 S7-200 系列 PLC 的 SIMATIC 指令系统为例，主要讲述基本指令、功能指令及其梯形图和语句表的基本编程方法。

6.1 PLC 的基本逻辑指令

基本指令包括基本逻辑指令，算术、逻辑运算指令，程序控制指令等。

基本逻辑指令是指构成基本逻辑运算功能的指令集合，包括基本位操作指令、置位与复位指令、边沿触发指令、定时器与计数器指令等逻辑指令。

6.1.1 基本位操作指令

位操作指令是 PLC 常用的基本指令，其梯形图指令有触点和线圈两大类，触点又分为常开和常闭两种形式；语句表指令有与、或以及输出等逻辑关系。位操作指令能够实现基本的位逻辑运算和控制。

1. 指令格式

梯形图指令由触点或线圈符号和直接位地址两部分组成，含有直接位地址的指令又称位操作指令，基本位操作指令操作数寻址范围有：I、Q、M、SM、T、C、V、S、L等。

指令格式及功能见表 6-1。

表 6-1　基本位操作指令格式及功能

梯　形　图	语　句　表		功　　能
bit　　bit　　　　bit ─┤├──┤/├────( )	LD　BIT A　　BIT O　　BIT =　　BIT	LDN　BIT AN　　BIT ON　　BIT	用于网络段起始的常开/常闭触点 常开/常闭触点串联，逻辑与/与非指令 常开/常闭触点并联，逻辑或/或非指令 线圈输出，逻辑置位指令

梯形图的触点代表 CPU 对存储器的读操作，因为计算机系统读操作的次数不受限制，所以在用户程序中常开、常闭触点使用的次数不受限制。

梯形图的线圈符号代表 CPU 对存储器的写操作，因为 PLC 采用自上而下的扫描方式工作，所以在用户程序中同一个线圈只能使用一次，多于一次时，只有最后一次有效。

语句表的基本逻辑指令由指令助记符和操作数两部分组成，操作数由可以进行位操作的寄存器元件及地址组成，如 LD I0.0。

常用指令助记符的定义如下所述。

1）LD（Load）指令：装载指令，用于常开触点与左母线连接，每一个以常开触点开始的逻辑行都要使用这一指令。

2）LDN（Load Not）指令：装载指令，用于常闭触点与左母线连接，每一个以常闭触点开始的逻辑行都要使用这一指令。

3）A（And）指令：与操作指令，用于常开触点的串联。

4）AN（And Not）指令：与操作指令，用于常闭触点的串联。

5）O（Or）指令：或操作指令，用于常开触点的并联。

6）ON（Or Not）：或操作指令，用于常闭触点的并联。

7）=（Out）指令：置位指令，用于线圈输出。

位操作指令程序的应用如图6-1所示。其中，梯形图的分析如下：

网络1：当输入点I0.1的状态为1时，线圈M0.1通电，其常开触点闭合自锁，即使I0.1状态为0时，M0.1线圈仍保持通电。当I0.2触点断开时，M0.1线圈断电，电路停止工作。

网络2的工作原理请自行分析。

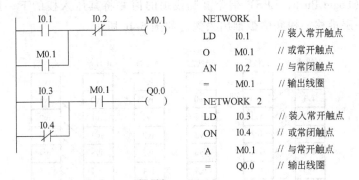

图6-1　位操作指令程序的应用

2. STL指令对较复杂梯形图的描述方法

在较复杂梯形图中，触点的串、并联关系不能全部用简单的与、或、非逻辑关系描述。在语句表指令系统中设计了电路块的与操作和电路块的或操作指令，以及栈操作指令，下面对这类指令进行分析。

（1）栈装载与指令　栈装载与（ALD）指令，用于两个或两个以上触点并联连接的电路之间的串联，称之为并联电路块的串联连接指令。

ALD指令的应用如图6-2所示。

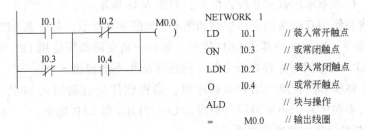

图6-2　ALD指令的应用

并联电路块与前面的电路串联时，使用 ALD 指令。并联电路块的开始用 LD 或 LDN 指令，并联电路块结束后使用 ALD 指令与前面的电路串联。

（2）栈装载或指令 栈装载或（OLD）指令用于两个或两个以上的触点串联连接的电路之间的并联，称之为串联电路块的并联连接指令。

OLD 指令的应用如图 6-3 所示。

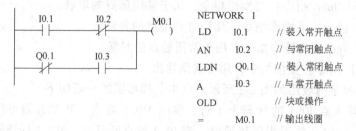

图 6-3　OLD 指令的应用

3. 栈操作指令

逻辑入栈（Logic Push，LPS）指令复制栈顶的值并将其压入栈的下一层，栈中原来的数据依次向下一层推移，栈底值被推出丢失，如图 6-4a 所示。

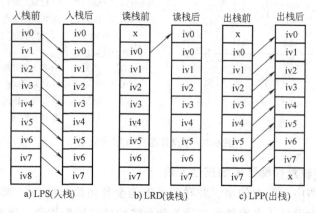

图 6-4　栈操作

逻辑读栈（Logic Read，LRD）指令将栈中第 2 层的数据复制到栈顶，第 2~7 层的数据不变，但是原栈顶值消失，如图 6-4b 所示。

逻辑出栈（Logic Pop，LPP）指令使栈中各层的数据向上移动一层，第 2 层的数据成为栈新的栈顶值，栈顶原来的数据从栈内消失，如图 6-4c 所示。

使用一层栈和使用双层栈的应用举例如图 6-5 和图 6-6 所示。每一条 LPS 指令必须有一条对应的 LPP 指令，中间支路都用 LRD 指令，最后一条支路必须使用 LPP 指令。在一块独立电路中，用 LPS 指令同时保存在栈中的中间运算结果不能超过 8 个。

用编程软件将梯形图转换为语句表程序时，编程软件会自动加入 LPS、LRD 和 LPP 指令。而写入语句表程序时，必须由用户来写入 LPS、LRD 和 LPP 指令。

4. 立即触点指令和立即输出指令

（1）立即触点指令 立即触点指令只能用于输入信号 I，执行立即触点指令时，立即读

```
  I0.0      I0.1      Q0.0        NETWORK  1
   ├─┤ ├──────┤ ├──────( )        LD    I0.0      LPP
   │                             LPS             LD     I0.3
   │        I0.2      Q0.1        A     I0.1      O      I0.4
   ├────────┤ ├──────( )          =     Q0.0      ALD
   │                             LRD              =      Q0.2
   │        I0.3      Q0.2        A     I0.2
   ├────────┤ ├──────( )                =     Q0.1
   │
   │        I0.4
   └────────┤ ├─────
```

图 6-5　一层栈指令的应用

```
  I0.0   I0.1   I0.2   I0.3    Q0.0      NETWORK  1
   ├─┤ ├──┤/├──┤ ├──┤ ├──( )    LD   I0.0    LRD
  M0.1                 M0.4   Q0.1      O    M0.1    A    I0.5
   ├─┤ ├─                ┤/├──( )       LPS           =    M0.1
   │                             AN   I0.1    LPP
   │      I0.5    M0.1           A    I0.2    LD   I0.6
   ├──────┤ ├──────( )          LPS           ON   I0.7
   │                             A    I0.3    ALD
   │      I0.6    M0.2           =    Q0.0         M0.2
   ├──────┤ ├──────( )          LPP
   │                             AN   M0.4
   │      I0.7                   =    Q0.1
   └──────┤/├─
```

图 6-6　双层栈指令的应用

入 PLC 输入点的值，根据该值决定触点的接通/断开状态，但是并不更新 PLC 输入点对应的输入映像寄存器的值。在语句表中分别用 LDI、AI、OI 来表示开始、串联和并联的常开立即触点。用 LDNI、ANI、ONI 来表示开始、串联和并联的常闭立即触点，见表 6-2。

表 6-2　立即触点指令

语　句		描　述
LDI	bit	立即装载，电路开始的常开触点
AI	bit	立即与，串联的常开触点
OI	bit	立即或，并联的常开触点
LDNI	bit	取反后立即装载，电路开始的常闭触点
ANI	bit	取反后立即与，串联的常闭触点
ONI	bit	取反后立即或，并联的常闭触点

触点符号中间的"I"和"/I"用来表示立即常开触点和立即常闭触点，如图6-7所示。

（2）立即输出指令　执行立即输出指令时，将栈顶的值立即写入 PLC 输出位对应的输出映像寄存器。该指令只能用于输出位，线圈符号中的"I"用来表示立即输出，如图 6-7 所示。

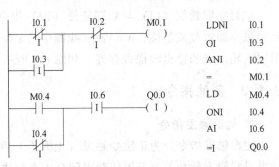

图 6-7　立即触点指令与立即输出指令的应用

6.1.2　置位与复位指令

1. 置位与复位指令

置位与复位指令则是将线圈设计成置位线圈和复位线圈两大部分，将存储器的置位、复位功能分离开来。

S（Set）指令是置位指令，R（Reset）指令是复位指令，指令的格式及功能见表 6-3。

表 6-3　置位与复位指令格式及功能

梯 形 图		语 句 表	功 能
S-bit ——(S) N	S-bit ——(R) N	S　S-bit,N R　S-bit,N	从起始位（S-bit）开始的 N 个元件置 1 从起始位（S-bit）开始的 N 个元件置 0

执行置位（置 1）或复位（置 0）指令时，从指定的位地址开始的 N 个连续的位地址都被置位或复位，N＝1~255。当置位指令、复位指令输入同时有效时，复位指令优先。置位与复位指令的应用如图 6-8 所示，图中 N＝1。

编程时，置位、复位线圈之间间隔的网络个数可以任意。置位、复位线圈通常成对使用，也可以单独使用或与指令盒配合使用。

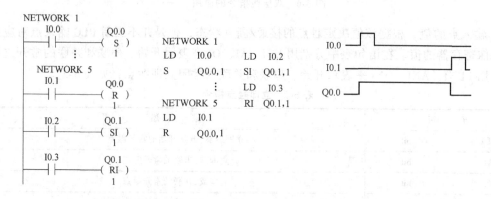

图 6-8　置位与复位指令的应用

2. 立即置位与复位指令

执行立即置位（SI）与立即复位（RI）指令时，从指定位地址开始的 N 个连续的输出点将被立即置位或复位，N＝128，线圈中的 I 表示立即。该指令只能用于输出位，新值被同时写入输出点和输出映像寄存器，如图 6-8 所示。

6.1.3　其他指令

1. 边沿触发指令

边沿触发指令分为正跳变触发（上升沿）和负跳变触发（下降沿）两种类型。正跳变触发是指输入脉冲的上升沿使触点闭合 1 个扫描周期。负跳变触发是指输入脉冲的下降沿使触点闭合 1 个扫描周期，常用作脉冲整形。边沿触发指令格式及功能见表 6-4。

表 6-4　边沿触发指令格式及功能

梯　形　图	语　句　表	功　能
─┤ P ├─	EU（Edge UP）	正跳变，无操作元件
─┤ N ├─	ED（Edge Down）	负跳变，无操作元件

边沿触发指令的应用及时序图如图 6-9 所示。

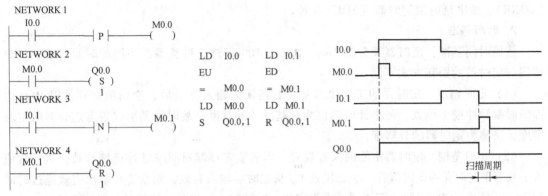

图 6-9　边沿触发指令的应用及时序图

2. 取反和空操作指令

取反和空操作指令格式及功能见表 6-5。

表 6-5　取反和空操作指令格式及功能

梯　形　图	语　句　表	功　能
─┤ NOT ├─	NOT	取反指令
─[NOP]─ N	NOP　N	空操作指令

（1）取反指令　取反（NOT）指令指对存储器位的取反操作，用来改变能流的状态。取反指令在梯形图中用触点形式表示，触点左侧为 1 时，右侧则为 0，能流不能到达右侧，输出无效。反之触点左侧为 0 时，右侧则为 1，能流可以通过触点向右传递。

（2）空操作指令　空操作指令（NOP）起增加程序容量的作用。使能输入有效时，执行空操作指令，将稍微延长扫描期长度，不影响用户程序的执行，不会使能流输出断开。

操作数 N 为执行空操作指令的次数，N=0~255。

取反指令和空操作指令的应用如图 6-10 所示。

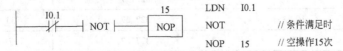

图 6-10　取反指令和空操作指令的应用

6.2 定时器与计数器指令

6.2.1 定时器指令

S7-200 系列 PLC 的定时器为增量型定时器，用于实现时间控制，可以按照工作方式和时间基准（时基）分类，时间基准又称为定时精度或分辨率。

1. 工作方式

按照工作方式，定时器可分为通电延时型定时器（TON）、保持型接通延时定时器（TONR）、断电延时型定时器（TOF）3 种。

2. 时间基准

按照时间基准，定时器又分为 1ms、10ms、100ms 这 3 种类型，不同的时间基准，定时范围和定时器的刷新方式不同。

（1）定时精度　定时器的工作原理是定时器使能输入有效后，当前值寄存器对 PLC 内部的时基脉冲增 1 计数，最小计时单位为时基脉冲的宽度。故时间基准代表着定时器的定时精度，又称为定时器的分辨率。

（2）定时范围　定时器使能输入有效后，当前值寄存器对时基脉冲递增计数，当计数值大于或等于定时器的设定值后，状态位置 1。从定时器输入有效，到状态位输出有效经过的时间为定时时间。定时时间 T 等于时基乘设定值，时基越大，定时时间越长，但精度越差。

（3）定时器的刷新方式　1ms 定时器每隔 1ms 刷新一次，定时器刷新与扫描周期和程序处理无关。扫描周期较长时，定时器一个周期内可能多次被刷新（多次改变当前值）。

10ms 定时器在每个扫描周期开始时刷新，每个扫描周期之内，当前值不变。

100ms 定时器在定时器指令执行时被刷新，下一条执行的指令即可使用刷新后的结果，但应当注意，如果该定时器的指令不是每个周期都执行（如条件跳转时），定时器就不能及时刷新，可能会导致出错。

CPU 22X 系列 PLC 的 256 个定时器分为 TON（TOF）和 TONR 工作方式，以及 3 种时间基准，TOF 与 TON 共享同一组定时器，不能重复使用。定时器的工作方式、分辨率和编号范围见表 6-6。

使用定时器时应参照表 6-6 的时间基准和工作方式合理选择定时器编号，同时还要考虑刷新方式对程序执行的影响。

表 6-6　定时器的工作方式、分辨率和编号范围

工作方式	用毫秒(ms)表示的分辨率	用秒(s)表示的最大当前值	定时器编号范围
TONR	1	32.767	T0,T64
	10	327.67	T1~T4,T65~T68
	100	3276.7	T5~T31,T69~T95
TON/TOF	1	32.767	T32,T96
	10	327.67	T33~T36,T97~T100
	100	3276.7	T37~T63,T101~T255

3. 定时器指令格式

定时器指令格式及功能见表6-7。

表6-7 定时器指令格式及功能

梯 形 图	语 句 表	功 能
IN TON PT	TON	通电延时型
IN TONR PT	TONR	保持型
IN TOF PT	TOF	断电延时型

IN 是使能输入端，编程范围 T0~T255；PT 是设定值输入端，最大设定值 32767；PT 数据类型：INT，PT 寻址范围见附录中的表 C-4。

下面从原理、应用等方面分别叙述通电延时型定时器、保持型接通延时定时器、断电延时型定时器 3 种类型定时器的使用方法。

（1）通电延时型定时器 当使能端输入有效（接通）时，定时器开始计时，当前值从 0 开始递增，大于或等于设定值时，定时器输出状态位置为 1（输出触点有效），当前值的最大值为 32767。使能输入端无效（断开）时，定时器复位（当前值清零，输出状态位置为 0）。通电延时型定时器应用程序如图 6-11 所示。

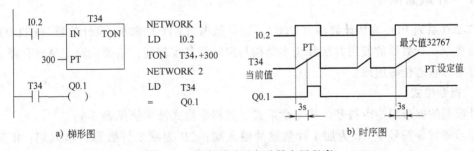

a) 梯形图　　　　　　　　　　　　　　　　b) 时序图

图 6-11 通电延时型定时器应用程序

（2）保持型接通延时定时器 使能端输入有效时，定时器开始计时，当前值递增，当前值大于或等于设定值时，输出状态位置为 1。使能端输入无效（断开）时，当前值保持（记忆），使能端再次接通有效时，在原记忆值的基础上递增计时。TONR 采用线圈的复位指令进行复位操作，当复位线圈有效时，定时器当前值清零，输出状态位置为 0。

保持型接通延时定时器应用程序如图 6-12 所示。

（3）断电延时型定时器 使能端输入有效时，定时器输出状态位立即置 1，当前值复位为 0。使能端断开时，开始计时，当前值从 0 递增，当前值达到设定值时，定时器状态位复位置 0，并停止计时，当前值保持。

断电延时型定时器应用程序如图 6-13 所示。

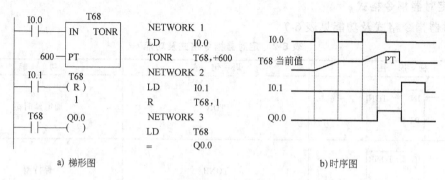

a) 梯形图　　　　　　　　　　　　　　　b) 时序图

图 6-12　保持型接通延时定时器应用程序

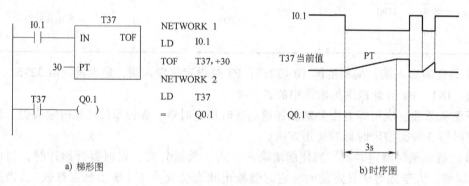

a) 梯形图　　　　　　　　　　　　　　　b) 时序图

图 6-13　断电延时型定时器应用程序

6.2.2　计数器指令

S7-200 系列 PLC 有加计数器（CTU）、减计数器（CTD）和加/减计数器（CTUD）3 种计数器指令。计数器的使用方法和基本结构与定时器基本相同，主要由设定值寄存器、当前值寄存器和状态位等组成。

1. 指令格式

计数器的梯形图指令符号为指令盒形式，其指令格式及功能见表 6-8。

梯形图指令符号中 CU 为加 1 计数脉冲输入端；CD 为减 1 计数脉冲输入端；R 为复位脉冲输入端；LD 为减计数器的复位脉冲输入端；编程范围为 C0～C255；PV 设定值最大范围为 32767；PV 数据类型：INT。

表 6-8　计数器指令格式及功能

梯　形　图	语　句　表	功　　能
CU CTU R PV	CTU	加计数器
CD CTD LD PV	CTD	减计数器

（续）

梯 形 图	语 句 表	功 能
CU CTUD CD R PV	CTUD	加/减计数器

2. 工作原理

（1）加计数器指令　当加计数器的复位输入端电路断开，而计数输入端（CU）有脉冲信号输入时，计数器的当前值加1计数。当前值大于或等于设定值时，计数器状态位置1，当前值累加的最大值为32767。当计数器的复位输入端电路接通时，计数器的状态位复位（置0），当前计数值为零。加计数器的应用如图6-14所示。

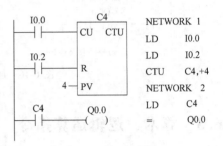

图6-14　加计数器的应用

（2）减计数器指令　在减计数器 CD 脉冲输入信号的上升沿（从 OFF 变为 ON），从设定值开始，计数器的当前值减1，当前值等于0时，停止计数，计数器位被置1，如图6-15所示。当减计数器的复位输入端有效时，计数器把设定值装入当前值存储器，计数器状态位复位（置0）。

减计数器指令应用程序及时序图如图6-15所示。

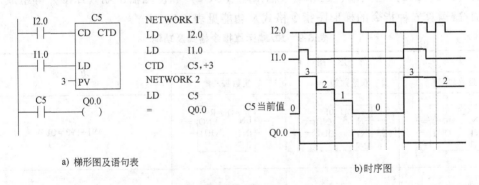

a) 梯形图及语句表　　　　　　　　　b)时序图

图6-15　减计数器指令应用程序及时序图

减计数器在计数脉冲 I2.0 的上升沿减1计数，当前值从设定值开始减至 0 时，计数器输出状态位置1，Q0.0 通电（置1），在复位脉冲 I1.0 的上升沿，定时器状态位复位（置0），当前值等于设定值，为下次计数工作做好准备。

3. 加/减计数器指令

加/减计数器有两个脉冲输入端，其中 CU 用于加计数，CD 用于减计数，执行加/减计数时，CU/CD 的计数脉冲上升沿加1/减1计数。当前值大于或等于计数器设定值时，计数器状态位置位。复位输入有效或执行复位指令时，计数器状态位复位，当前值清零。达到计数最大值（32767）后，下一个 CU 输入上升沿将使计数值变为最小值（-32768）。同样，达到最小值后，下一个 CD 输入上升沿将使计数值变为最大值。加/减计数器应用程序及时序图如图 6-16 所示。

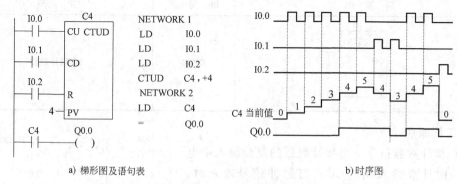

a) 梯形图及语句表　　　　　　b) 时序图

图 6-16　加/减计数器应用程序及时序图

6.3　算术、逻辑运算指令

6.3.1　算术运算指令

1. 加/减运算指令

加/减运算指令是对符号数的加/减运算操作,包括整数加/减、双整数加/减和实数加/减运算。梯形图加/减运算指令采用功能块格式,功能块由指令类型、使能输入端（EN）、操作数（IN1、IN2）输入端、运算结果输出端（OUT）和使能输出端（ENO）等组成。

加/减运算 6 种指令的梯形图指令格式及功能见表 6-9。

表 6-9　加/减运算指令格式及功能

梯 形 图			功　　能
整数加/减	双整数加/减	实数加/减	
ADD_I EN　ENO IN1　OUT IN2	ADD_DI EN　ENO IN1　OUT IN2	ADD_R EN　ENO IN1　OUT IN2	IN1+IN2 = OUT
SUB_I EN　ENO IN1　OUT IN2	SUB_DI EN　ENO IN1　OUT IN2	SUB_R EN　ENO IN1　OUT IN2	IN1－IN2 = OUT

（1）指令类型和运算关系

1）整数加/减运算。当使能输入有效时,将两个单字长（16 位）符号整数 IN1 和 IN2 相加/减,将运算结果送到 OUT 指定的存储器单元输出。

语句表及运算结果如下。

整数加法:　　　MOVW　　　IN1, OUT　　　// IN1→OUT

　　　　　　　+I　　　　　IN2, OUT　　　// OUT+IN2 = OUT

整数减法:　　　MOVW　　　IN1, OUT　　　// IN1→OUT

-I　　　　　IN2，OUT　　　// OUT-IN2=OUT

从语句表可以看出，IN1、IN2 和 OUT 操作数的地址不相同时，STL 将 LAD 的加/减运算分别用两条指令描述。

IN1 或 IN2＝OUT 时整数加法：

+I　　　　　IN2，OUT　　　// OUT+IN2=OUT

IN1 或 IN2＝OUT 时，加法指令节省一条数据传送指令，本规律适用于所有算术运算指令。

2）双整数加/减运算。当使能输入有效时，将两个双字长（32 位）符号整数 IN1 和 IN2 相加/减，将运算结果送到 OUT 指定的存储器单元输出。

语句表及运算结果如下。

双整数加法：MOVD　　　IN1，OUT　　　// IN1→OUT

+D　　　　　IN2，OUT　　　// OUT+IN2=OUT

双整数减法：MOVD　　　IN1，OUT　　　// IN1→OUT

-D　　　　　IN2，OUT　　　// OUT-IN2=OUT

3）实数加/减运算。当使能输入有效时，将两个双字长（32 位）的有符号实数 IN1 和 IN2 相加/减，然后将运算结果送到 OUT 指定的存储器单元输出。

语句表及运算结果如下。

实数加法：　MOVR　　　IN1，OUT　　　// IN1→OUT

+R　　　　　IN2，OUT　　　// OUT+IN2=OUT

实数减法：　MOVR　　　IN1，OUT　　　// IN1→OUT

-R　　　　　IN2，OUT　　　// OUT-IN2=OUT

4）加/减运算 IN1、IN2、OUT 操作数的数据类型分别为 INT、DINT、REAL。寻址范围参见附表 C-4。

（2）对标志位的影响　算术运算指令影响特殊标志的算术状态位 SM1.0~SM1.3，并建立指令功能块使能输出 ENO。

1）特殊标志位 SM1.0（零）、SM1.1（溢出）和 SM1.2（负）。SM1.1 用来指示溢出错误和非法值。如果 SM1.1 置位，SM1.0 和 SM1.2 的状态无效，原始操作数不变。如果 SM1.1 不置位，SM1.0 和 SM1.2 的状态反映算术运算结果。

2）ENO。当使能输入有效，运算结果无错时，ENO=1，否则 ENO=0（出错或无效）。使能输出断开的出错条件：SM1.1=1（溢出），0006（间接寻址错误），SM4.3（运行时间）。

加法运算应用举例如图 6-17 所示。该例子是求 1000 加 200 的和，1000 在 VW100 中，结果存入 VW200。

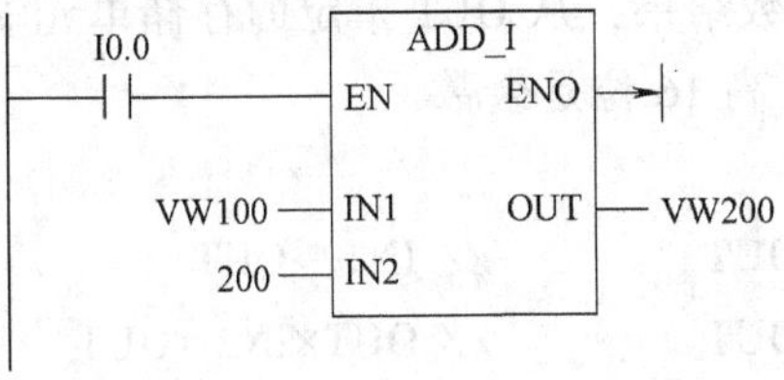

```
   I0.0        ADD_I              NETWORK  1
   ┤├       ┌─────────┐          LD      I0.0            //装入常开触点
            EN    ENO ├─          MOVW    VW100，VW200    // VW100 → VW200
                                  +I      +200，VW200     // VW200+200=VW200
   VW100 ──┤IN1   OUT├── VW200
     200 ──┤IN2      │
            └─────────┘
```

图 6-17　加法运算应用举例

2. 乘/除法运算指令

乘/除法运算指令是对符号数的乘法和除法运算，包括整数乘/除运算、双整数乘/除运算、整数乘/除双整数输出运算和实数乘/除运算等。

（1）乘/除运算指令格式　乘/除运算指令格式及功能见表 6-10。

表 6-10　乘/除运算指令格式及功能

梯　形　图				功　　能
整数乘/除运算	双整数乘/除运算	整数乘/除双整数输出运算	实数乘/除运算	
MUL_I EN　ENO IN1　OUT IN2	MUL_DI EN　ENO IN1　OUT IN2	MUL EN　ENO IN1　OUT IN2	MUL_R EN　ENO IN1　OUT IN2	IN1×IN2＝OUT
DIV_I EN　ENO IN1　OUT IN2	DIV_DI EN　ENO IN1　OUT IN2	DIV EN　ENO IN1　OUT IN2	DIV_R EN　ENO IN1　OUT IN2	IN1/IN2＝OUT

乘/除运算指令采用同加/减运算相类似的功能块指令格式。指令分为 MUL I/DIV I（整数乘/除运算），MUL DI/DIV DI（双整数乘/除运算），MUL/DIV（整数乘/除双整数输出），MUL R/DIV R（实数乘/除运算）8 种类型。

（2）指令功能分析

1）整数乘/除指令。当使能输入端有效时，将两个单字长（16 位）符号整数 IN1 和 IN2 相乘/除，产生一个单字长（16 位）整数结果，从 OUT 指定的存储单元输出。

语句表格式及功能如下。

整数乘法：　MOVW　　　　IN1，OUT　　　　// IN1→OUT
　　　　　　＊I　　　　　　IN2，OUT　　　　// OUT×IN2＝OUT
整数除法：　MOVW　　　　IN1，OUT　　　　// IN1→OUT
　　　　　　/I　　　　　　IN2，OUT　　　　// OUT/IN2＝OUT

2）双整数乘/除指令。当使能输入有效时，将两个双字长（32 位）符号整数 IN1 和 IN2 相乘/除，产生一个双字长（32 位）整数结果，从 OUT 指定的存储单元输出。

语句表格式及功能如下。

双整数乘法：MOVD　　　　IN1，OUT　　　　// IN1→OUT
　　　　　　＊D　　　　　IN2，OUT　　　　// OUT×IN2＝OUT
双整数除法：MOVD　　　　IN1，OUT　　　　// IN1→OUT
　　　　　　/D　　　　　IN2，OUT　　　　// OUT/IN2＝OUT

3）整数乘/除双整数输出指令。当使能输入有效时，将两个单字长（16 位）符号整数 IN1 和 IN2 相乘/除，产生一个双字长（32 位）整数结果，从 OUT 指定的存储单元输出。整数除双整数输出产生的 32 位结果中低 16 位是商，高 16 位是余数。

语句表格式及功能如下。

整数乘法产生双整数：MOVW　　　　　IN1，OUT　　　　// IN1→OUT
　　　　　　　　　　MUL　　　　　　IN2，OUT　　　　// OUT×IN2＝OUT
整数除法产生双整数：MOVW　　　　　IN1，OUT　　　　// IN1→OUT

DIV　　　　　　　IN2，OUT　　　　// OUT/IN2＝OUT

4）实数乘/除指令。当使能输入有效时，将两个双字长（32位）符号整数IN1和IN2相乘/除，产生一个双字长（32位）实数结果，从OUT指定的存储单元输出。

语句表格式及功能如下。

实数乘法：MOVR　　　　IN1，OUT　　　　// IN1→OUT

　　　　　＊R　　　　　IN2，OUT　　　　// OUT×IN2＝OUT

实数除法：MOVR　　　　IN1，OUT　　　　// IN1→OUT

　　　　　/R　　　　　IN2，OUT　　　　// OUT/IN2＝OUT

（3）操作数寻址范围　IN1、IN2、OUT操作数的数据类型根据乘/除运算指令功能分为INT（WORD）、DINT、REAL。

（4）乘/除运算对标志位的影响

1）乘/除运算指令执行的结果影响特殊标志的算术状态位：SM1.0（0）、SM1.1（溢出）、SM1.2（负）和SM1.3（被0除）。

乘法运算过程中SM1.1（溢出）被置位，就不写出了，并且所有其他的算术状态位置为0（整数乘产生双整数指令输出不会产生溢出）。

除法运算过程中SM1.3置位（被0除），其他的算术状态位保留不变，原始输入操作数不变。SM1.3不被置位，所有有关的算术状态位都是算术操作的有效状态。

2）使能流输出ENO＝0断开的出错条件是：SM1.1＝1（溢出）、0006（间接寻址错误）和SM4.3（运行时间）。

乘/除指令的应用举例如图6-18所示。

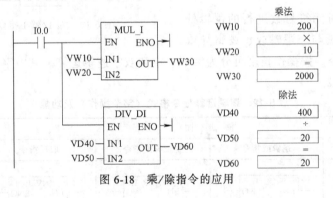

图6-18　乘/除指令的应用

6.3.2　加1/减1指令

加1/减1指令用于自加/自减的操作，以实现累加计数和循环控制等程序的编写，其梯形图为指令盒格式。操作数的长度为字节（无符号数）、字或双字（有符号数）。指令格式及功能见表6-11。

1. 字节加1/减1指令

字节加1/减1（INCB/DECB）指令，用于使能输入有效时，将一个字节的无符号数IN加1/减1，得到一个字节的运算结果，通过OUT指定的存储器单元输出。

2. 字加1/减1指令

字加1/减1（INCW/DECW）指令，用于使能输入有效时，将单字长符号输入数IN加

1/减1，得到一个字的运算结果，通过 OUT 指定的存储器单元输出。

表 6-11 加 1/减 1 指令格式及功能

梯形图			功 能
字节加 1/减 1 指令	字加 1/减 1 指令	双字加 1/减 1 指令	
INC_B EN ENC IN OUT	INC_W EN ENC IN OUT	INC_DW EN ENC IN OUT	字节、字、双字增 1 字节、字、双字减 1 OUT±1＝OUT
DEC_B EN ENC IN OUT	DEC_W EN ENC IN OUT	DEC_DW EN ENC IN OUT	

3. 双字加 1/减 1 指令

双字加 1/减 1（INCDW/DECDW）指令，用于使能输入有效时，将双字长符号输入数 IN 加 1/减 1，得到一个双字的运算结果，通过 OUT 指定的存储单元输出。

加 1/减 1 指令的应用如图 6-19 所示。I0.1 每接通一次，AC0 的内容自动加 1，VB100 的内容自动减 1。

6.3.3 逻辑运算指令

逻辑运算是对无符号数进行的逻辑处理，主要包括逻辑与、逻辑或、逻辑异或

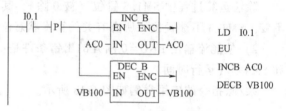

LD   I0.1
EU
INCB AC0
DECB VB100

图 6-19 加 1/减 1 指令的应用

和取反等运算指令。按操作长度可分为字节、字和双字逻辑运算。其中字节操作运算指令格式及功能见表 6-12。

表 6-12 逻辑运算指令格式（字节操作）及功能

梯 形 图				功 能
逻辑与指令	逻辑或指令	逻辑异或指令	取反指令	
WAND_B EN ENO IN1 OUT IN2	WOR_B EN ENO IN1 OUT IN2	WXOR_B EN ENO IN1 OUT IN2	INV_B EN ENO IN1 OUT IN2	与、或、异或、取反

1. 逻辑与指令

逻辑与（WAND）指令有字节、字、双字 3 种数据长度的与操作指令。

逻辑与指令操作功能：当使能输入有效时，把两个字节（字、双字）长的输入逻辑数按位相与，得到的一个字节（字、双字）逻辑运算结果，传送到 OUT 指定的存储单元输出。

语句表指令格式分别为

MOVB   IN1, OUT;   MOVW   IN1, OUT;   MOVD   IN1, OUT

ANDB   IN2, OUT;   ANDW   IN2, OUT;   ANDD   IN2, OUT

2. 逻辑或指令

逻辑或（WOR）指令有字节、字、双字3种数据长度的或操作指令。

逻辑或指令操作功能：当使能输入有效时，把两个字节（字、双字）长的输入逻辑数按位相或，得到的一个字节（字、双字）逻辑运算结果，传送到OUT指定的存储器单元输出。

语句表指令格式分别为

MOVB   IN1, OUT;   MOVW   IN1, OUT;   MOVD   IN1, OUT

ORB   IN2, OUT;   ORW   IN2, OUT;   ORD   IN2, OUT

3. 逻辑异或指令

逻辑异或（WXOR）指令有字节、字、双字3种数据长度的异或操作指令。

逻辑异或指令操作功能：当使能输入有效时，把两个字节（字、双字）长的输入逻辑数按位相异或，得到的一个字节（字、双字）逻辑运算结果，传送到OUT指定的存储单元输出。

语句表指令格式分别为

MOVB   IN1, OUT   MOVW   IN1, OUT;   MOVD   IN1, OUT

XORB   IN2, OUT;   XORW   IN2, OUT;   XORD   IN2, OUT

4. 取反指令

取反（INV）指令包括字节、字、双字3种数据长度的取反操作指令。

取反指令操作功能：当使能输入有效时，将一个字节（字、双字）长的输入逻辑数按位取反，得到的一个字节（字、双字）逻辑运算结果，传送到OUT指定的存储单元输出。

语句表指令格式分别为

MOVB   IN, OUT;   MOVW   IN, OUT;   MOVD   IN, OUT

INVB   IN2, OUT;   INVW   IN2, OUT;   INVD   IN2, OUT

字节取反、字节与、字节或、字节异或指令的应用如图6-20所示。

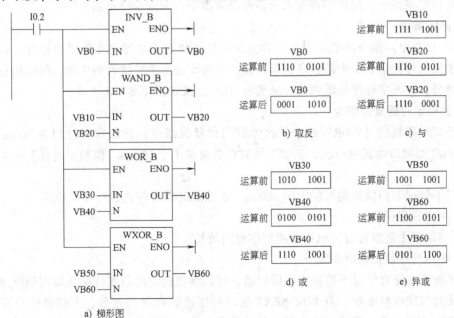

图6-20 字节取反、字节与、字节或、字节异或指令的应用

6.4 程序控制指令

程序控制指令主要包括系统控制指令、跳转、循环及子程序调用等指令。

6.4.1 系统控制指令

系统控制指令主要包括条件/无条件结束指令、停止指令、监控定时器复位指令，指令的格式及功能见表6-13。

表6-13 系统控制指令及功能

梯 形 图	语 句 表	功 能
——(END)	END/MEND	条件/无条件结束指令
——(STOP)	STOP	停止指令
——(WDR)	WDR	监控定时器复位指令

1. 结束指令

梯形图中若结束指令直接连在左侧母线上，则为无条件结束（MEND）指令；若不接在左侧母线上，则为条件结束（END）指令。

条件结束指令在使能输入有效时，终止用户程序的执行返回到主程序的第一条指令执行（循环扫描工作方式）。

无条件结束指令执行时（指令直接连在左侧母线上，无使能输入），立即终止用户程序的执行，返回主程序的第一条指令执行。

结束指令只能在主程序中使用。在STEP7-Micro/WIN32编程软件中主程序的结尾自动生成无条件结束指令，用户不得输入无条件结束指令，否则编译出错。

2. 停止指令

停止（STOP）指令使PLC从运行模式进入停止模式，立即终止程序的执行。如果在中断程序中执行停止指令，中断程序立即终止，并忽略全部等待执行的中断，继续执行主程序的剩余部分，并在主程序的结束处，完成由RUN方式切换至STOP方式。

3. 监控定时器复位指令

监控定时器复位（WDR）指令又称为看门狗复位指令，它的定时时间为500ms，每次扫描它PLC都被自动复位一次，正常工作时扫描周期小于500ms，监控定时器复位指令不起作用。

在以下情况下扫描周期可能大于500ms，监控定时器会停止执行用户程序。

1）用户程序很长。

2）当出现中断事件时，执行中断程序时间较长。

3）循环指令使扫描时间延长。

为了防止在正常情况下监控定时器启动，可以将监控定时器复位指令插入到程序的适当位置，使监控定时器复位。若FOR-NEXT循环程序的执行时间过长，下列操作只有在扫描周期结束时才能执行：通信（自由端口模式除外）、I/O更新（立即I/O除外）、强制更新、SM位更新（不能更新SM0和SM5~SM29）、运行时间诊断、在中断程序中的STOP指令。

　　带数字量输出的扩展模块也有一个监控定时器，每次使用 WDR 指令时，应对每个扩展模块的某一个输出字节使用立即写（BIW）指令来启动复位模块的监控定时器。

　　停止（STOP）、条件结束（END）、监控定时器复位（WDR）指令的应用如图 6-21 所示。

6.4.2　跳转、循环及子程序调用指令

　　跳转、循环指令用于程序执行顺序的控制，指令的格式及功能见表 6-14。

1. 程序跳转指令

　　程序跳转指令（JMP）和跳转地址标号指令（LBL）配合使用实现程序的跳转。在同一个程序内，当使能输入有效时，使程序跳转到指定标号 n 处执行，跳转标号 n = 0~255。当使能输入无效时，将顺序执行程序。

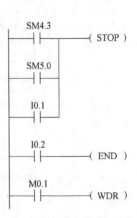

图 6-21　STOP、END、WDR 指令的应用

表 6-14　跳转、循环指令格式及功能

梯　形　图	语　句　表	功　能
n　　　　　n —(JMP) —|LBL|	JMP n LBL n	跳转指令 跳转标号
FOR EN　ENO INDX　　—(NEXT) INIT FINAL	FOR IN1,IN2,IN3 NEXT	循环开始 循环结束

2. 循环控制指令

　　在程序系统中经常需要重复执行若干次同样的任务时，可以使用循环指令。

　　FOR 指令表示循环开始，NEXT 指令表示循环结束。

　　当 FOR 指令的使能输入端条件满足时，反复执行 FOR 与 NEXT 之间的指令。在 FOR 指令中，需要设置指针 INDX（或称为当前循环次数计数器）、起始值 INIT 和结束值 FINAL，它们的数据类型为整型。

　　若设 INIT 为 1，FINAL 为 10，则每次执行 FOR 与 NEXT 之间指令后，当前循环次数计数器的值加 1，并将运算结果与结束值比较。如果 INDX 大于 FINAL，则循环终止，FOR 与 NEXT 之间的指令将被执行 10 次。若起始值小于结束值，则执行循环。FOR 指令必须与 NEXT 指令配套使用。允许循环嵌套，最多可以嵌套 8 层。

　　循环指令的应用如图 6-22 所示。

　　当图中 M0.1 接通时，执行 10 次循环。INDX 从 1 开始计数，每执行 1 次循环，INDX 当前值加 1，执行到 10 次时，INDX 当前值也计到 10，与结束值 FINAL 相同，循环结束。当 M0.1 断开时，不执行循环。每次使能输入有效时，指令自动将各参数复位。

3. 子程序调用与子程序返回指令

　　将具有特定功能，并且多次使用的程序段作为子程序。当主程序调用子程序并执行时，

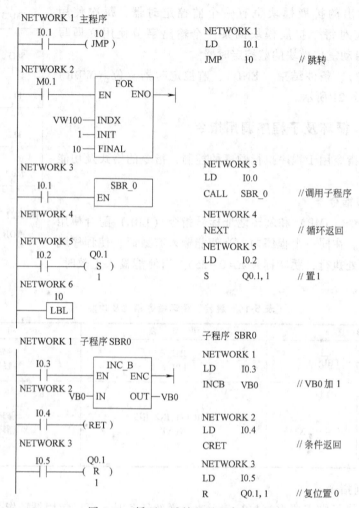

图 6-22 循环、跳转及子程序的应用

子程序执行全部指令直至结束，然后返回到主程序的子程序调用处。子程序用于程序的分段和分块，使其成为较小的、易于管理的块，只有在需要时才调用，这样可以减少扫描的时间。

子程序的指令格式及功能见表 6-15。

表 6-15　子程序的指令格式及功能

梯 形 图	语 句 表	功 能
SBR_0 ─┤EN	CALL　SBR0	子程序调用
───(RET)	CRET RET	子程序条件返回 自动生成无条件返回

子程序有子程序调用和子程序返回指令，子程序返回又分为条件返回和无条件返回。子程序调用指令用在主程序或其他调用子程序的程序中，子程序的无条件返回指令在子程序的最后网络段，梯形图指令系统能够自动生成子程序的无条件返回指令，用户无须输入。

子程序的创建,在编程软件的程序窗口的下方有主程序、子程序和中断程序的标签,单击子程序标签即可进入 SBR0 子程序显示区,也可以通过指令树的项目进入子程序显示区。添加一个子程序时,可以用编辑菜单的插入项增加一个子程序,子程序的编号 n 从开始自动向上增长。

子程序的调用有不带参数的调用,有带参数的调用。子程序不带参数的调用如图 6-22 所示。子程序调用指令编写在主程序中,子程序返回指令编写在子程序中。子程序标号 n 的范围是 0~63。

循环、跳转及子程序调用指令的应用如图 6-22 所示。

4. 带参数子程序的调用

带参数子程序的调用必须事先在局部变量表中对参数进行定义。最多可以传递 16 个参数,参数的变量名最多 23 个字符。

局部变量表中的变量有 IN、OUT、TEMP 和 IN/OUT 4 种类型。

IN 类型:是传入子程序的输入参数。

OUT 类型:是子程序的执行结果,它被返回给调用它的程序。被传递的参数类型(局部变量表中的数据类型)有 BOOL、BYTE、WORD、INT、DWORD、DINT、REAL 和 STRINGL 8 种,常数和地址值不允许作为输出参数。

TEMP 类型:局部变量存储器只能用做子程序内部的暂时存储器,不能用来传递参数。

IN/OUT 类型:将参数的初始值传给子程序,并将子程序的执行结果返回给同一地址。

局部变量表隐藏在程序显示区内,在编辑软件中,将水平分裂条拉至程序编辑器视窗的顶部,则不再显示局部变量表,但是它仍然存在。将分裂条下拉,再次显示局部变量表。

给子程序传递参数时,它们放在子程序的局部变量存储器中,局部变量表左列是每个被传递参数的局部变量存储器地址。

子程序调用时,输入参数被复制到局部变量存储器。子程序完成时,从局部变量存储器复制输出参数到指定的输出参数地址。带参数子程序的调用编程如图 6-23 所示。

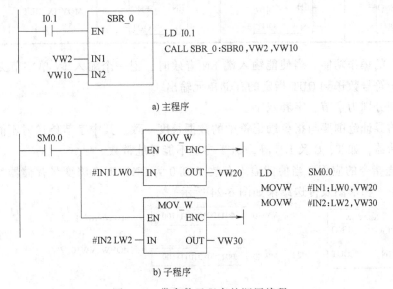

图 6-23　带参数子程序的调用编程

若将输入参数 VW2、VW10 传递到子程序中，则在子程序 0 的局部变量表中定义 IN1 和 IN2，其数据类型应选为 WORD。在带参数调用子程序指令中，需将要传递到子程序中的数据 VW2、VW10 与 IN1 与 IN2 进行连接。这样，数据 VW2、VW10 在主程序调用子程序 0 时就被传递到子程序的局部变量存储单元 LW0、LW2 中，子程序中的指令便可通过 LW0、LW2 使用参数 VW2、VW10。

6.5　PLC 的功能指令及应用

功能指令与基本指令有所不同，功能指令不含表达梯形图符号间相互关系的成分，而是直接表达本功能指令的作用是什么，这使 PLC 的程序设计更加简单方便。

本节主要介绍一些常用的基本功能指令，如数据传送指令，比较指令，移位及循环指令，移位寄存器指令，译码、编码、段码指令，数据表功能指令等。PLC 通过这些功能指令方便地对生产设备的数据进行采集、分析和处理，进而实现对各种生产过程的自动控制。

6.5.1　数据传送指令及应用

数据传送指令有字节、字、双字的单个传送指令，还有以字节、字、双字为单位的数据块的成组传送指令，其用来完成各存储单元之间的数据传送。

1. 字节、字和双字的单个传送指令

单个传送指令一次完成一个字节、字、双字的传送。

（1）指令格式　指令的格式及功能见表 6-16。

表 6-16　单个传送指令格式及功能

梯 形 图			语 句 表	功 能
字节	字	双字		
MOV_B EN　ENO IN　OUT	MOV_W EN　ENO IN　OUT	MOV_DW EN　ENO IN　OUT	MOV IN,OUT	IN = OUT

传送指令的操作功能：当使能输入端 EN 有效时，把一个输入 IN 单字节无符号数、单字长或双字长符号数送到 OUT 指定的存储单元输出。

数据类型分别为字节、字和双字。

操作数的寻址范围要与指令助记符中的数据长度一致。其中字节传送时不能寻址专用的字和双字存储器，如 T、C 及 HC 等，OUT 寻址不能寻址常数。

（2）传送指令的应用　当使能输入有效（I0.0 为 ON）时，将变量存储器 VW10 中内容送到 VW20 中，梯形图及传送结果如图 6-24 所示。

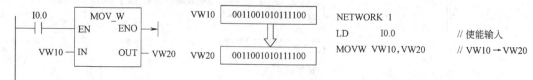

图 6-24　传送指令的应用

2. 字节、字、双字的块传送指令

数据块传送指令一次可完成 N 个数据的成组传送。指令类型有字节、字、双字 3 种。

（1）指令的格式　指令的格式及功能见表 6-17。

表 6-17　块传送指令格式及功能

梯　形　图			功　能
字节	字	双字	
BLKMOV_B EN　ENO IN1　OUT IN2	BLKMOV_W EN　　ENO IN1　OUT IN2	BLKMOV_D EN　　ENO IN1　OUT IN2	字节、字 和双字传送

1）字节的数据块传送指令。当使能输入端有效时，把从输入 IN 字节开始的 N 个字节数据传送到以输出字节 OUT 开始的 N 个字节的存储区中。

2）字的数据块传送指令。当使能输入端有效时，把从输入 IN 字开始的 N 个字的数据传送到以输出字 OUT 开始的 N 个字的存储区中。

3）双字的数据块传送指令。当使能输入端有效时，把从输入 IN 双字开始的 N 个双字的数据传送到以输出双字 OUT 开始的 N 个双字的存储区中。

传送指令的数据类型，IN、OUT 操作数据类型为 B、W、DW；N（BYTE）的数据范围为 0~255。

（2）块传送指令的应用　当使能输入有效（I0.1 为 ON）时，将 VW0 开始的连续 3 个字传送到 VW10~VW12 中。梯形图及传送结果如图 6-25 所示。

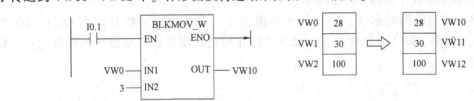

图 6-25　块传送指令的应用

3. 字节交换/填充指令

字节交换/填充指令格式及功能见表 6-18。

表 6-18　字节交换/填充指令格式及功能

梯　形　图	语　句　表	功　能
SWAP EN　ENO IN	SWAP　IN	字节交换
FILL_N EN　ENO IN　OUT N	FILL IN,OUT,N	字填充

（1）字节交换指令　字节交换（SWAP）指令用来实现输入字的高字节与低字节的交换。当使能输入有效时，用来实现输入字的高字节与低字节的交换。

字节交换指令的应用举例如图 6-26 所示。

图 6-26 字节交换指令的应用举例

（2）字节填充指令 字节填充（FILL）指令用于存储器区域的填充。

当使能输入有效时，用字输入数据 IN 填充从 OUT 指定单元开始的 *N* 个字存储单元。

填充指令的应用举例如图 6-27 所示。当使能输入有效（I0.1 为 ON）时，将从 VW200 开始的 10 个字存储单元清零。

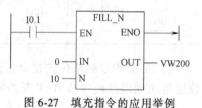

图 6-27 填充指令的应用举例

NETWORK 1

LD   I0.1   //使能输入

FILL   +0，VW200，10   //10 个字填充 0

执行的结果是从 VW200 开始的 20 个字节的存储单元清零。

4. 传送指令的应用举例

（1）初始化程序的设计 存储器初始化程序是用于 PLC 开机运行时对某些存储器清零或设置的一种操作。常采用传送指令来编程。如开机运行时将 VB20 清零，将 VW20 设置为 200，对应的梯形图程序如图 6-28 所示。

（2）多台电动机同时起动、停止的梯形图程序 设 4 台电动机分别由 Q0.1、Q0.2、Q0.3 和 Q0.4 控制，I0.1 为起动按钮，I0.2 为停止按钮。用传送指令设计的梯形图程序如图 6-29 所示。

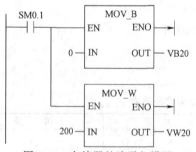

图 6-28 存储器的清零与设置

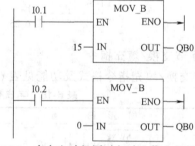

图 6-29 多台电动机同时起动、停止的梯形图

（3）预选时间的选择控制 某工厂生产的两种型号工件所需加热的时间为 40s、60s。使用两个开关来控制定时器的设定值，每一开关对应于一设定值；用起动按钮和接触器控制加热炉的通断。PLC 的 I/O 地址分配见表 6-19。

表 6-19 I/O 地址分配

输入信号	元件名称	输出信号	元件名称
I0.1	选择时间1 40s	Q0.0	加热炉接触器
I0.2	选择时间2 60s		
I0.3	加热炉起动按钮		

根据控制要求设计的梯形图程序如图 6-30 所示。

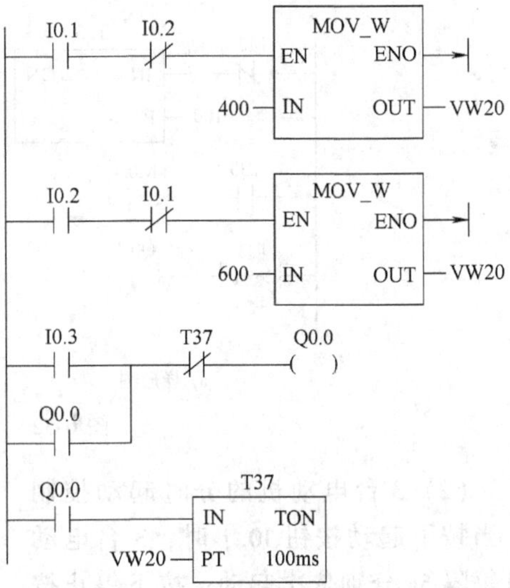

6.5.2 数据比较指令及应用

1. 数据比较指令

数据比较指令用来比较两个数 IN1 与 IN2 的大小，如图 6-31 所示。在梯形图中，满足比较关系给出的条件时，触点接通。"<>"表示不等于，触点中间的 B、I、D、R、S 分别表示字节、字、双字、实数（浮点数）和字符串比较。

字节相等的比较指令的格式及功能见表 6-20。

比较运算符共有 6 种：= =、< =、> =、>、<、<>。

字节比较指令用来比较两个无符号数字节 IN1 与 IN2 的大小；整数比较指令用来比较两个字 IN1 与 IN2 的大小，最高位为符号位，例如 16#7FFF>16#8000（后者为负数）；双字整数比较指令用来比较两个双字 IN1 与 IN2 的大小，双字整数比较是有符号的，16#7FFFFFFF>16#80000000（后者为负数）；实数比较指令用来比较两个实数 IN1 与 IN2 的大小，实数比较是有符号的。字符串比较指令比较两个字符串的 ASCII 码字符是否相等。

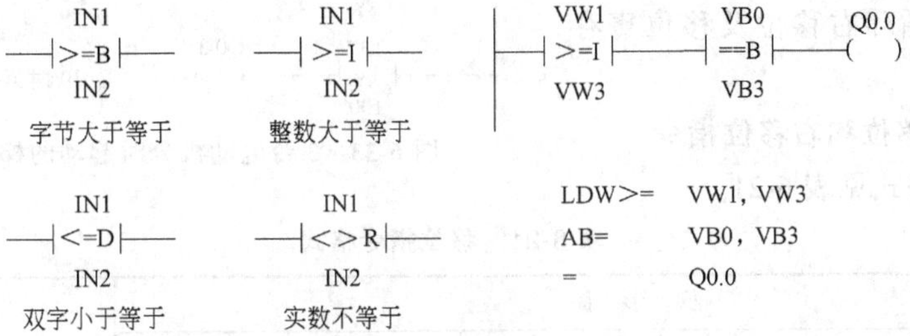

图 6-30   预选时间的选择控制梯形图程序

图 6-31   数据比较指令

表 6-20   比较指令的格式及功能

梯 形 图	语 句 表	功 能
IN1 ==B IN2	LDB = IN1, IN2 AB = IN1, IN2 OB = IN1, IN2	操作数 IN1 和 IN2（整数）比较

2. 数据比较指令的应用

（1）自复位接通延时定时器   用接通延时定时器和比较指令可组成占空比可调的脉冲发生器。用 M0.1 和 10ms 定时器 T33 组成了一个脉冲发生器，使 T33 的当前值按图 6-32 所示波形变化。比较指令用来产生脉冲宽度可调的方波，Q0.1 为 0 的时间取决于比较指令（LDW > = T33，50）中的第 2 个操作数的值。

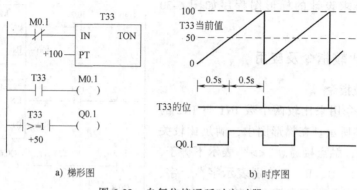

a) 梯形图　　　　　　　　　b) 时序图

图 6-32　自复位接通延时定时器

（2）3 台电动机的分时起动控制

当按下起动按钮 I0.1 时，3 台电动机每隔 5s 分别依次起动；按下停止按钮 I0.2 时，3 台电动机 Q0.1、Q0.2 和 Q0.3 同时停止。对应梯形图程序如图 6-33 所示。

6.5.3　数据移位与循环指令及应用

移位指令分为左移位、右移位，循环左移位、循环右移位及移位寄存器指令。

1. 数据左移位和右移位指令

移位指令格式见表 6-21。

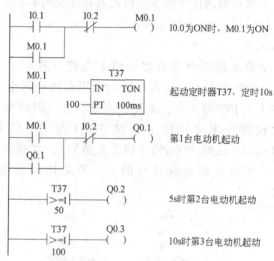

图 6-33　3 台电动机分时起动的梯形图程序

表 6-21　移位指令格式

梯 形 图			功　能
字节	字	双字	
SHL_B EN　ENO IN　OUT N	SHL_W EN　ENO IN　OUT N	SHL_DW EN　ENO IN　OUT N	字节、字、双字左移位
SHR_B EN　ENO IN　OUT N	SHR_W EN　ENO IN　OUT N	SHR_DW EN　ENO IN　OUT N	字节、字、双字右移位

移位指令将 IN 中的数的各位向右或向左移动 N 位后，送给 OUT。移位指令对移出的位自动补 0。如果移位的位数 N 大于允许值（字节操作为 8，字操作为 16，双字操作为 32），应对 N 进行取模操作。所有的循环和移位指令中的 N 均为字节型数据。

如果移位次数大于 0，"溢出"存储器位 SM1.1 保存最后一次被移出的位的值。如果移出结果为 0，零标志位 SM1.0 被置 1。

（1）左移位（SHL）指令　当使能输入有效时，将输入的字节、字或双字 IN 左移 N 后（右端补 0），将结果输出到 OUT 所指定的存储单元中，最后一次移出位保存在 SM1.1 中。

（2）右移位（SHR）指令　当使能输入有效时，将输入的字节、字或双字 IN 右移 N 位后（左端补 0），将结果输出到 OUT 所指定的存储单元中，最后一次移出位保存在 SM1.1 中。

2. 循环左移位和循环右移位指令

循环移位指令将 IN 中的各位向左或向右循环移动 N 位后，送给 OUT。循环移位是环形的，即被移出来的位将返回到另一端空出来的位置。循环移位指令的格式见表 6-22。

表 6-22　循环移位指令格式与功能

梯　形　图			功　能
字节	字	双字	
ROL_B EN　ENO IN　OUT N	ROL_W EN　ENO IN　OUT N	ROL_DW EN　ENO IN　OUT N	字节、字、 双字循环 左移位
ROR_B EN　ENO IN　OUT N	ROR_W EN　ENO IN　OUT N	ROR_DW EN　ENO IN　OUT N	字节、字、 双字循环 右移位

（1）循环左移位（ROL）指令　当使能输入有效时，将输入的字节、字或双字 IN 数据循环左移 N 位后，将结果输出到 OUT 所指定的存储单元中，并将最后一次移出位保存在 SM1.1 中。

（2）循环右移位（ROR）指令　当使能输入有效时，将输入的字节、字或双字 IN 数据循环右移 N 位后，将结果输出到 OUT 所指定的存储器单元中，并将最后一次移出位保存在 SM1.1 中。

如果移动的位数 N 大于允许值（字节操作为 8，字操作为 16，双字操作为 32），执行循环移位之前先对 N 进行取模操作。例如对于字移位，将 N 除以 16 后取余数，从而得到一个有效的移位次数。取模操作的结果对于字节操作是 0~7，对于字操作是 0~15，对于双字操作是 0~31。如果取模操作的结果为 0，不进行循环移位操作。

（3）移位指令的应用　当 I0.0 输入有效时，将 VB10 左移 4 位送到 VB10，将 VB0 循环右移 3 位送到 VB0，如图 6-34 所示。

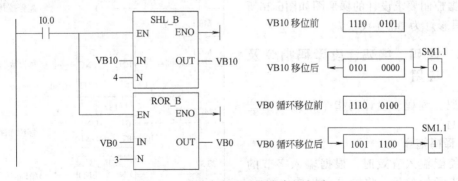

图 6-34　移位与循环移位指令的应用

3. 移位寄存器指令

移位寄存器指令是一个移位长度可指定的移位指令。

（1）移位寄存器指令的格式　移位寄存器指令格式及功能见表6-23。

梯形图中DATA为数据输入，指令执行时将该位的值移入移位寄存器。S-BIT为移位寄存器的最低位地址，字节型变量N指定移位寄存器的长度和移位方向，正向移位时N为正，反向移位时N为负。SHRB指令移出的位被传送到溢出位（SM1.1）。

表6-23　移位寄存器指令格式及功能

梯 形 图	语 句 表	功 能
SHRB EN　ENO I1.2—DATA M2.0—S-BIT 8—N	SHRB　I1.2,M2.0,8	移位寄存器

N为正时，在使能输入EN的上升沿时，寄存器中的各位由低位向高位移一位，DATA输入的二进制数从最低位移入，最高位被移到溢出位。N为负时，从最高位移入，最低位移出。DATA和S-BIT为BOOL变量。

移位寄存器提供了一种排列和控制产品流或者数据的简单方法。

（2）移位寄存器指令的应用　移位寄存器指令的应用如图6-35所示。

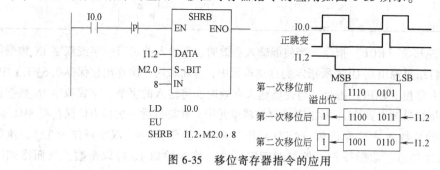

图6-35　移位寄存器指令的应用

4. 数据移位指令的应用——8只彩灯依次向左循环点亮

当按下起动按钮I0.1时，8只彩灯从Q0.0开始每隔1s依次向左循环点亮，直至按下停止按钮I0.2后熄灭。

根据控制要求设计的梯形图如图6-36所示，8只彩灯为Q0.0~Q0.7。

6.5.4　译码、编码、段译码指令及应用

译码、编码、段译码指令格式及功能见表6-24。

1. 译码指令

当使能输入有效时，根据输入字节的低4位表示的位号，将输出字相应位置1，其他位置0。

设AC0中存有的数据为16#08，则执行译码（DECO）指令将使MW0中的第8

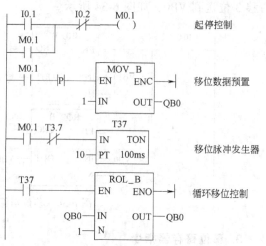

图6-36　8只彩灯依次向左循环点亮梯形图

位数据位置1，而其他数据位置0，对应的梯形图程序如图6-37所示。

表6-24　译码、编码、段译码指令格式及功能

梯 形 图	语 句 表	功 能
DECO EN ENO IN OUT	DECO IN,OUT	译码
ENCO EN ENO IN OUT	ENCO IN,OUT	编码
SEG EN ENO IN OUT	SEG IN,OUT	段译码

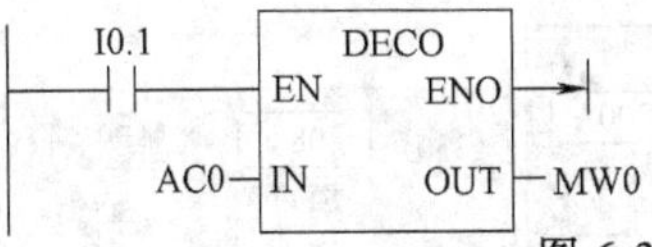

	地址	格式	当前值
1	AC0	十六进制	16#08
2	MW0	二进制	2#0000 0001 0000 0000

图6-37　译码指令的应用

2. 编码指令

编码（ENCO）指令将输入字的最低有效位（其值为1）的位数写入输出字节的最低位。设AC1中的错误信息为2#0000 0010 0000 0000（第9位为1），编码指令"ENCO AC2，VB40"将错误信息转换为VB40中的错误代码9。编码指令的应用如图6-38所示。

图6-38　编码指令的应用

3. 段译码指令

段（SEG）译码指令根据输入字节的低4位确定的十六进制数（16#0～16#F）产生点亮7段显示器各段的代码，并送到输出字节。

图6-39中7段显示器的D0～D6段分别对应于输出字节的最低位（第0位）～第6位，某段应亮时输出字节中对应的位为1，反之为0。若显示数字"1"时，仅D1和D2为1，其余位为0，输出值为6，或二进制数2#0000 0110。

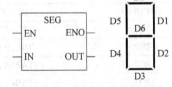

图6-39　段译码指令的应用

4. 编码、译码及段译码指令的应用

（1）程序设计　设VB10字节存有十进制数8，当I0.4通电时依次进行译码、编码及段译码处理。其对应的程序及处理结果如图6-40所示。

（2）上机操作及调试

1）启动STEP 7-Micro/WIN，打开梯形图编辑器录入程序，打开数据块编辑器，输入VB10 8，下载程序块及数据块，并使PLC进入运行状态。

2）使PLC进入梯形图监控状态，观察VB10、VB20、VB30和VB40的值。

3）打开状态图编辑器，输入I0.0、VB10、VB20、VB30和VB40，进入状态图监控状态，强制I0.0通电，观察VB20、VB30和VB40中的值。

4）打开计算机监控PLC模拟实验系统，通过监控界面观察七段数码管的显示字样。

6.5.5　数据表功能指令

表功能指令用来建立和存取字类型的数据表。数据表由3部分组成：表地址，由表的首

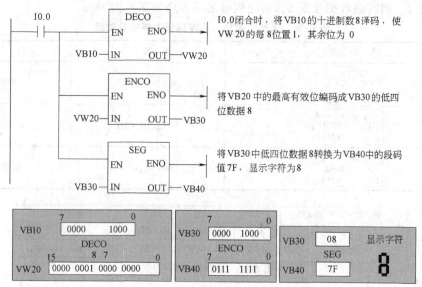

图 6-40　译码、编码及段译码指令的应用

地址指明；表定义，由表地址和第 2 个字地址所对应的单元分别存放的两个表参数来定义最大填表数和实际填表数；存储数据，从第 3 个字节地址开始存放数据，一个表最多能存储 100 个数据。

表功能指令格式及功能表 6-25。

表 6-25　表功能指令

指　　令		描　　述
ATT	DATA, TABLE	填表
FIND =	TBL, PATRN, INDX	查表
FIND<>	TBL, PATRN, INDX	查表
FIND<	TBL, PATRN, INDX	查表
FIND>	TBL, PATRN, INDX	查表
FIFO	TABLE, DATA	先入先出
LIFO	TABLE, DATA	后入先出
FILL	IN, OUT, N	填充

1. 填表指令

填表指令（ATT）向表（TBL）中增加一个字的数据（DATA），表内的第 1 个数是表的最大长度（TL），第 2 个数是表内实际的项数（EC）。新数据被放入表内上一次填入的数的后面。每向表内填入一个新的数据，EC 自动加 1。除了 TL 和 EC 外，表最多可以装入 100 个数据。TBL 为 WORD 型，DATA 为 INT 型。

填表指令的应用举例：表的起始地址为 VW200，最大填表数为 5，已填入 2 个数据，现将 VW100 中的数据 1250 填入表中，对应的梯形图程序如图 6-41 所示。

使 ENO = 0 的错误条件：SM4.3（运行时间），0006（间接地址），0091（操作数超限）。该指令影响 SM1.4，填入表的数据过多时，SM1.4 将被置 1。

2. 查表指令

查表指令从指针 INDX 所指的地址开始查表 TBL，搜索与数据 PTN 的关系满足 CMD 定

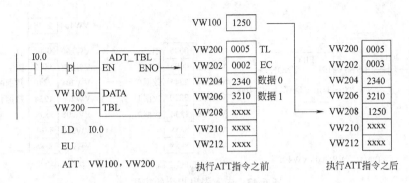

图 6-41　填表指令的应用

义的条件的数据。命令参数 CMD=1~4，分别代表"="">""<"和">"。若发现了一个符合条件的数据，则 INDX 指向该数据。要查找下一个符合条件的数据，再次启动查表指令之前，应先将 INDX 加 1。如果没有找到，INDX 的数值等于 EC。一个表最多有 100 个填表数据，数据的编号为 0~99。

TBL 和 INDX 为 WORD 型，PTN 为 INT 型，CMD 为字节型。

用 FIND 指令查找 ATT、LIFO 和 FIFO 指令生成的表时，实际填表数和输入的数据相对应。查表指令并不需要 ATT、LIFO 和 FIFO 指令中的最大填表数。因此，查表指令的 TBL 操作数应比 ATT、LIFO 或 FIFO 指令的 TBL 操作数高两个字节。

查表指令的应用如图 6-42 所示。当触点 I0.1 接通时，从 EC 地址为 VW202 的表中查找等于（CMD=1）16#2130 的数。为了从头开始查找，AC1 的初值为 0。查表指令执行后，AC1=2，找到了满足条件的数据 2。查表中剩余的数据之前，AC1（INDX）应加 1。第 2 次执行后，AC1=4，找到了满足条件的数据 4。将 AC1（INDX）再次加 1。第 3 次执行后，AC1 等于表中填入的项数 6（EC），表示表已查完，没有找到符合条件的数据。再次查表之前，应将 INDX 清零。

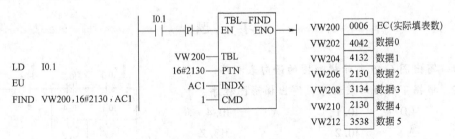

图 6-42　查表指令的应用

3. 先入先出指令

先入先出（FIFO）指令从表中移走最先放进的第 1 个数据（数据 0），并将它送入 DATA 指定的地址，表中剩下的各项依次向上移动一个位置。每次执行此指令，表中的项数 EC 减 1。TBL 为 INT 型，DATA 为 WORD 型。先入先出指令的应用如图 6-43 所示。

使 ENO=0 的错误条件：SM1.5（空表），SM4.3（运行时间），0006（间接地址），0091（操作数超出范围）。如果试图从空表中移走数据，特殊存储器位 SM1.5 将被置为 1。

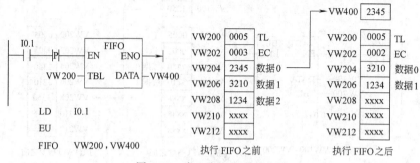

图 6-43 先入先出指令的应用

4．后入先出指令

后入先出（LIFO）指令从表中移走最后放进的数据，并将它送入 DATA 指定的位置，剩下的各项依次向上移动一个位置。每次执行此指令，表中的项数减 1。TBL 为 INT 型，DATA 为 WORD 型。后入先出指令的应用如图 6-44 所示。该指令使 ENO＝0 的错误条件和受影响的特殊存储器位同 FIFO 指令。

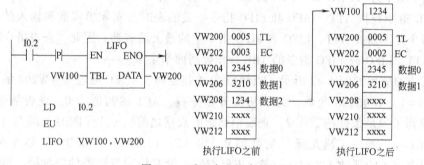

图 6-44 后入先出指令的应用

习　题

6-1　写出图 6-45 所示梯形图的语句表程序。

6-2　根据下列语句表程序，写出梯形图程序。

LD	I0. 1	A	I0. 4
A	I0. 2	＝	M3. 2
LPS		LPP	
AN	I0. 3	AN	I0. 5
＝	Q0. 3	＝	Q0. 4
LRD			

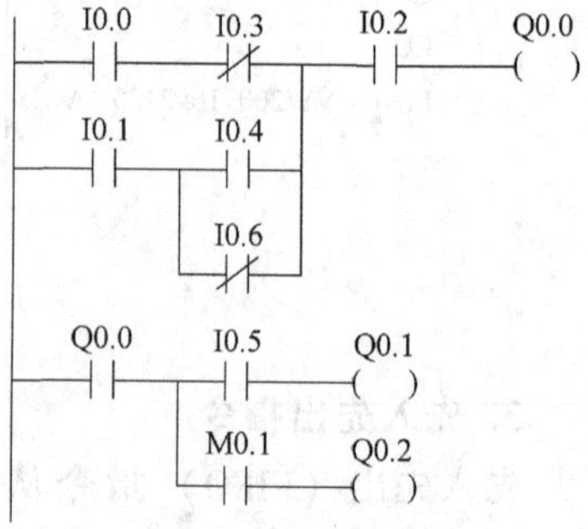

图 6-45　题 6-1 图

6-3　用接在 I0.2 输入端的光电开关检测传送带上通过的产品，有产品通过时 I0.2 接通，如果在 15s 内没有产品通过，由 Q0.1 发出报警信号，用 I0.3 输入端外接的开关解除报警信号。画出梯形图，并写出对应的语句表程序。

6-4　使用置位、复位指令，编写两台电动机的控制程序，控制要求如下。

(1) 起动时，电动机 M1 先起动，电动机 M2 方可起动；停止时，电动机 M1、M2 同时停止。

(2) 起动时，电动机 M1、M2 同时起动；停止时，只有在电动机 M2 停止后，电动机 M1 才能停止。

6-5　在按钮 I0.0 按下后 Q0.0 接通并自保持，如图 6-46 所示。当 I0.1 输入 3 个脉冲后（用 C1 计数），T37 开始定时，5s 后 Q0.0 断开，同时 C1 复位，在 PLC 刚开始执行用户程序时，C1 也被复位，试设计梯形图程序。

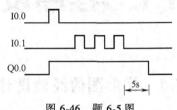

图 6-46　题 6-5 图

6-6　用 I0.0 控制在 Q0.0～Q0.7 上的 8 只彩灯循环移位，用 T37 定时，每 1s 移 1 位，首次扫描时给 Q0.0～Q0.7 置初值，用 I0.1 控制彩灯移位的方向，设计出梯形图程序。

6-7　设 Q0.1、Q0.2 和 Q0.3 分别驱动 3 台电动机的电源接触器，I0.0 为 3 台电动机的依次起动按钮，I0.1 为 3 台电动机同时停车的停止按钮，要求 3 台电动机依次起动的时间间隔为 5s，试采用定时器指令、比较指令，设计梯形图程序。

6-8　设 I0.1 接通时，执行 VW10 乘以 VW20、VD40 除以 VD50 操作，并分别将结果存入 VW30 和 VD60 中，试设计对应的梯形图程序及运算过程。

第7章
PLC程序设计及编程方法

7.1 梯形图的经验设计法

经验设计法实际上是沿用了传统继电器-接触器系统电气原理图的设计方法，即在一些典型单元电路的基础上，根据被控对象对控制系统的具体要求，不断地修改和完善梯形图。有时需要多次反复调试和修改梯形图，增加很多辅助触点和中间编程元件，最后才能得到一个较为满意的结果。这种设计方法没有规律可遵循，具有很大的试探性和随意性，最后的结果因人而异，不是唯一的。设计所用的时间、设计质量与设计者的经验有很大关系，因此称之为经验设计法。一般可用于较简单的梯形图程序设计。下面先介绍经验设计法中一些常用的基本电路。

7.1.1 起动、保持、停止控制电路

起动、保持、停止控制电路（简称为起保停电路），因为该电路是具有记忆功能的电路，所以在梯形图中应用范围很广，如图 7-1a 所示。

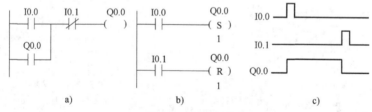

图 7-1 起保停电路

按下起动按钮 I0.0，其常开触点闭合，使 Q0.0 线圈通电，Q0.0 的常开触点闭合自锁，这时即使 I0.0 断开，Q0.0 线圈仍为通电状态。按下停止按钮 I0.1，其常闭触点断开，使 Q0.0 线圈断电，其自锁触点断开，以后即使放开停止按钮，I0.1 常闭触点恢复闭合状态，Q0.0 线圈仍为断电状态。这种记忆功能的电路也可用置位指令 S 和复位指令 R 来实现，其梯形图如图 7-1b 所示，二者的波形图是相同的，如图 7-1c 所示。

7.1.2 电动机正、反转控制电路

图 7-2a 所示为 PLC 的外部硬件接线图。图中 SB1 为正转起动按钮，SB2 为反转起动按钮，SB3 为停止按钮，KM1 为正转接触器，KM2 为反转接触器。实现电动机正、反转功能的梯形图如图 7-2b 所示。该梯形图是由两个起动、保持、停止的梯形图，再加上两者之间

的互锁触点构成的。

应该注意的是：图 7-2 虽然在梯形图中已经有了内部软继电器的互锁触点（Q0.0 与 Q0.1），但在外部硬件输出电路中还必须使用 KM1、KM2 的常闭触点进行互锁。这是因为 PLC 内部软继电器互锁只相差一个扫描周期，而外部硬件接触器触点的断开时间往往大于扫描周期，来不及响应。例如 Q0.0 虽然断开，可能 KM1 的触点还未断开，在没有外部硬件互锁的情况下，KM2 的触点可能接通，引起主电路短路，因此必须采用软硬件的双重互锁。

采用双重互锁，以避免因接触器 KM1 或 KM2 的主触点熔焊引起电动机的主电路短路。

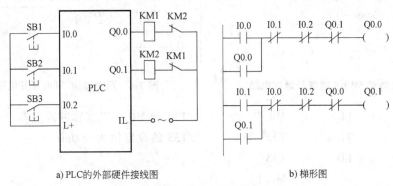

a) PLC的外部硬件接线图　　　　　　　　　　　　b) 梯形图

图 7-2　电动机正、反转控制电路

7.1.3　定时器和计数器的应用电路

S7-200 系列 PLC 的定时器最长的定时时间为 3276.7s，如果需要更长的定时时间，可以使用定时器和计数器组合的长延时电路。

1. 用计数器设计长延时电路

如果需要更长的延时时间，可用计数器和特殊位存储器组成长延时电路，如图 7-3 所示。

图 7-3 中 SM0.4 的常开触点为加计数器 C0 提供周期为 1min 的时钟脉冲。当计数器复位输入 I0.0 断开时，C0 开始计数延时。图 7-3 的延时时间为 30000min。

2. 用定时器设计延时接通/延时断开电路

延时接通/延时断开电路如图 7-4 所示。用 I0.1 控制 Q0.1，当 I0.1 的常开触点闭合时，定时器 T37 开始延时，10s 后 T37 的常开触点闭合，使延时定时器 T38 的线圈通电，T38 的常开触点闭合，使 Q0.1 的线圈通电。当 I0.1 触点断开时，T37 线圈断电，T37 常开触点断开，断开延时定时器 T38 开始延时，8s 后 T38 的延时时间到，其常开触点断开，使 Q0.1 线圈断电。

3. 用定时器与计数器组合的长延时电路

用定时器与计数器组合的长延时电路如图 7-5 所示。当 I0.1 为断开状态时，100ms 定时器 T38 和加计数器 C1 处于复位状态，不能工作。当 I0.1 为接通状态时，其常开触点接通，T38 开始定时，当当前值等于设定值 60s 时，T38 的定时时间到，T38 的常闭触点断开，使它自己复位，复位后 T38 的当前值变为 0，同时 T38 的常开触点闭合，使计数器当前值加 1。当 T38 的常闭触点再次闭合时，又重新使 T38 的线圈通电，又开始定时。T38 一直这样周而复始的工作，直到 I0.1 变为 OFF。由此可知，梯形图的网络 1 是一个脉冲信号发生器电路，脉冲周期等于 T38 的设定值（60s）。这种定时器自复位的电路只能用于 100ms 的定时器，如果需要用 1ms 或 10ms 的定时器来产生周期性的脉冲，应使用下面的程序：

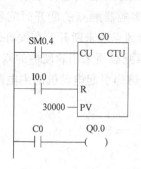

图 7-3　计数器和 SM0.4 组成长延时电路

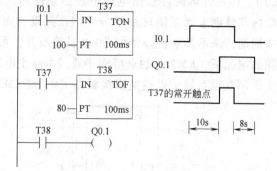

图 7-4　延时接通/延时断开电路

```
LDN      M0.1        //T33 和 M0.1 组成脉冲发生器
TON      T33，600     //T33 的设定值为 600ms
LD       T33
=        M0.1
```

图 7-5 中 T38 产生的脉冲送给 C1 计数，计满 600 个数（即 10h）后，C1 的当前值等于设定值，C1 的常开触点闭合，Q0.1 有输出。设 T38 和 C1 的设定值分别为 K_T 和 K_C，对于 100ms 的定时器，总的定时时间（s）为

$$T = 0.1K_T K_C$$

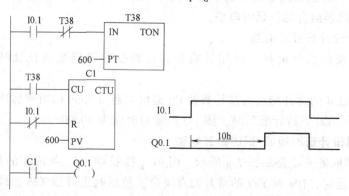

图 7-5　定时器与计数器组合的长延时电路

7.1.4　经验设计法举例

1. 运料小车自动控制系统的梯形图设计

图 7-6a 所示为运料小车系统示意图及 PLC 连接图。图中 SQ1、SQ2 为运料小车左右终点的限位开关。运料小车在 SQ1 处装料，20s 后装料结束，开始右行。当碰到 SQ2 后停下来卸料，15s 后左行，碰到 SQ1 后又停下来装料。这样不停地循环工作，直到按下停止按钮 SB3。按钮 SB1 和 SB2 分别是小车右行和左行的起动按钮。小车控制系统的输入、输出设备与 PLC 的 I/O 端对应连接关系如图 7-6b 所示。

采用经验设计法对小车控制系统梯形图程序的设计过程是：由于小车右行和左行互为联锁关系，不能同时进行，与电动机正反转控制梯形图一样，因此利用正反转梯形图先画出控制小车左、右行的梯形图。另外用两个位置开关 SQ1（I0.3）、SQ2（I0.4）的常开触点分别接通装料、卸料输出（Q0.2、Q0.3）及装料、卸料时间的定时器（T37、T38），如图 7-7a所示。在此基础上为了使小车到达装料、卸料位置能自动停止左行、右行，将 I0.3 和 I0.4 的常闭触点分别串入 Q0.1（左行）和 Q0.0（右行）的线圈电路中；为了使小车在装料、卸料结束后能自行起动右行、左行，将控制装、卸料时间的定时器 T37 和 T38 的常开触点分别与手动起动右行和左行的 I0.0 和 I0.1 的常开触点并联，最后可得出图 7-7b 所示的梯形图。

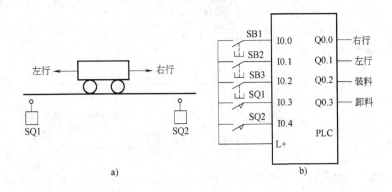

图 7-6　运料小车系统示意图及 PLC 连接图

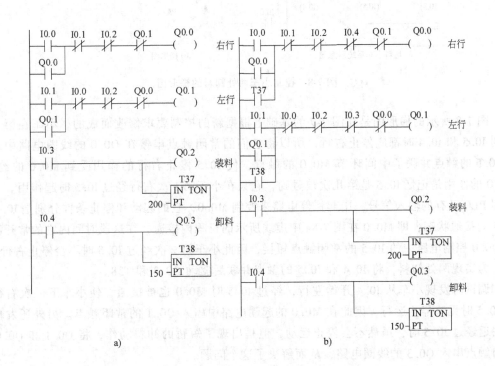

图 7-7　运料小车控制系统的梯形图程序

2. 小车两处卸料的自动控制梯形图的设计

在图 7-8 中，小车在 I0.3 处装料，并在 I0.5 和 I0.4 处轮流卸料。小车在一次循环中的两次右行都要碰到 I0.5，第 1 次碰到它时停下卸料，第 2 次碰到它时继续前进，因此应设置一个具有记忆功能的编程元件，区分是第 1 次还是第 2 次碰到 I0.5。

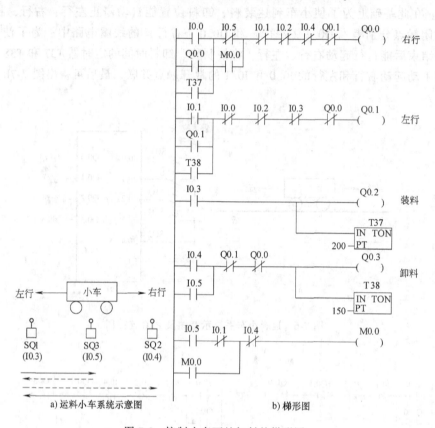

图 7-8　控制小车两处卸料的梯形图

图 7-8 所示的梯形图是在图 7-7 的基础上根据新的控制要求修改而成的。小车在第 1 次碰到 I0.5 和 I0.4 时都应停止右行，所以将它们的常闭触点串接在 Q0.0 的线圈电路中。其中 I0.5 的触点并联了中间环节 M0.0 的触点，使 I0.5 停止右行的作用受到 M0.0 的约束，M0.0 的作用是记忆 I0.5 是第几次被碰到，它只在小车第 1 次右行经过 I0.5 时起作用。为了利用 PLC 已有的输入信号，用起保停电路来控制 M0.0，它的起动和停止条件分别是 I0.5 和 I0.4 为接通状态，即 M0.0 在图 7-8a 中虚线所示的行程内接通，在这段时间内它的常开触点将 Q0.0 控制电路中的 I0.5 的常闭触点短接，因此小车第 2 次经过 I0.5 时不会停止右行。

为实现两处卸料，将 I0.4 和 I0.5 的触点并联后驱动 Q0.3 和 T38。

调试时发现小车从 I0.4 开始左行，经过 I0.5 时 M0.0 也被接通，使小车下一次右行到达 I0.5 时无法停止运行，因此在 M0.0 的起动电路中串入 Q0.1 的常闭触点。另外还发现小车往返经过 I0.5 时，虽然不会停止运动，但是出现了短暂的卸料动作，将 Q0.1 和 Q0.0 的常闭触点串入 Q0.3 的线圈电路，从而解决了这个问题。

从以上两个设计过程可知，用经验设计法设计比较麻烦，设计周期长且设计出的梯形图可读性差。所以这种方法只能用来设计一些简单的程序或复杂系统的某一局部程序（如手动程序等）。

3. 常闭触点输入信号的处理

前面在介绍梯形图的设计方法时，都是假设输入的数字量信号均由外部常开触点提供，如停止按钮本应是接常闭触点，而实际上在 PLC 的输入端子上是接的常开触点（如图 7-6 中的停止按钮 SB3 所示）。若接成常闭触点，此时 I0.2 为 ON，梯形图中 I0.2 的常闭触点断开，当按下右行或左行起动按钮 I0.0 或 I0.1 时，右行或左行 Q0.0 或 Q0.1 都不会通电工作。只有在输入端 SB3 接常开触点，I0.2 为 OFF，其梯形图中的 I0.2 触点才是闭合状态，当按下右行或左行起动按钮 I0.0 或 I0.1 时，右行或左行 Q0.0 或 Q0.1 才会通电工作。

为了使梯形图与继电器电路图中触点的类型相同，建议尽可能地用常开触点作为 PLC 的输入信号。如果某些信号只能用常闭触点输入（如热继电器），可以将输入全部作为常开触点来设计梯形图，这样可以将继电器电路图直接"翻译"成梯形图。然后将梯形图中外接常闭触点的输入位的触点改为相反的触点，即常开触点改为常闭触点，常闭触点改为常开触点。

7.2　根据继电器电路图设计梯形图的方法

根据继电器电路图设计梯形图的方法也称为改型设计法（或移植法）。由于 PLC 使用的梯形图语言与继电器电路图极为相似，因此根据继电器电路图来设计梯形图是一条捷径。这是因为原有的继电器电路图控制系统经过长期的使用和考验，已经被证明完全能实现系统的控制功能。因此将继电器电路图"翻译"成梯形图，即用 PLC 的外部硬件接线图和梯形图程序可实现继电器系统功能。

这种设计方法一般不需要改动控制面板，保持了系统原有的外部特性，操作人员不用改变长期形成的操作习惯。

7.2.1　改型设计法

1. 改型设计法的步骤

将继电器电路图转换为功能相同的 PLC 梯形图和外部接线图的方法步骤如下。

1）了解被控设备的机械动作和工艺过程，分析并掌握继电器电路图和控制系统的工作原理，只有这样才能在设计和调试控制系统过程中做到心中有数。

2）确定 PLC 的输入信号和输出负载，确定对应梯形图中的输入和输出位的地址，从而画出 PLC 的 I/O 外部接线图。

3）确定继电器电路图中有多少中间继电器、时间继电器，从而确定对应梯形图中的位存储器和定时器的地址。这样就建立了继电器电路图中的元件和梯形图中编程元件之间的地址对应关系。

4）根据上述的对应关系绘制出梯形图。

2. 改型设计法举例

图 7-9 所示为某三速异步电动机起动与自动加速的继电器控制电路图，继电器电路图中

的交流接触器和电磁阀等执行机构若用 PLC 的输出位来控制，则其线圈应接在 PLC 的输出端。按钮、控制开关、限位开关等用来给 PLC 提供输入信号和反馈信号，其触点应接在 PLC 的输入端，一般使用常开触点。继电器电路图中的中间继电器和时间继电器（如图 7-9 中的 KA、KT1 和 KT2），用 PLC 内部的位存储器和定时器来代替。

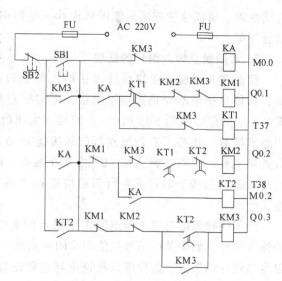

图 7-9　三速异步电动机起动与自动加速的继电器控制电路图

图 7-9 中左边的时间继电器 KT2 的触点为瞬动触点，该触点在 KT2 的线圈通电的瞬间闭合，而 PLC 内部的定时器不能完成此功能，所以在梯形图中，采用在 KT2 对应的 T38 功能块的两端并联 M0.2 的线圈，用 M0.2 的常开触点来模拟 KT2 的瞬动触点。这样就完全符合继电器电路图中的控制功能。图 7-10a 为 PLC 外部 I/O 接线图，图 7-10b 为对应梯形图。

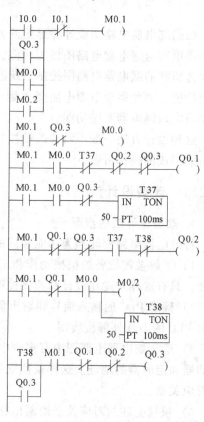

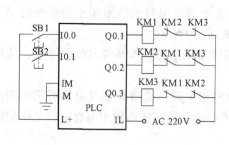

a) PLC外部I/O接线图

b) 梯形图

图 7-10　三速异步电动机起动与自动加速的 PLC 外部 I/O 接线图和梯形图

7.2.2　设计注意事项

根据继电器电路图设计 PLC 的外部接线图和梯形图时应注意以下问题。

1. 应遵守梯形图语言中的语法规定

在继电器电路图中，触点可以放在线圈的左边或右边，但在梯形图中，线圈必须放在右边，在线圈的右边不允许出现触点。

对于图 7-9 中控制 KM1 和 KT1 线圈这样的电路，即两条包含触点和线圈的串联电路组成的并联电路，若用语句表编程，需使用逻辑入栈、逻辑读栈和逻辑出栈指令。若将各线圈的控制电路分开来设计，如图 7-10b 所示，可以避免使用栈指令。

2. 设计中间单元

在梯形图中，若多个线圈均受某一触点串并联电路的控制，为了简化电路，在梯形图中可以设置用该电路控制的位存储器（如图 7-10 中的 M0.1），它类似于继电器电路中的中间继电器。

3. 尽量减少 PLC 的输入和输出信号

PLC 的价格与 I/O 点数的多少有关，每一个输入和输出信号分别要占用一个输入和一个输出点，因此减少输入和输出信号的点数是降低硬件费用的主要措施。

在继电器电路图中，若几个输入器件的触点的串并联电路总是作为一个整体出现，可以将它们作为 PLC 的一个输入信号，只占 PLC 的一个输入点。

热继电器的触点在电路图中只出现一次，并且与 PLC 输出端的负载串联，就不必将它们作为 PLC 的输入信号，可以将它们放在 PLC 外部的输出回路，仍与相应的外部负载串联。某些相对独立且比较简单的电路，也可不用 PLC 控制，采用继电器电路控制，这样也可减少 PLC 的输入点和输出点。

4. 设置外部联锁电路

为了防止正反转电路的 2 个接触器同时动作而造成三相电源短路，需在 PLC 外部设置硬件联锁电路。图 7-10 中的 KM1~KM3 的线圈不能同时通电，除了在梯形图中设置软继电器联锁以外，还在 PLC 外部设置了硬件联锁电路，如图 7-10a 所示。

5. 梯形图的优化设计

为减少语句表指令的指令条数，在每一逻辑行中，串联触点多的支路应放在上方，并联触点多的支路应放在左边，否则程序会变长。

6. 外部负载的额定电压

PLC 的继电器输出模块和双向晶闸管输出模块只能驱动额定电压最高 AC 220V 的负载，若系统原来的交流接触器线圈电压为 380V，应将线圈换成 220V 的，或设置外部中间继电器。

7.3　顺序控制设计法与顺序功能图的绘制

由以上分析可知，用经验设计法设计梯形图时，没有一套固定的方法和步骤可以遵循，具有很大的试探性和随意性，对于不同的控制系统，没有一种通用的容易掌握的设计方法。因此在复杂的控制系统中一般采用顺序设计法设计。

7.3.1　顺序控制设计法

所谓顺序控制设计法，就是按照生产工艺预先规定的顺序，在各个输入信号的作用下，根据内部状态和时间的顺序，在生产过程中各个执行机构自动有秩序地进行操作。使用顺序控制设计法时首先根据系统的工艺过程，画出顺序功能图，再根据顺序功能图画出梯形图。

顺序功能图是描述控制系统的控制过程、功能和特性的一种图形，也是设计 PLC 的顺序控制程序的有力工具。顺序功能图并不涉及所描述的控制功能的具体技术，是一种通用的技术语言，可以供不同专业人员之间进行讨论和技术交流之用。

在 IEC 的 PLC 编程语言标准中，顺序功能图被定为 PLC 首选的编程语言。我国也在 1986 年颁布了顺序功能图的国家标准。

7.3.2　顺序功能图的组成

顺序功能图是一种用于描述顺序控制系统控制过程的一种图形。它具有简单、直观等特点，是设计 PLC 顺序控制程序的有力工具。它主要由步、初始步、转换、转换条件、有向连线和动作组成。

1. 步

顺序控制设计法最基本的思想是将系统的一个工作周期划分为若干个顺序相连的阶段，这些分阶段称为步（Step），并用编程元件（例如位存储器和顺序控制继电器）来代表各步。步是根据输出量的状态变化来划分的。在任何一步之内，各输出量 ON/OFF 状态不变，但是相邻两步输出量的状态是不同的。步的这种划分方法使代表各步的编程元件的状态与各输出量的状态之间有着极为简单的逻辑关系。顺序设计法用转换条件控制代表各步的编程元件，让它们的状态按一定的顺序变化，然后用代表各步的编程元件去控制 PLC 的各输出位。

步是控制过程中的一个特定状态，用矩形方框表示。方框中可以用数字表示该步的编号，也可以用代表该步的编程元件（如 M0.0、M0.1 等）的地址作为步的编号。

2. 初始步

初始步表示一个控制系统的初始状态，没有具体要完成的动作。每一个顺序功能图至少应该有一个初始步，初始步用双矩形方框表示。

3. 转换与转换条件

转换用与有向连线垂直的短划线来表示，转换将相邻两步分隔开。步的活动状态的进展是由转换的实现来完成的，并与过程的进展相对应。

使系统由当前步进入下一步的信号称为转换条件（即转换旁边的符号表示转换的条件），转换条件可以是外部的输入信号，如按钮、主令开关、限位开关的接通/断开等；也可以是 PLC 内部产生的信号，如定时器、计数器常开触点的接通等；还可能是若干个信号的与、或、非逻辑组合。

4. 有向连线

步与步之间用有向连线连接，在有向连线上用一个或多个小短线表示一个或多个转换。当条件得到满足时，转换得以实现，即上一步的动作结束而下一步的动作开始，因此不会出现步的动作重叠。当系统正处于某一步时，把该步称为活动步。为了确保控制严格地按照顺序执行，步与步之间必须要用转换条件分隔。顺序功能图的表示方法如图 7-11 所示。

5. 动作

动作用矩形框中的文字或符号表示，该矩形框应与相应步的符号相连。若某一步有几个动作时，其表示方法如图 7-12 所示，这两种表示方法并不隐含这些动作之间的任何顺序。设计梯形图时，应注意各存储器是存储型的还是非存储型的。对于存储型的存储器，当该步为活动步时，它执行右边方框的动作，为不活动步时，它仍然执行右边方框的动作；而对于非存储型的存储器，当该步为活动步时，它执行右边方框的动作，为不活动步时，它不执行右边方框的动作。

6. 活动步

当系统正处于某一步所在的阶段时，该步处于活动状态，称该步为活动步。步处于活动状态时，相应的动作被执行；处于不活动步时，相应的非存储型的动作被停止执行。

图 7-11　顺序功能图　　　　　　　图 7-12　动作

7. 顺序功能图的设计举例

图 7-13 所示为某组合机床动力头进给运动示意图和顺序功能图。设动力头在初始状态时停在左边，限位开关 I0.1 为 ON。当按下起动按钮 I0.0 后，Q0.0 和 Q0.1 为 1 状态，动力头向右快速进给（简称快进），当碰到退位开关 I0.2 时变为工作进给（简称工进），Q0.0 为 1 状态，碰到限位开关 I0.3 后，暂停 10s。10s 后 Q0.2 和 Q0.3 为 1 状态。工作台快速退回（简称快退），返回到初始位置后停止运动。

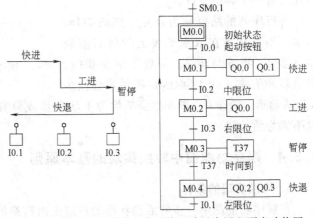

图 7-13　某组合机床动力头进给运动示意图和顺序功能图

7.3.3　顺序功能图的基本结构

根据步与步之间进展的不同情况，顺序功能图有以下 3 种结构。

1. 单序列

单序列是由一系列相继激活的步组成，每一步的后面仅有一个转换，每一个转换的后面只有一个步，如图 7-14a 所示。

2. 选择序列

一个活动步之后，紧接着有几个后续步可供选择的结构形式称为选择序列。选择序列的各个分支都有各自的转换条件，转换条件只能标在水平线之内，选择序列的开始称为分支，选择序列的结束称为分支的合并，如图7-14b所示。当步1为活动步时，后面出现了3条支路供其选择，若转换条件I0.1先满足（为1），则按步1→2→3→8的路线进展。若转换条件I0.4先满足，则按步1→4→5→8的路线进展。若转换条件I0.7先满足，则按步1→6→7→8的路线进展。一般只允许选择一个序列。

3. 并行序列

当转换的实现导致几个分支同时激活时，采用并行序列。并行序列的开始称为分支。如图7-14c所示，当步2为活动步时，并且转换条件I0.1满足，同时将步3、步5和步7变为活动步，将步2变为不活动步。为了表示转换的同步实现，水平连线用双水平线表示。步3、步5和步7被同时激活后，每个序列中活动步的进展是独立的。转换条件只能标在双水平线之外，且只允许有一个转换条件。

并行序列的结束称为合并。如图7-14c所示，当直接连在双水平线上的所有前级步（步4、步6与步7）均处于活动步时，并且转换条件（I0.4为ON）满足才会使步

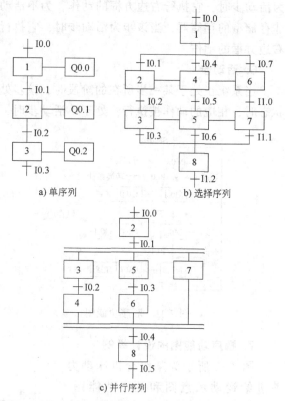

a) 单序列　　b) 选择序列

c) 并行序列

图7-14　单序列、选择序列与并行序列

8为活动步。若步4、步6与步7均为不活动步或只有一个（如步4）为活动步时，则步8也不能为活动步。

7.3.4 顺序功能图中转换实现的基本原则

1. 转换实现的条件

在顺序功能图中，步的活动状态的进展是由转换的实现来完成的，转换的实现必须同时满足两个条件。

1）该转换所有的前级步均是活动步。

2）相应的转换条件得到满足。

这两个条件是缺一不可的。

2. 转换实现应完成的操作

转换实现应完成两个操作。

1）使所有由有向连线与相应转换条件相连的后续步都变为活动步。

2）使所有由有向连线与相应转换条件相连的前级步都变为不活动步。

转换实现的基本原则是根据顺序功能图设计梯形图的基础，它适用于顺序功能图中的各种基本结构和第 7 章中将要介绍的各种顺序控制梯形图的编程方法。

3. 绘制顺序功能图时的注意事项

1）步与步之间绝对不能直接相连，必须用转换将它们隔开。

2）转换与转换之间也不能直接相连，必须用步将它们隔开。这两条可以作为检查顺序功能图是否正确的依据。

3）顺序功能图中的初始步一般对应于系统的初始状态，这一步没有输出，所以初学者绘制功能图时很容易遗漏这一步。初始步是必不可少的，如果没有该步，无法表示初始状态，系统也无法返回等待起动的停止状态。

4. 顺序控制设计法的本质

经验设计法是用输入信号直接控制输出信号，如图 7-15a 所示，若无法直接控制，只好被动的增加一些辅助元件或辅助触点。由于不同系统的输出量与输入量之间的关系各不相同，以及它们对联锁、互锁的要求千变万化，不可能找出一种最简单通用的设计方法。

顺序控制设计法则是用输入信号控制代表各步的编程元件（M 或 S），再用 M（或 S）去控制输出信号，如图 7-15b 所示。因为步是根据输出信号划分的，而 M 与输出量之间又仅有很简单的"与"或相等的逻辑关系，所以输出电路的设计很简单。

由上分析可知，顺序控制设计法具有简单、规范、通用的优点，用这种方法基本上解决了经验设计法中记忆、联锁等问题。任何复杂的控制系统均可以采用顺序控制设计法来设计，该方法很容易被掌握。

5. 复杂的顺序功能图的设计举例

图 7-16a 是某专用钻床顺序控制系统的结构示意图，该钻床用两只钻头同时钻两个孔。开始之前两个钻头在最上面，上限位开关 I0.0 和 I0.2 为 ON。操作人员按下起动按钮 I1.0，工件被夹紧，夹紧后两只钻头同时开始下钻，钻到由下限位开关 I0.1 和 I0.3 设定的深度时分别上行，上行到由限位开关 I0.0 和 I0.2 设定的起始位置时分别停止上行。两个钻头都到位后，工件被松开。松开到位后，加工结束，系统返回到初始状态。

该系统的顺序功能图用存储器 M0.0 ~ M1.0 代表各步，两只钻头和各自的限位开关组成了两个子系统，这两个子系统在钻孔过程中同时工作，因此采用并行序列，如图 7-16b 所示。

图 7-15 经验设计法与顺序控制设计法的区别

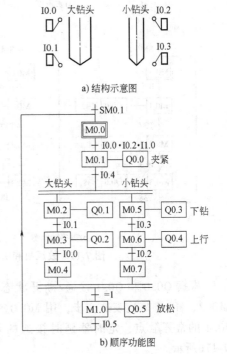

a) 结构示意图

b) 顺序功能图

图 7-16 专用钻床顺序控制系统的结构示意图与顺序功能图

7.4　顺序控制设计法中梯形图的编程方法

7.4.1　使用起保停电路的顺序控制梯形图的编程方法

根据顺序功能图设计梯形图时，可以用位存储器来代表各步。当某一步为活动步时，对应的存储器位为1状态，当某一转换条件满足时，该转换的后续步变为活动步，而前级步变为不活动步。

1. 单序列的编程方法

图7-17a中的波形图给出了锅炉鼓风机和引风机的控制要求。当按下起动按钮I0.0后，应先开引风机，延时15s后再开鼓风机。按下停止按钮I0.1后，应先停鼓风机，20s后再停引风机。

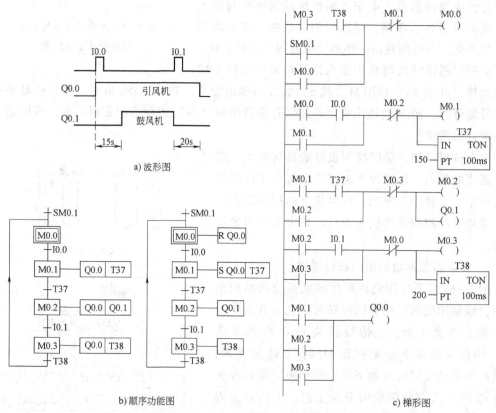

图7-17　鼓风机和引风机的波形图、顺序功能图和梯形图

根据Q0.0和Q0.1接通/断开状态的变化，其工作期间可以分为3步，分别用M0.1、M0.2、M0.3来代表这3步，用M0.0来代表等待起动的初始步。起动按钮I0.0，停止按钮I0.1的常开触点、定时器延时接通的常开触点为各步之间的转换条件，顺序功能图如图7-17b所示。

设计起保停电路的关键是要找出它的起动条件和停止条件。根据转换实现的基本规则，转换实现的条件是它的前级步应为活动步，并且满足相应的转换条件。步M0.1变为活动步的条件是步 M0.0 应为活动步，且转换条件 I0.0 为 1 状态。在起保停电路中，则应将代表前级步的 M0.0 的常开触点和代表转换条件的 I0.0 的常开触点串联后，作为控制 M0.1 的起动电路。

当 M0.1 和 T37 的常开触点均闭合时，步 M0.2 变为活动步，这时步 M0.1 应变为不活动步，因此可以将 M0.2 为 1 状态作为使存储器位 M0.1 变为断开的条件，即将 M0.2 的常闭触点与 M0.1 的线圈串联。上述的逻辑关系可以用逻辑代数式表示为

$$M0.1 = (M0.0 \times I0.0 + M0.1) \times \overline{M0.2}$$

在这个例子中，可以用 T37 的常闭触点代替 M0.2 的常闭触点。但是当转换条件由多个信号经与、或、非逻辑运算组合而成时，需将它的逻辑表达式求反，再将对应的触点串并联电路作为起保停电路的停止电路，这样做不如使用后续步对应的常闭触点简单方便。

根据上述的编程方法和顺序功能图，很容易画出梯形图。以初始步 M0.0 为例，由顺序功能图可知，M0.3 是它的前级步，两者之间的转换条件为 T38 的常开触点。所以应将 M0.3 和 T38 的常开触点串联，作为 M0.0 的起动电路。PLC 开始运行时应将 M0.0 置为 1，否则系统无法工作，所以将 PLC 的特殊继电器 SM0.1（仅在第 1 个扫描周期接通）常开触点与激活 M0.0 的条件并联。为了保证活动状态能持续到下一步活动为止，还加上 M0.0 的自保持触点。后续步 M0.1 的常闭触点与 M0.0 的线圈串联，M0.1 为 1 状态时，M0.0 的线圈断电，初始步变为不活动步。M0.1、M0.2、M0.3 的电路也是一样，请自行分析。

下面介绍梯形图的输出电路设计方法。由于步是根据输出变量的状态变化来划分的，它们之间的关系极为简单，可以分为两种情况来处理。

当某一输出量仅在某一步中为接通状态时，例如图 7-17 中的 Q0.1 就属于这种情况，可以将它的线圈与对应步的位存储器 M0.2 的线圈并联。

也许会有人认为，既然如此，不如用这些输出来代表该步，例如用 Q0.1 代替 M0.2，当然这样做可以节省一些编程元件，但是位存储器是完全够用的，多用一些不会增加硬件费用，在设计和输入程序时也多花不了多少时间。全部用位存储器来代表步具有概念清楚、编程规范、梯形图易于阅读和查错的优点。

当某一输出量在几步中都为接通状态时，应将代表各有关步的位存储器的常开触点并联后，驱动该输出的线圈。图 7-17 中 Q0.0 在 M0.1~M0.3 这 3 步中均应工作，所以用 M0.1~M0.3 的常开触点组成的并联电路来驱动 Q0.0 的线圈。

如果某些输出量像 Q0.0 一样，在连续的若干步均为 1 状态，也可以用置位、复位指令来控制它们，如图 7-17c 所示。

2. 选择序列的编程方法

（1）选择序列分支开始的编程方法　图 7-18 中步 M0.0 之后有 1 个选择序列的分支开始，设 M0.0 为活动步时，后面有两条支路供选择，若转换条件 I0.0 先满足，则后续步 M0.1 将变为活动步，而 M0.0 变为不活动步；若转换条件 I0.2 先满足，则后续步 M0.2 将变为活动步，而 M0.0 变为不活动步。在编程时应将 M0.1 和 M0.2 的常闭触点与 M0.0 的线圈串联，作为步 M0.0 的结束条件。

若某一步的后面有一个由 N 条分支组成的选择序列，该步可能要转换到某一条支路去，这时应将这 N 条支路的后续步对应的存储器位的常闭触点与该步的线圈串联，作为该步的结束条件。

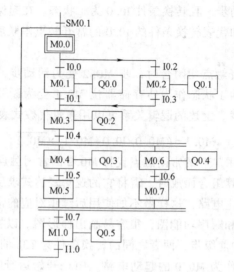

a) 顺序功能图

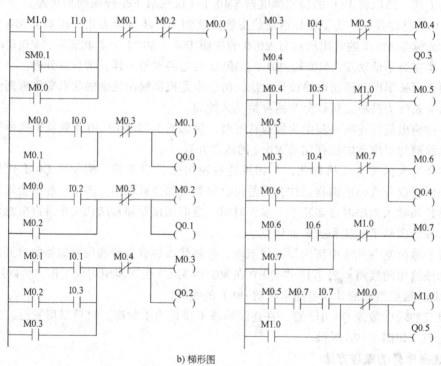

b) 梯形图

图 7-18　选择序列与并行序列的顺序功能图与梯形图

（2）选择序列分支合并的编程方法　图 7-18 中，步 M0.3 之前有一个选择序列分支的合并。当步 M0.1 为活动步，且转换条件 I0.1 满足；或 M0.2 为活动步，且转换条件 I0.3 满足时，步 M0.3 都将变为活动步，故步 M0.3 的起保停电路的起始条件应为 M0.1×I0.1+M0.2×I0.3，对应的起动电路由两条并联支路组成，每条支路分别由 M0.1×I0.1 或 M0.2×I0.3 的常开触点串联而成。

对于某一步之前有 N 个转换，即有 N 条分支进入该步，则控制该步的位存储器的起保停电路的起动电路由 N 条支路并联而成，各支路由某一前级步对应的存储器位的常开触点与相应转换条件对应的触点串联而成。

（3）仅有两步的闭环的处理 如果在顺序功能图中存在仅由两步组成的小闭环，如图 7-19a 所示，用起保停电路设计梯形图时不能正常工作。例如 M0.2 和 I0.2 均为 1 时，M0.3 的起动电路接通，但是这时与 M0.3 的线圈串联的 M0.2 的常闭触点却是断开的，所以 M0.3 的线圈不能通电。出现上述问题的根本原因在于步 M0.2 既是步 M0.3 的前级步，又是它的后续步。如果在小闭环中增设一步就可以解决这一问题，如图 7-19b 所示，这一步只起延时作用，延时时间可以取得很短（如 0.1s），对系统的运行不会有什么影响。图 7-19a 对应的梯形图如图 7-19c 所示。

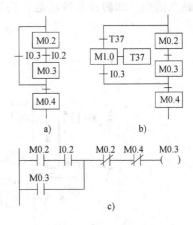

图 7-19　仅有两步的闭环的处理

3. 并行序列的编程方法

（1）并行序列分支开始的编程方法　图 7-18 中步 M0.3 之后有一个并行序列的分支，当步 M0.3 为活动步并且转换条件 I0.4 满足时，步 M0.4 与步 M0.6 应同时变为活动步，这是用 M0.3 和 I0.4 的常开触点组成的串联电路分别作为 M0.4 和 M0.6 的起动电路来实现的；与此同时，步 M0.3 应变为不活动步。由于步 M0.4 和步 M0.6 是同时变为活动步的，所以只需将 M0.4 或 M0.6 的常闭触点与 M0.3 的线圈串联，作为步 M0.3 的结束条件。

（2）并行序列分支合并的编程方法　图 7-18 中步 M1.0 之前有一个并行序列的合并，当所有的前级步（即 M0.5 和 M0.7）都是活动步和转换条件 I0.7 满足就可以使步 M1.0 为活动步。由此可知，应将 M0.5、M0.7 和 I0.7 的常开触点串联，作为控制 M1.0 的起保停电路的起动电路。

任何复杂的顺序功能图都是由单序列、选择序列和并行序列组成的，掌握了单序列的编程方法，选择序列和并行序列的分支开始、分支合并的编程方法后，就不难迅速地设计出任意复杂的顺序功能图所描述的数字量控制系统的梯形图。

4. 应用设计举例

图 7-20a 是某剪板机的示意图，开始时压钳和剪刀在上限位置，限位开关 I0.0 和 I0.1 均为 ON。按下起动按钮 I1.0，工作过程为：首先板料右行（Q0.0 为 ON）至限位开关 I0.3 动作，然后压钳下行（Q0.1 为 ON 并保持），压紧板料后，压力继电器 I0.4 为 ON，压钳保持压紧，剪刀开始下行（Q0.2 为 ON）。剪断板料后，I0.2 为 ON，压钳和剪刀同时上行（Q0.3 和 Q0.4 为 ON，Q0.1 和 Q0.2 为 OFF），它们分别碰到限位开关 I0.0 和 I0.1 后，分别停止上行，都停止后，又开始下一周期的工作，当剪完 20 块板料后停止工作并停在初始状态。

根据以上控制要求设计的顺序功能图如图 7-20b 所示。图中有选择序列、并行序列的分支开始与分支合并。用 M0.0～M0.7 代表各步，步 M0.0 是初始步，用来复位计数器 C0。加计数器 C0 是用来控制剪料的次数，每次工作循环 C0 的当前值在步 M0.7 上加 1。没有减完

20 块料时，C0 的当前值小于设定值 20，其 C0 常闭触点闭合，即转换条件满足，将返回步 M0.1，重新开始下一周期的工作。当剪完 20 块板料后，C0 的当前值等于设定值 20，C0 常开触点闭合，即转换条件满足，将返回到初始步 M0.0，等待下一次起动信号。这是一个选

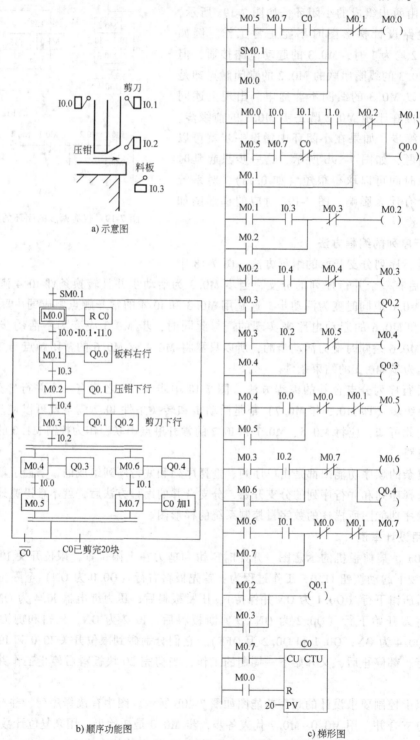

图 7-20 剪板机的示意图、顺序功能图与梯形图

择序列的分支，其编程方法如图 7-20c 中的 M0.0 与 M0.1 所示。

当 M0.3 步为活动步时，且剪刀下行到位，I0.2 条件满足，同时使步 M0.4 与步 M0.6 为活动步，使压钳和剪刀同时上行，这是一个并行序列的分支开始，用 M0.3×I0.2 的常开触点串联作为步 M0.4 与步 M0.6 的起动条件。当 M0.4、M0.6 均为活动步时，则步 M0.3 变为不活动步，所以用 M0.4 或 M0.6 的常闭触点与 M0.3 的线圈串联，作为关断 M0.3 线圈的条件。

步 M0.5 和步 M0.7 是等待步，不执行任何动作，只是用来同时结束两个子序列，这是并行序列的合并。即只要步 M0.5 和步 M0.7 都是活动步时，转换条件满足（C0 常开或常闭动作），就会实现步 M0.5、步 M0.7 到步 M0.0 或步 M0.1 的转换。当步 M0.0 或步 M0.1 变为活动步时，步 M0.5、步 M0.7 同时变为不活动步，所以用 M0.0 与 M0.1 的常闭触点串联再与 M0.5 线圈或 M0.7 线圈串联，作为两者的关断信号。

根据顺序功能图设计的梯形图如图 7-20c 所示。

7.4.2　以转换为中心的顺序控制梯形图的编程方法

在顺序功能图中，如果某一转换所有的前级步都是活动步并且满足相应的转换条件，则转换实现。即所有由有向连线与相应转换条件相连的后续步都变为活动步，而所有由有向连线与相应转换条件相连的前级步都变为不活动步。在以转换为中心的编程方法中，将该转换所有前级步对应的位存储器的常开触点与转换条件对应的触点串联，作为使所有后续步对应的位存储器置位（使用 S 指令）和使所有前级步对应的位存储器复位（使用 R 指令）的条件。在任何情况下，代表步的位存储器的控制电路都可以用这一原则来设计，每一个转换对应一个这样的控制置位和复位的电路块，有多少个转换就有多少个这样的电路块。这种设计方法特别有规律，梯形图与转换实现的基本原则之间有着严格的对应关系，在设计复杂的顺序功能图的梯形图时该方法既容易掌握，又不容易出错。

1. 单序列的编程方法

仍以图 7-17 鼓风机和引风机的顺序功能图为例来介绍以转换为中心的顺序控制梯形图的编程方法，其梯形图如图 7-21 所示。

若实现图中 M0.1 对应的转换，需要同时满足两个条件，即该转换的前级步 M0.0 是活动步和转换条件 I0.0 满足。在梯形图中，就可以用 M0.0 和 I0.0 的常开触点组成的串联电路来表示上述条件。该电路接通时，两个条件同时满足，此时应将该转换的后续步变为活动步（用置位指令将 M0.1 置位）和将该转换的前级步变为不活动步（用复位指令将 M0.0 复位），这种编程方法与转换实现的基本原则之间有着严格的对应关系，用该方法编制复杂的顺序功能图的梯形图时，更能显示出其优越性。

使用这种编程方法时，不能将输出继电器、定时器、计数器的线圈与置位指令和复位指令并联，这是因为图 7-21 中前级步和转换条件对应的串联电路接通的时间是相当短的（只有一个扫描周期），转换条件满足后前级步马上被复位，该串联电路断开，而输出继电器的线圈至少应该在某一步对应的全部时间内被接通。所以应根据顺序功能图，用代表步的位存储器的常开触点或它们的并联电路来驱动输出存储器线圈。

2. 选择序列的编程方法

如果某一转换与并行序列的分支、合并无关，它的前级步和后续步都只有一个，需要复

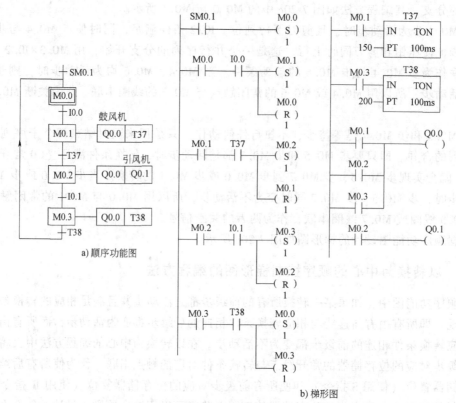

a) 顺序功能图

b) 梯形图

图 7-21　鼓风机和引风机的顺序功能图与梯形图

位、置位的存储器位也只有一个，因此对选择序列的分支与合并的编程方法实际上与对单序列的编程方法完全相同。仍以图 7-17 所示的顺序功能图为例分析选择序列的编程方法。

在图 7-18 中，除了 M0.4 与 M0.6 对应的转换以外，其余的转换均与并行序列无关，I0.0~I0.2 对应的转换与选择序列的分支、合并有关，它们都只有一个前级步和一个后续步。与并行序列无关的转换对应的梯形图是非常标准的，每一个控制置位、复位的电路块都由前级步对应的位存储器和转换条件对应的触点组成的串联电路、一条置位指令和一条复位指令组成。图 7-22（对应图 7-18）是以转换条件为中心的编程方式的梯形图。

3. 并行序列的编程方法

图 7-18 中步 M0.3 之后有一个并行序列的分支，当 M0.3 是活动步，并且转换条件 I0.4 满足时，步 M0.4 与步 M0.6 应同时变为活动步，这是用 M0.3 和 I0.4 的常开触点组成的串联电路使 M0.4 和 M0.6 同时置位来实现的；与此同时，步 M0.3 应变为不活动步，这是用复位指令来实现的。

I0.7 对应的转换之前有一个并行序列的合并，该转换实现的条件是所有的前级步（即步 M0.5 和 M0.7）都是活动步和转换条件 I0.7 满足。由此可知，应将 M0.5、M0.7 和 I0.7 的常开触点串联，作为使 M1.0 置位和使 M0.5、M0.7 复位的条件。

图 7-23 中转换的上面是并行序列的合并，转换的下面是并行序列的分支，该转换实现的条件是所有的前级步（即步 M2.0 和 M2.1）都是活动步和转换条件 $\overline{I0.1}$+I0.2 满足，因此应将 M2.0、M2.1、I0.2 的常开触点与 I0.1 的常闭触点组成的串并联电路，作为使 M2.2、

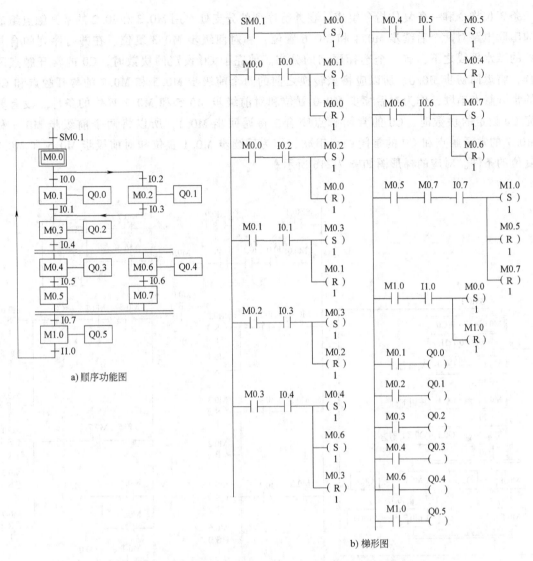

a) 顺序功能图

b) 梯形图

图 7-22　选择序列与并行序列的顺序功能图和梯形图

M2.3 置位和使 M2.0、M2.1 复位的条件。

4. 应用设计举例

图 7-24a 为剪板机的顺序功能图，用以转换条件为中心编程方法绘制梯形图程序。顺序功能图中共有 9 个转换（包括 SM0.1），转换条件 SM0.1 只需对初始步 M0.0 置位。除了与并行序列的分支、合并有关的转换以外，其余的转换都只有一个前级步和一个后级步，对应的电路块均由代表转换实现的两个条件的触点组成串联电路、

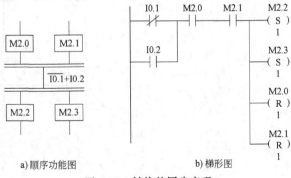

a) 顺序功能图

b) 梯形图

图 7-23　转换的同步实现

一条置位指令和一条复位指令组成。在并行序列的分支处，用 M0.3 和 I0.2 的常开触点组成的串联电路对两个后续步 M0.4 和 M0.6 置位，和对前级步 M0.3 复位。在并行序列的合并处的双水平线之下，有一个选择序列的分支。剪完了 C0 设定的块数时，C0 的常开触点闭合，将返回初步 M0.0。所以应将该转换之前的两个前级步 M0.5 和 M0.7 的常开触点和 C0 的常开触点串联，作为对后续步 M0.0 置位和对前级步 M0.5 和 M0.7 复位的条件。没有剪完 C0 设定的块数时，C0 的常闭触点闭合，将返回步 M0.1，所以将两个前级步 M0.5 和 M0.7 的常开触点和 C0 的常闭触点串联，作为后续步 M0.1 置位和对前级步 M0.5 和 M0.7 复位的条件。对应的梯形图如图 7-24b 所示。

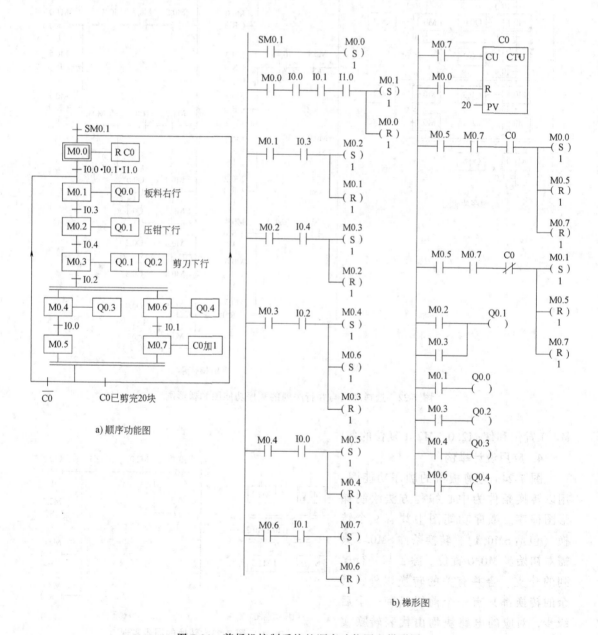

图 7-24 剪板机控制系统的顺序功能图和梯形图

7.4.3 使用 SCR 指令的顺序控制梯形图的编程方法

1. 顺序控制继电器指令

S7-200 系列 PLC 中的顺序控制继电器专门用于顺序控制程序。顺序控制程序被顺序控制继电器指令划分为 LSCR 与 SCRE 指令之间的若干个 SCR 段，一个 SCR 段对应于顺序功能图中的一步。

装载顺序控制继电器（Load Sequence Control Relay，LSCR）指令 n 用来表示一个 SCR 段，即顺序功能图中的步的开始。指令中的操作数 n 为顺序控制继电器（BOOL 型）地址，顺序控制继电器为 1 状态时，对应的 SCR 段中的程序被执行，反之则不被执行。

顺序控制继电器结束（Sequence Control Relay End，SCRE）指令用来表示 SCR 段的结束。

顺序控制继电器转换（Sequence Control Relay Transition，SCRT）指令用来表示 SCR 段之间的转换，即步的活动状态的转换。当 SCRT 线圈通电时，SCRT 中指定的顺序功能图中的后续步对应的顺序控制继电器 n 变为 1 状态，同时当前活动步对应的顺序控制继电器变为 0 状态，当前步变为不活动步。LSCR 指令中的 n 指定的顺序控制继电器被放入 SCR 堆栈的栈顶，SCR 堆栈中 S 位的状态决定对应的 SCR 段是否执行。由于逻辑堆栈栈顶的值装入了 S 位的值，所以能将 SCR 指令和它后面的线圈直接连接到左侧母线上。

使用 SCR 时有如下的限制：不能在不同的程序中使用相同的 S 位；不能在 SCR 段中使用 JMP 及 LBL 指令，即不允许用跳转的方法跳入或跳出 SCR 段；不能在 SCR 段中使用 FOR、NEXT 和 END 指令。

2. 单序列的编程方法

图 7-25 为小车运动的示意图、顺序功能图和梯形图。设小车在初始位置时停在左边，限位开关 I0.2 为 1 状态。当按下起动按钮 I0.0 后，小车向右运行，运动到位压下限位开关 I0.1 后，停在该处，3s 后开始左行，左行到位压下限位开关 I0.2 后返回初始步，停止运行。根据 Q0.0 和 Q0.1 状态的变化可知，一个工作周期可以分为右行、暂停和左行三步，另外还应设置等待起动的初始步，并分别用 S0.0~S0.3 来代表这四步。起动按钮 I0.0 和限位开关的常开触点、T37 延时接通的常开触点是各步之间的转换条件。

首次扫描时 SM0.1 的常开触点接通一个扫描周期，使顺序控制继电器 S0.0 置位，初始步变为活动步。按下起动按钮 I0.0，SCRT S0.1 指令的线圈得电，使 S0.1 变为 1 状态，S0.0 变为 0 状态，系统从初始步转换到右行步，转为执行 S0.1 对应的 SCR 段。在该段中，因为 SM0.0 一直为 1 状态，其常开触点闭合，Q0.0 的线圈得电，小车右行。当压下右限位开关时，I0.1 的常开触点闭合，将实现右行步 S0.1 到暂停步的转换。定时器 T37 用来使暂停步持续到 3s。延时时间到时 T37 的常开触点接通，使系统由暂停步转换到左行步 S0.3，直到返回初始步。

在设计梯形图时，用 LSCR 和 SCRE 指令作为 SCR 段的开始和结束指令。在 SCR 段中用 SM0.0 的常开触点来驱动在该步中应为 1 状态的输出点的线圈，并用转换条件对应的触点或电路来驱动转到后续步的 SCRT 指令。

3. 选择序列与并行序列的编程方法

（1）选择序列的编程方法

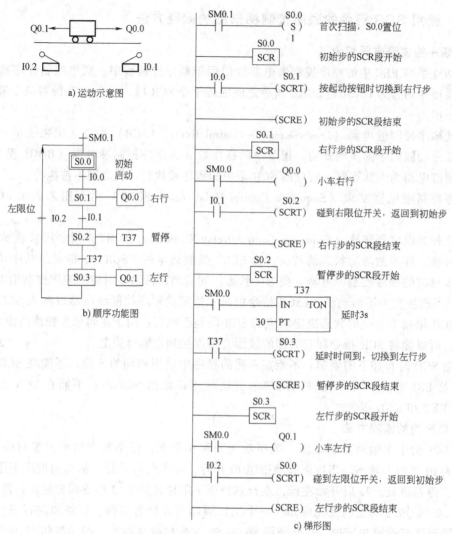

图 7-25　小车运动示意图、顺序功能图和梯形图

1）选择序列分支开始的编程方法。图 7-26a 中步 S0.0 之后有一个选择序列的分支、当它为活动步，并且转换条件 I0.0 得到满足时，后续步 S0.1 将变为活动步，S0.0 变为不活动步。

当 S0.0 为 1 时，它对应的 SCR 段被执行，此时若转换条件 I0.0 为 1，该程序段的指令 SCRT S0.1 被执行，将转换到步 S0.1。若 I0.2 的常开触点闭合，将执行指令 SCRT S0.2，转换到步 S0.2。

2）选择序列分支合并的编程方法。图 7-26a 中，步 S0.3 之前有一个选择序列的合并。当步 S0.1 为活动步，并且转换条件 I0.1 满足；或步 S0.2 为活动步，转移条件 I0.3 满足时，步 S0.3 都应变为活动步。在步 S0.1 和步 S0.2 对应的 SCR 段中，分别用 I0.1 和 I0.3 的常开触点驱动 SCRT S0.3 指令。

（2）并行序列的编程方法

1）并行序列分支的编程方法。图 7-26a 中步 S0.3 之后有一个并行序列的分支，当步

S0.3是活动步，转换条件I0.4满足，步S0.4与步S0.6应同时变为活动步，这是用S0.3对应的SCR段中I0.4的常开触点同时驱动指令SCRT S0.4和SCRT S0.6对应的线圈来实现的。与此同时，S0.3被自动复位，步S0.3变为不活动步。

2）并行序列分支合并的编程方法。步S1.0之前有一个并行序列的合并，I0.7对应的转换条件是所有的前级步（即步S0.5和S0.7）都是活动步和转换条件I0.7满足，这样就可以使下级步S1.0置位。由此可知，应使用以转换条件为中心的编程方法，将S0.5、S0.7和I0.7的常开触点串联，来控制S1.0的置位和S0.5、S0.7的复位，从而使步S1.0变为活动步，步S0.5和S0.7变为不活动步。其梯形图如图7-26b所示。

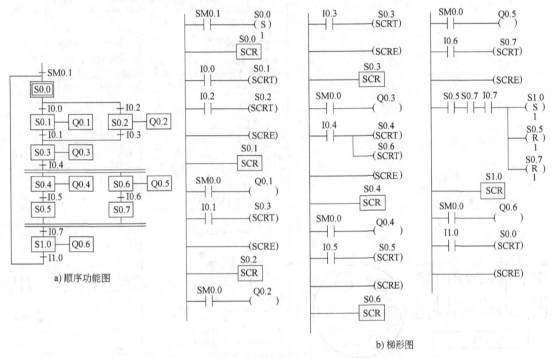

a) 顺序功能图　　　　b) 梯形图

图7-26　选择序列与并行序列的顺序功能图和梯形图

4. 应用设计举例

某专用钻床用来加工圆盘状零件上均匀分布的6个孔，如图7-27a所示。开始自动运行时两个钻头在最上面的位置，限位开关I0.3和I0.5为ON。操作人员放好工件后，按下起动按钮I0.0，Q0.0变为ON，工件被夹紧，夹紧后压力继电器I0.1为ON，Q0.1和Q0.3使两只钻头同时开始工作，分别钻到由限位开关I0.2和I0.4设定的深度时，Q0.2和Q0.4使两只钻头分别上行，升到由限位开关I0.3和I0.5设定的起始位置时，分别停止上行，设定值为3的计数器C0的当前值加1。两只钻头都上升到位后，若没有钻完3个孔，C0的常闭触点闭合，Q0.5使工件旋转120°，旋转到位时限位开关I0.6为ON，旋转结束后又开始钻第2对孔。3对孔都钻完后，计数器的当前值等于设定值3，C0的常开触点闭合，Q0.6使工件松开，松开到位时，限位开关I0.7为ON，系统返回到初始状态。

根据以上控制要求设计出的顺序功能图、梯形图如图7-27b、c所示。

用S0.0~S1.1代表各步，其中S0.0为初始步。当工件夹紧时；S0.1为活动步，转换条件满足，使步 S0.2 和步 S0.5 变为活动步，而使步 S0.1 变为不活动步，这是并行序列的分支。在步 S0.4 和步 S0.7 的下面出现了两条支路，当步 S0.4 和步 S0.7 均为活动步时，若计数器的当前值小于设定值 3，则 C0 常闭触点闭合，使步 S1.0 为活动步，使工件旋转。若计数器的当前值等于设定值 3 时，条件 C0 的常开触点闭合，使步 S1.1 为活动步，使工件松开，这是选择序列的分支。

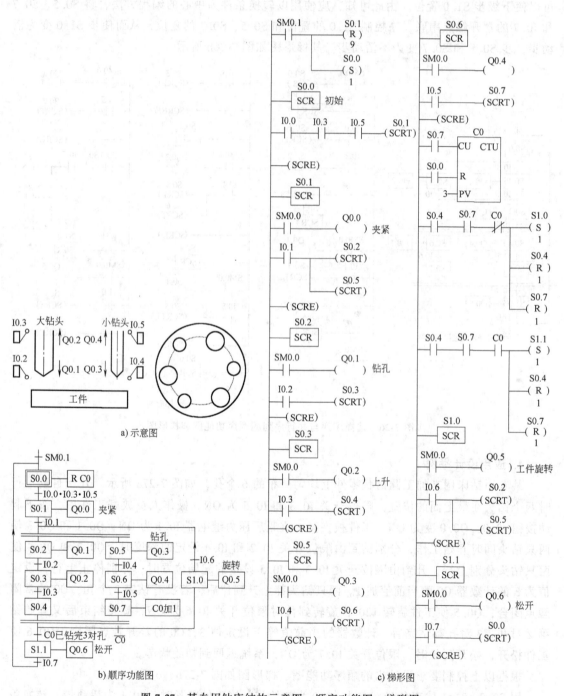

图 7-27　某专用钻床结构示意图、顺序功能图、梯形图

7.4.4 具有多种工作方式系统的顺序控制梯形图的编程方法

1. 系统的硬件结构与工作方式

（1）硬件结构 为了满足生产的需要，很多设备要求设置多种工作方式，如手动和自动（包括连续、单周期、单步和自动返回初始状态）工作方式。手动控制比较简单，一般采用经验设计法设计，复杂的自动程序一般采用顺序设计法设计。

图 7-28a 为某机械手结构示意图，用机械手将工件从 A 点搬运到 B 点。当工件夹紧时，Q0.1 为 ON，工件松开时，Q0.1 为 OFF。图 7-28b 为操作面板图，工作方式选择开关的 5 个位置分别对应于 5 种工作方式，操作面板下部的 6 个按钮（I0.5～I1.2）是手动按钮。

图 7-29 所示为 PLC 的 I/O 接线图。为了保证在紧急情况下（包括 PLC 发生故障时）能可靠地切断 PLC 的负载电源，设置了交流接触器 KM 如图 7-29 所示。在 PLC 开始运行时按下"负载电源"按钮，使 KM 线圈通电并自锁，给外部负载提供交流电源。出现紧急情况时用"紧急停车"按钮断开负载电源。

（2）工作方式 系统设有手动、单步、单周期、连续和回原点 5 种工作方式。

在手动工作方式下，用 I0.5～I1.2 对应的 6 个按钮分别独立控制机械手的升、降、左行、右行、夹紧和放松。

系统处于原点状态（或初始状态）时，机械手在最上面和最左边，且夹紧装置为松开状态。在进入单步、单周期和连续工作方式之前，系统应处于原点状态；若不满足这一条件，可选择回原点工作方式，然后再按下起动按钮 I2.6，使系统自动返回原点状态。在原点状态时，顺序控制功能图中的初始步 M0.0 为 ON，为进入单步、单周期和连续工作方式

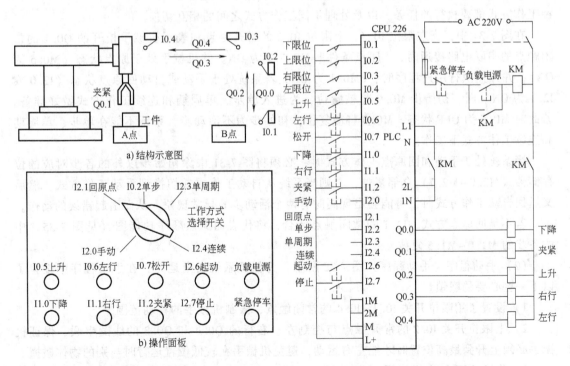

图 7-28　机械手结构示意图及操作面板　　　　图 7-29　PLC 的 I/O 接线图

做好准备。

　　机械手从原点开始，将工件从 A 点搬到 B 点，最后返回到初始状态的过程称为一个工作周期。

　　在单步工作方式时，从初始步开始，每按一次起动按钮，系统只向下转换一步的操作，完成该步的动作后，自动停止工作并停留在该步，这种工作方式常用于系统的调试。

　　在单周期工作方式时，若初始步为活动步，按下起动按钮 I2.6 后，从初始步 M0.0 开始，机械手按下降→夹紧→上升→右行→下降→放松→上升→左行的规定完成一个周期的工作后，返回并停留在初始步。

　　在连续工作方式时，在初始步按下起动按钮，机械手从初始步开始，工作一个周期后又开始搬运下一个工件，反复连续地工作。当按下停止按钮时，系统并不马上停止工作，要完成一个周期的工作后，系统才返回并停留在初始步。

　　在回原点工作方式时，I2.1 为 ON。按下起动按钮 I2.6 时，机械手在任意状态中都可以返回到初始状态。

　　（3）主程序的总体结构　图 7-30 是主程序的总体结构，SM0.0 的常开触点一直为 ON，公用程序一直为无条件执行状态。在手动方式，I2.0 为 ON 时，执行"手动"子程序。在自动回原点方式，I2.1 为 ON 时，执行"回原点"子程序。在其他 3 种工作方式执行"自动"子程序。

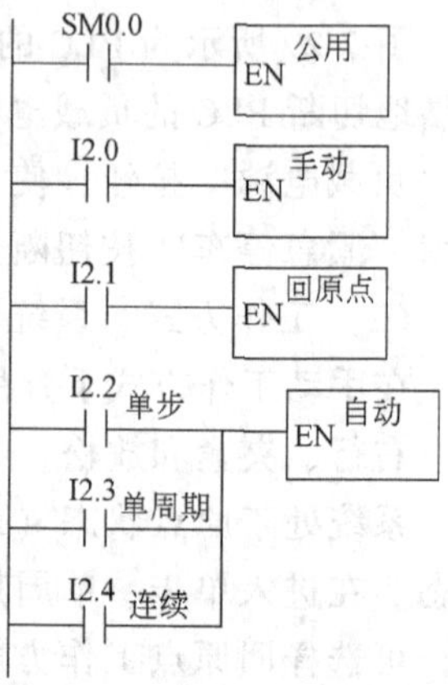

图 7-30　主程序的总体结构

2. 使用起保停电路的编程方法

　　（1）公用程序　公用程序如图 7-31 所示，它用于处理各种工作方式都要执行的任务，以及处理不同工作方式之间的相互切换。

　　在图 7-31 中，当左限位 I0.4、上限位 I0.2 的常开触点和表示机械手松开的 Q0.1 的常闭触点的串联电路接通时，"原点条件" M0.5 变为 ON。并机械手处于原点状态（M0.5 为 ON），并开始执行用户程序时，SM0.1 为 ON，若系统处于手动或自动回原点状态（I2.0 或 I2.1 为 ON）时，初始步 M0.0 将被置位，为进入单步、单周期和连续工作方式做好准备。若此时 M0.5 为 OFF 状态，M0.0 将被复位，初始步为不活动步，系统不能在单步、单周期和连续工作方式下工作。

　　当系统处于手动和回原点工作方式时，必须将图 7-31 中除初始步以外的各步对应的位存储器（M2.0~M2.7）全部复位，否则当系统从自动工作方式切换到手动工作方式，然后又返回自动工作方式时，可能会出现同时有两个活动步的异常现象，从而引起错误的动作。

　　若不是回原点方式，I2.1 的常闭触点闭合，将代表回原点顺序功能图（见图 7-35）中的各步的 M1.0~M1.5 复位。

　　（2）手动程序　手动程序如图 7-32 所示，为保证系统安全运行，在手动程序中设置了以下一些必要的联锁。

　　1）设置了用限位开关 I0.1~I0.4 的常闭触点，限制机械手的移动范围。

　　2）上限位开关 I0.2 的常开触点与控制左、右行的 Q0.4 和 Q0.3 的线圈串联，保证机械手必须上升到最高位置时才能左右运动，避免机械手在较低位置运行时与别的物体碰撞。

　　3）为防止两个功能相反的运动同时工作，设置了上升与下降、左行与右行之间的互锁。

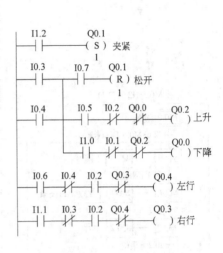

图 7-31　公用程序　　　　　　　　　　　图 7-32　手动程序

4）只允许机械手在最左侧和最右侧时上升、下降和松开工作。

（3）自动程序　自动程序的顺序功能图如图 7-33a 所示，它是执行单步、单周期和连续工作方式的顺序功能图，M0.0 为初始步，M2.0~M2.7 分别是下降→夹紧→上升→右行→下降→放松→上升→左行的各步。图 7-33b 是用起保停电路的编程方法设计的梯形图程序。

单步、单周期和连续这 3 种工作方式主要用"连续"标志 M0.7 和"允许转换"标志 M0.6 来区分。

1）单步与非单步的区分。M0.6 的常开触点接在每一个控制代表步的位存储器的起动电路中，当 M0.6 断开时，将禁止步的活动状态转换。若系统处于单步工作方式时，I2.2 为 1，它的常闭触点断开，使"允许转换"位存储器 M0.6 为 0 状态，不允许步与步之间转换。当某一步的工作状态结束后，若转换条件满足，但没有按起动按钮 I2.6，则 M0.6 仍处于 0 状态。起保停电路的起动电路处于断开状态时，不会转换到下一步。当按下起动按钮 I2.6 时，M0.6 在 I2.6 的上升沿接通一个扫描周期，M0.6 的常开触点接通，系统才会转换到下一步。

系统工作在连续、单周期工作方式时，I2.2 的常闭触点接通，允许步与步之间的正常转换。

2）单周期与连续的区分。在连续工作方式时，I2.4 为 1 状态。当 M0.0 为活动步时，按下起动按钮 I2.6，M2.0 变为 1，机械手下降，与此同时，控制连续工作的 M0.7 的线圈通电并保持。

当机械手在步 M2.7 返回最左边时，转换条件 I0.4、M0.7 满足，系统将返回到步 M2.0，反复连续地工作下去。

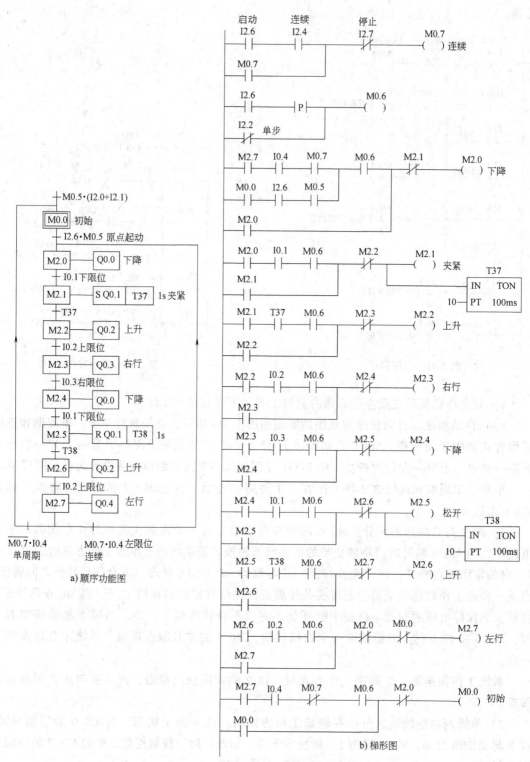

图 7-33 自动程序的顺序功能图和梯形图

按下停止按钮 I2.7 后，M0.7 变为 0 状态，但是机械手并不会立即停止工作，在完成当前工作周期的全部操作后，机械手才返回到最左边，左限位开关 I0.4 为 1 状态，转换条件 M0.7 的常闭触点与 I0.4 满足，系统才从步 M2.7 返回并停留在初始步 M0.0。

在单周期工作方式时，M0.7 一直处于 0 状态。当机械手在最后一步 M2.7 返回最左边时，左限位开关 I0.4 为 1 状态，转换条件 M0.7 常闭触点与 I0.4 满足，系统返回并停留在初始步。按一次起动按钮，系统只工作一个周期。

3）单周期的工作过程。单周期工作方式，I2.2（单步）的常闭触点闭合，M0.6 的线圈通电，允许转换，当初始步为活动步时，按下起动按钮 I2.6，使 M2.0 线圈通电，系统进入下降步，Q0.0 为 1 状态，机械手下降，碰到下限位开关 I0.1 时，转换到夹紧 M2.1 步，使夹紧电磁阀 Q0.1 置位并保持。同时通电延时定时器 T37 开始定时，1s 后定时时间到，工件被夹紧，转换条件 T37 满足，转换到步 M2.2，机械手上升。以后系统将这样一步一步地工作下去。当执行到左行步 M2.7，机械手左行返回到原点位置，左限位开关 I0.4 变为 1 状态时，因为连续工作标志 M0.7 为 0 状态，将返回初始步 M0.0，机械手停止运动。

4）单步工作过程。在单步工作方式时，I2.2 为 1 状态，其常闭触点断开，允许转换位存储器 M0.6 在一般情况下为 0 状态，不允许步与步之间的转换。设初始步时系统处于原点状态，M0.5 和 M0.0 为 1 状态，按下起动按钮 I2.6 后，M0.6 变为 1 状态，使 M2.0 的起动电路接通，系统进入下降步。松开起动按钮后，M0.6 变为 0 状态。在下降步，Q0.0 的线圈串联的 I0.1 的常闭触点断开（如图 7-34 输出电路最上面的输出网络所示），使 Q0.0 的线圈断电，机械手停止下降。I0.1 的常开触点闭合后，若没有按起动按钮，I2.6 和 M0.6 处于 0 状态，不会转到下一步。一直要等到再次按下起动按钮，I2.6 和 M0.6 变为 1 状态，M0.6 的常开触点接通，转换条件 I0.1 满足，才能使图 7-33 中 M2.1 的起动电路接通，M2.1 的线圈通电并保持，系统才能由步 M2.0 进入步 M2.1。以后在完成某一步的操作后，都必须按一次起动按钮，系统才能转换到下一步。

图 7-33 中控制 M0.0 的起保停电路若放在控制 M2.0 的起保停电路之前，在单步工作方式中，步 M2.7 为活动步时，按下起动按钮 I2.6，返回步 M0.0 后，M2.0 的起动条件满足，将马上进入步 M2.0，这样连续跳两步是不允许的。将控制 M2.0 的起保停电路放在控制 M0.0 的起保停电路之前和 M0.6 的线圈之后可以解决这一问题。在图 7-33 中，控制 M0.6（转换允许）的是起动按钮 I2.6 的上升沿检测信号，当在步 M2.7 按下起动按钮时，M0.6 只接通一个扫描周期，它使 M0.0 的线圈通电后，下一扫描周期控制 M2.0 的起保停电路时，M0.6 已经变为 0 状态，所以不会使 M2.0 变为 1 状态。当下一次再按起动按钮时，M2.0 才会变为 1 状态。

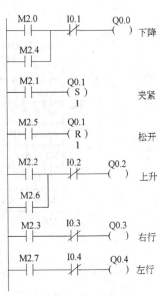

图 7-34　输出电路

5）输出电路。输出电路如图 7-34 所示。它是自动程序的一部分，输出电路中 I0.1 ~ I0.4 的常闭触点是为单步工作方式设置的。以下降为例，当机械手碰到下限位开关 I0.1 后，与下降步对应的位存储器 M2.0 或 M2.4 不会马上变为 0 状态，若 Q0.0 的线圈不与 I0.1 的常闭触点串联，机械手不能停在下限开关 I0.1 处，还会继续下降，对于某些设备，可能会造成事故。

（4）自动回原点程序 图7-35所示是自动回原点程序的顺序功能图和用起保停电路的编程方法设计的梯形图。采用回原点工作方式时，I2.1为ON。按下起动按钮I2.6时，机械手可能处于任意状态中，根据机械手当时所处的位置和夹紧装置的状态，可分为3种情况进行分析，对于不同的情况采用不同的处理方法。

1）夹紧装置松开（Q0.1为0状态）。说明机械手没有夹持工件，处于上升和左行，直接返回原点位置。按下起动按钮I2.6，应进入图7-35中的上升步M1.4，转换条件为 $I2.1 \cdot I2.6 \cdot \overline{Q0.1}$。若机械手已经在最上面，上限位开关I0.2为ON，进入上升步后因为转换条件已经满足，将马上转换到左行步。

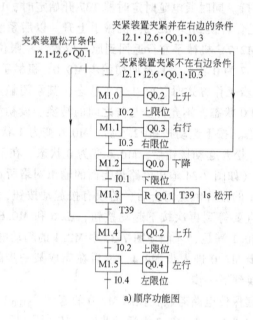

a) 顺序功能图

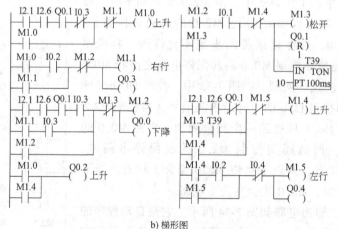

b) 梯形图

图7-35 自动回原点的顺序功能图与梯形图

2）夹紧装置处于夹紧状态，机械手在最右边。此时Q0.1和I0.3为1状态，应将工件搬运到B点后再返回原点位置。按下起动按钮I2.6，机械手应进入下降步M1.2，转换条件为 $I2.1 \cdot I2.6 \cdot Q0.1 \cdot I0.3$，首先执行下降和松开操作，释放工作后，再返回原点位置。

3）夹紧装置处于夹紧状态，机械手不在最右边。此时 Q0.1 为 1 状态，右限位开关 I0.3 为 0 状态。按下起动按钮 I2.6 应进入步 M1.0，转换条件为 I2.1·I2.6·Q0.1·$\overline{I0.3}$，首先上行、右行、下降和松开工件，将工件搬运到 B 点后再返回到原点位置。

机械手返回原点后，原点条件满足，公用程序中的原点条件标志 M0.5 为 1 状态，因为此时 I2.1 为 ON，顺序功能图中的初始步 M0.0 在公用程序中被置位，为进入单周期、连续和单步工作方式做好了准备。因此可以认为自动程序的顺序功能图的初始步 M0.0 是步 M1.5 的后续步。

习　题

7-1　用经验法设计满足图 7-36 所示波形图对应的梯形图。

7-2　用经验法设计满足图 7-37 所示波形图对应的梯形图。

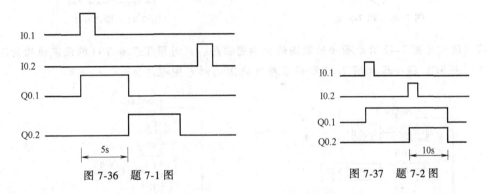

图 7-36　题 7-1 图　　　　　　　　图 7-37　题 7-2 图

7-3　试设计满足图 7-38 所示波形图对应的顺序功能图。

7-4　图 7-39 中的 3 条运输带顺序相连，按下起动按钮，3 号运输带开始运行，5s 后 2 号运输带自动起动，再过 5s 后 1 号运输带自动起动。停机的顺序与起动的顺序正好相反，间隔时间仍然为 5s。试绘出其顺序功能图。

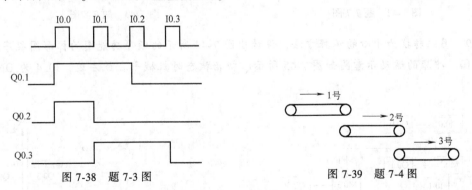

图 7-38　题 7-3 图　　　　　　　　图 7-39　题 7-4 图

7-5　液体混合装置如图 7-40 所示，SLH、SLI 和 SLL 是液面传感器，它们被液体淹没时为 "1" 状态，YV1~YV3 为电磁阀。开始时容器是空的，各阀门均为关闭，各传感器均为 "0" 状态。按下起动按钮后，YV1 打开，液体 A 流入容器，SLI 为 "1" 状态时，关闭 YV1，打开 YV2，液体 B 流入容器。当液面升至 SLH 时，关闭 YV2，电动机 M 开始搅拌液体, 60s后停止搅拌, 打开YV3, 放出混合液, 当液面降至SLL之后再过2s, 容器放空, 关闭YV3, 开始下一周期的操作。按下停止按钮, 在当前的混合操作结束后, 才停止操作 (停在初始状态)。给各输入/输出变量分配元件号, 绘出系统的顺序功能图。

7-6　试绘出图7-41所示信号灯控制系统的顺序功能图, 当按下起动按钮I0.0后, 信号灯按波形图的顺序工作。

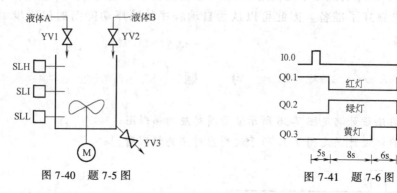

图7-40　题7-5图　　　　　　　　　图7-41　题7-6图

7-7　请设计图7-42所示顺序功能图的梯形图程序, 定时器T37和T38的设定值均为10s。

7-8　用SCR指令设计图7-43所示顺序功能图的梯形图程序。

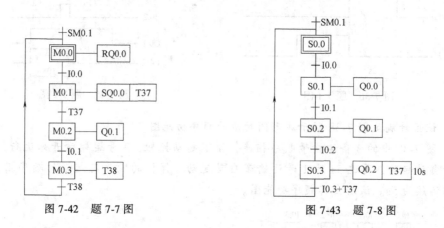

图7-42　题7-7图　　　　　　　　　图7-43　题7-8图

7-9　用以转换为中心的编程方法, 设计出图7-44所示的顺序功能图的梯形图程序。

7-10　冲床的运动示意图如图7-45所示。初始状态时机械手在最左边, I0.4为ON; 冲

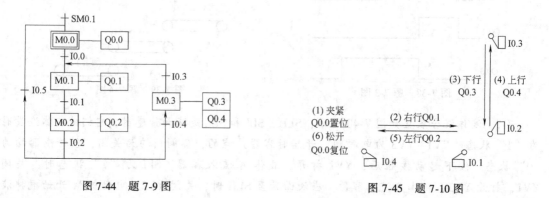

图7-44　题7-9图　　　　　　　　　图7-45　题7-10图

头在最上面，I0.3 为 ON，机械手松开（Q0.0 为 OFF）。按下起动按钮 I0.0，Q0.0 变为 ON，工件被夹紧并保持，2s 后 Q0.1 变为 ON，机械手右行，直到碰到右限位开关 I0.1，以后将顺序完成以下动作：冲头下行，冲头上行，机械手左行，机械手松开（Q0.0 被复位），延时 2s 后，系统返回初始状态，各限位开关和定时器提供的信号是相应步之间的转换条件。请设计控制系统的顺序功能图和梯形图程序。

第8章

PLC应用系统的设计及网络通信

8.1 PLC应用系统的设计

8.1.1 PLC应用系统设计的原则和步骤

1. PLC应用系统设计的基本原则

为了实现生产设备控制要求和工艺需要，提高产品质量和生产效率，在设计PLC应用系统时，应遵循以下基本原则。

1）充分发挥PLC功能，最大限度地满足被控对象的控制要求。

2）在满足控制要求的前提下，力求使控制系统简单、经济、使用及维修方便。

3）保证控制系统安全可靠。

4）应考虑生产的发展和工艺的改进，在选择PLC的型号、I/O点数和存储器容量等内容时，应留有适当的余量。

2. PLC应用系统设计的一般步骤

设计PLC应用系统时，要根据被控对象的功能和工艺要求，明确系统必须要做的工作和必备的条件，然后再进行PLC应用系统的功能分析，提出PLC控制系统的结构形式，控制信号的种类、数量，系统的规模、布局。最后根据系统分析的结果，具体的确定PLC的机型和系统的具体配置。PLC控制系统设计流程图如图8-1所示。

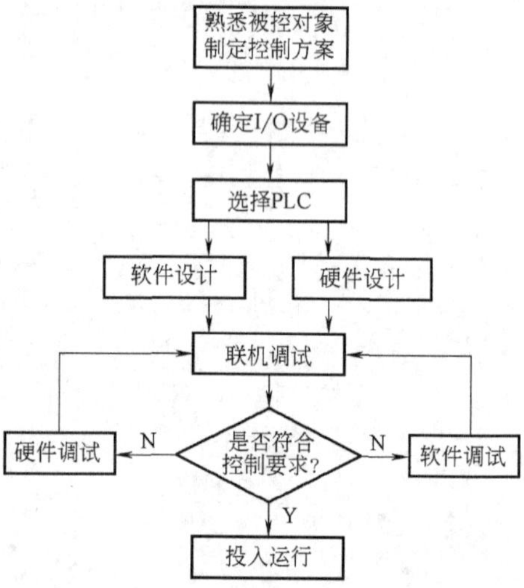

（1）熟悉被控对象，制定控制方案 分析被控对象的工艺过程及工作特点，了解被控对象机、电、液之间的配合，确定被控对象对PLC控制系统的控制要求。

（2）确定I/O设备 根据系统的控制要求，确定用户所需的输入（如按钮、行程开关、选择开关等）和输出设备（如接触器、电磁阀、信号指示灯等），由此确定PLC的I/O点数。

图 8-1 PLC控制系统设计流程图

（3）选择PLC 选择时主要考虑PLC机型、容量、I/O模块、电源的选择。

（4）分配PLC的I/O地址 根据生产设备现场需要，确定控制按钮、选择开关、接触器、电磁阀、信号指示灯等各种输入/输出设备的型号、规格、数量；根据所选的PLC的型号，列出输入/输出设备与PLC输入/输出端子的对照表，以便绘制PLC外部I/O接线图和编写程序。

（5）设计软件及硬件　设计包括PLC程序设计，控制柜（台）等硬件的设计及现场施工。由于PLC软件程序设计与硬件设计可同时进行，因此PLC控制系统的设计周期可大大缩短，而对于继电器系统必须先设计出全部的电气控制线路后才能进行施工设计。

PLC软件程序设计的一般步骤如下：

1）软件程序设计包括主程序、子程序、中断程序等，小型数字量控制系统一般只有主程序。对于较复杂系统，应先绘制出系统功能图，对于简单的控制系统也可省去这一步。

2）根据系统功能图设计梯形图程序。

3）根据梯形图编写语句表程序。

4）对程序进行模拟调试及修改，直到满足控制要求为止。调试过程中，可采用分段调试的方法，并利用编程器或编程软件的监控功能。

硬件设计及现场施工的步骤如下：

1）设计控制柜及操作面板电器布置图及安装接线图。

2）控制系统各部分的电气互连图。

3）根据图样进行现场接线，并检查。

（6）联机调试　联机调试是指将模拟调试通过的程序进行在线调试。开始时，先带上输出设备（接触器线圈、信号指示灯等），不带负载进行调试。利用PLC的监控功能，采用分段调试的方法进行。各部分调试正常后，再带上实际负载运行。如不符合要求，则对硬件和程序做调整。通常只需修改部分程序即可。

全部调试完毕后，投入运行。经过一段时间运行，如果工作正常、程序不需要修改应将程序固化到EPROM中，以防程序丢失。

（7）整理技术文件　包括设计说明书、电气安装图、电气元件明细表及使用说明书等。

8.1.2　PLC的选择

PLC的品种繁多，其结构形式、性能、容量、指令系统、编程方式、价格等各不相同，适用的场合也各有侧重。因此，合理选择PLC，对于提高PLC控制系统技术经济指标有着重要意义。

1. PLC的机型选择

机型选择的基本原则是在满足功能要求及保证可靠、维护方便的前提下，力争最佳的性能价格比。

（1）结构合理　整体式PLC的每一个I/O点的平均价格比模块式的便宜，且体积相对较小，一般用于系统工艺过程较为固定的小型控制系统中；而模块式PLC的功能扩展灵活方便，在I/O点数量、输入点数与输出点数的比例、I/O模块的种类等方面，选择余地较大，维修、故障判断较容易。因此，模块式PLC一般适用于较复杂系统和环境较差（维修量大）的场合。

（2）安装方式　根据PLC的安装方式，系统分为集中式、远程I/O式和多台PLC联网的分布式。集中式不需要设置驱动远程I/O硬件，系统反应快、成本低。大型系统经常采用远程I/O式，因为它们的装置分布范围很广，远程I/O可以分散安装在I/O装置附近，I/O连线比集中式的短，但需要增设驱动器和远程I/O电源。多台PLC联网的分布式适用于多台设备分别独立控制，又要相互联系的场合，可以选用小型PLC，但必须要附加通信模块。

（3）功能合理　一般小型（低档）PLC具有逻辑运算、定时、计数等功能，可满足只需要开关量控制的设备。

对于以开关量控制为主，带少量模拟量控制的系统，可选用能带A-D和D-A单元、具有加减算术运算、数据传送功能的增强型低档PLC。

对于控制较复杂，要求实现PID运算、闭环控制、通信联网等功能，可视控制规模大小及复杂程度，选用中档或高档PLC。但是中、高档PLC价格较贵，一般大型机主要用于大规模过程控制和集散控制系统等场合。

（4）系统可靠性的要求　对于一般系统PLC的可靠性均能满足。对可靠性要求很高的系统，应考虑是否采用冗余控制系统或热备用系统。

（5）机型统一　一个企业，应尽量做到PLC的机型统一。同一机型的PLC，其编程方法相同，有利于技术力量的培训和技术水平的提高；其模块可互为备用，便于备品备件的采购和管理；其外围设备通用，资源可共享，易于联网通信，配以上位计算机后易于形成1个多级分布式控制系统。

2．PLC的容量选择

PLC的容量包括I/O点数和用户存储容量两个方面。

（1）I/O点数　PLC的I/O点的价格还比较高，因此应该合理选用PLC的I/O点的数量，在满足控制要求的前提下力争使I/O点最少，但必须留有一定的备用量。

通常I/O点数是根据被控对象的输入、输出信号的实际需要，再加上10%~15%的备用量来确定。

（2）用户存储容量　用户存储容量是指PLC用于存储用户程序的存储器容量。需要的用户存储容量的大小由用户程序的长短决定。

一般可按下式估算，再按实际需要留适当的余量（20%~30%）来选择。

$$存储容量=开关量I/O点总数×10+模拟量通道数×100$$

绝大部分PLC均能满足上式要求。应当要注意的是，当控制系统较复杂、数据处理量较大时，可能会出现存储容量不够的问题，这时应特殊对待。

3．I/O模块的选择

（1）开关量输入模块的选择　PLC的输入模块用来检测接收现场输入设备的信号，并将输入的信号转换为PLC内部接收的低电压信号。

1）输入信号的类型及电压等级的选择。常用的开关量输入模块的信号类型有3种：交流输入、直流输入和交流/直流输入。选择时一般根据现场输入信号及周围环境来考虑。

交流输入模块接触可靠，适合于有油雾、粉尘的恶劣环境下使用；直流输入模块的延迟时间较短，可以直接与接近开关、光电开关等电子输入设备连接。

PLC的开关量输入模块按输入信号的电压大小分类有：直流5V、24V、48V、60V等；交流110V、220V等。选择时应根据现场输入设备与输入模块之间的距离来考虑。

一般5V、12V、24V用于传输距离较近场合。如5V的输入模块最远不得超过10m距离，较远的应选用电压等级较高的模块。

2）输入接线方式选择。按输入电路接线方式的不同，开关量输入模块可分为汇点式输入和分组式输入两种，如图8-2所示。

对于选用高密度的输入模块（如32点、48点等），应考虑该模块同时接通的点数一般不要超过输入点数的 60%。

（2）开关量输出模块的选择　输出模块是将
PLC 内部低电压信号转换为外部输出设备所需的
驱动信号。选择时主要应考虑负载电压的种类和
大小、系统对延迟时间的要求、负载状态变化是
否频繁等。

1）输出方式的选择。开关量输出模块有 3 种
输出方式：继电器输出、晶闸管输出和晶体管
输出。

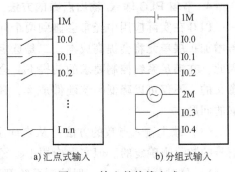

a) 汇点式输入　　　b) 分组式输入

图 8-2　输入的接线方式

继电器输出的价格便宜，既可以用于驱动交
流负载，又可用于驱动直流负载，而且适用的电压大小范围较宽、导通压降小，同时承受瞬
时过电压和过电流的能力较强。但它属于有触点元件，其动作速度较慢，寿命短，可靠性较
差，因此只能适用于不频繁通断的场合。当用于驱动感性负载时，其触点动作频率不超
过 1Hz。

对于频繁通断的负载，应该选用双向晶闸管输出或晶体管输出，它们属于无触点元件。
但双向晶闸管输出只能用于交流负载，而晶体管输出只能用于直流负载。

2）输出接线方式的选择。按 PLC 的输出接线
方式的不同，一般有分组式输出和分隔式输出两
种，如图 8-3 所示。

分组式输出是几个输出点为一组，共用一个公
共端，各组之间是分隔的，可分别使用不同的电
源。而分隔式输出的每一个输出点有一个公共端，
各输出点之间相互隔离，每个输出点可使用不同的
电源。输出接线方式的选择主要应根据系统负载的
电源种类的多少而定。一般整体式 PLC 既有分组式
输出，也有分隔式输出。

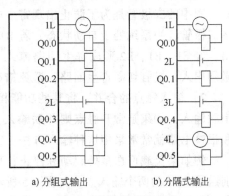

a) 分组式输出　　　b) 分隔式输出

图 8-3　输出的接线方式

3）输出电流的选择。输出模块的输出电流（驱动能力）必须大于负载的额定电流。

选择输出模块时，还应考虑能同时接通的输出点数量。同时接通输出的累计电流值必须
小于公共端所允许通过的电流值。一般来说，同时接通的点数不要超出同一公共端输出点数
的 60%。

（3）电源模块及编程器的选择

1）电源模块的选择。电源模块的选择较为简单，只需考虑电源的额定输出电流。电源
模块的额定电流必须大于 CPU 模块、I/O 模块，及其他模块的总消耗电流。电源模块选择
仅对于模块式结构的 PLC 而言，对于整体式 PLC 不存在电源的选择。

2）编程器的选择。对于小型控制系统或不需要在线编程的 PLC 系统，一般选用价格便
宜的简易编程器。对于由中、高档 PLC 构成的复杂系统或需要在线编程的 PLC 系统，可以
选配功能强、编程方便的智能编程器。对于个人计算机，选用 PLC 的编程软件包，在个人
计算机上实现编程器的功能。

4. 节省 PLC 输入/输出点数的方法

PLC 在实际应用中经常会碰到两个问题：一是 PLC 的输入或输出点数不够，需要扩展，若增加扩展单元将会提高成本；二是选定的 PLC 可扩展输入或输出点数有限，无法再增加。因此，在满足系统控制要求的前提下，合理使用 I/O 点数，尽量减少所需的 I/O 点数是很有意义的，不仅可以降低系统硬件成本，还可以解决已使用的 PLC 进行再扩展时 I/O 点数不够的问题。

（1）减少输入点数的方法　从表面上看，PLC 的输入点数是按系统的输入设备或输入信号的数量来确定的。但实际应用中，经常通过以下方法，达到减少 PLC 输入点数的目的。

1）分时分组输入。一般控制系统都存在多种工作方式，但各种工作方式又不可能同时运行。所以可将这几种工作方式分别使用的输入信号分成若干组，PLC 运行时只会用到其中的一组信号。因此，各组输入可共用 PLC 的输入点，这样就使所需的 PLC 输入点数减少。

图 8-4 所示系统有自动和手动两种工作方式。将这两种工作方式分别使用的输入信号分成两组：自动输入信号 S1 ~ S8、手动输入信号 B1 ~ B8。两组输入信号共用 PLC 输入点 I0.0 ~ I0.7（如 S1 与 B1 共用 PLC 输入点 I0.0）。用"工作方式"选择开关 SA 来切换自动和手动信号输入电路，并通过 I0.0 让 PLC 识别是自动信号，还是手动信号，从而执行自动程序或手动程序。

图中的二极管是为了防止出现寄生电路，产生错误输入信号而设置的。假设图中没有这些二极管，当系统处于自动状态，若 B1、B2、S1 闭合，S2 断开，这时电流从 +24V 端子流出，经 S1、B1、B2 形成寄生回路流入 I0.1 端子，使输入继电器 I0.1 错误地接通。因此，必须串入二极管切断寄生回路，避免错误输入信号的产生。

2）输入触点的合并。将某些功能相同的开关量输入设备合并输入。如果是常闭触点则串联输入，如果是常开触点则并联输入。这样就只占用 PLC 的一个输入点。一些保护电路和报警电路就常常采用这种输入方法。

例如某负载可在多处起动和停止，可以将 3 个起动信号并联，将 3 个停止信号串联，分别送给 PLC 的两个输入点，如图 8-5 所示。与每一个起动信号和停止信号占用一个输入点的方法相比，不仅节省了输入点，还简化了梯形图电路。

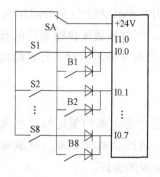

图 8-4　分时分组输入

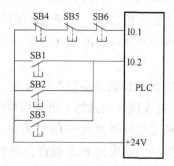

图 8-5　输入触点合并

3）将信号设置在 PLC 之外。系统中的某些输入信号功能简单、涉及面很窄，如手动操作按钮、电动机过载保护的热继电器触点等，有时就没有必要作为 PLC 的输入信号，将它们放在外部电路中同样可以满足要求，如图 8-6 所示。

（2）减少输出点数的方法

1）分组输出。当两组负载不会同时工作时，可通过外部转换开关或通过受 PLC 控制的继电器触点进行切换，这样 PLC 的每个输出点可以控制两个不同时工作的负载，如图 8-7 所示。KM1、KM3、KM5，KM2、KM4、KM6 这两个组不会同时接通，可用外部转换开关 SA 进行切换。

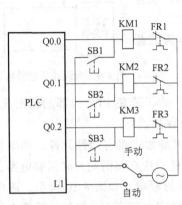

图 8-6　输入信号设在 PLC 外部

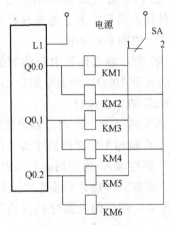

图 8-7　分组输出

2）矩阵输出。图 8-8 中采用 8 个输出组成 4×4 矩阵，可接 16 个输出设备。要使某个负载接通工作，只要控制它所在的行与列对应的输出继电器接通即可。要使负载 KM1 得电，必须控制 Q0.0 和 Q0.4 输出接通。因此，在程序中要使某一负载工作则须使其对应的行与列输出继电器都要接通。这样用 8 个输出点就可控制 16 个不同控制要求的负载。

应该特别注意：当只有某一行对应的输出继电器接通，各列对应的输出继电器才可任意接通；或者当只有某一列对应的输出继电器接通，各行对应的输出继电器才可任意接通的。否则将会错误接通负载。因此，采用矩阵输出时，必须要将

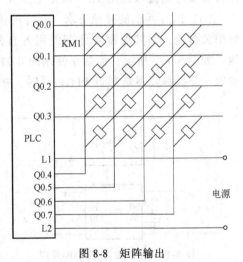

图 8-8　矩阵输出

同一时间段接通的负载安排在同一行或同一列中，否则无法控制。

3）并联输出。两个通断状态完全相同的负载并联后可共用 PLC 的一个输出点，但要注意当 PLC 输出点同时驱动多个负载时，应考虑 PLC 输出点驱动能力是否足够。

4）负载多功能化。一个负载实现多种用途。例如在传统的继电器电路中，一个指示灯只指示一种状态。而在 PLC 系统中，利用 PLC 编程功能，很容易实现用一个输出点控制指示灯的常亮和闪烁，这样一个指示灯就可表示两种不同的信息，从而节省了输出点数。

5）某些输出设备可不连接 PLC。系统中某些相对独立、比较简单的部分可考虑直接用

继电器电路控制。

以上只是一些常用的减少 PLC 输入/输出点数的方法，仅供参考。

8.1.3 PLC 应用中的若干问题

1. 对 PLC 的某些输入信号的处理

1) 若 PLC 输入设备采用两线式传感器（如接近开关等）时，其漏电流较大，可能会出现错误的输入信号。为了避免这种现象，可在输入端并联旁路电阻 R，如图 8-9 所示。

2) 若 PLC 输入信号由晶体管提供，则要求晶体管的截止电阻应大于 $10k\Omega$，导通电阻应小于 800Ω。

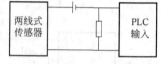

图 8-9 两线式传感器输入的处理

2. PLC 的安全保护

（1）短路保护 当 PLC 输出控制的负载短路时，为了避免 PLC 内部的输出元件损坏，应该在 PLC 输出的负载回路中加装熔断器，进行短路保护。

（2）感性输入/输出的处理 PLC 的输入端和输出端常常接有感性元件。如果是直流感性元件，应在其两端并联续流二极管；如果是交流元件，应在其两端并联阻容电路，从而抑制电路断开时产生的电弧对 PLC 内部输入、输出元件的影响，如图 8-10 所示。图中的电阻值可取 $50\sim120\Omega$；电容值可取 $0.1\sim0.47\mu F$，电容的额定电压应大于电源的峰值电压；续流二极管额定电流可选用 1A，额定电压大于电源电压的 3 倍。

（3）PLC 系统的接地要求 良好的接地是 PLC 安全可靠运行的重要条件。PLC 一般最好单独接地，与其他设备分别使用各自的接地装置，如图 8-11a 所示；也可以采用公共接地，如图 8-11b 所示；但禁止使用图 8-11c 所示的串联接地方式。另外，PLC 的接地线应尽量短，使接地点尽量靠近 PLC，同时，接地线的截面应大于 $2mm^2$。

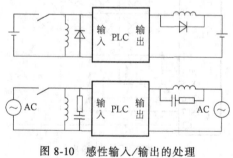

图 8-10 感性输入/输出的处理

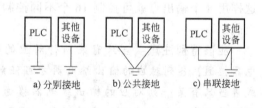

图 8-11 PLC 接地

8.2 PLC 网络及通信

PLC 通信包括 PLC 之间、PLC 与计算机之间、PLC 和其他智能设备之间的通信。PLC 相互之间的连接，使众多相对独立的控制任务构成一个控制工程整体，形成模块控制体系；PLC 与计算机的连接，将 PLC 应用于现场设备直接控制，计算机用于编程、显示、打印和系统管理，构成"集中管理，分散控制"的分布式控制系统（DCS），满足工厂自动化（FA）系统发展的需要。

8.2.1 网络概述

1. 联网目的

PLC 的联网就是为了提高系统的控制功能和范围，将分布在不同位置的 PLC 之间、PLC 与计算机、PLC 与智能设备通过传送介质连接起来，实现通信，以构成功能更强的控制系统。

两个 PLC 之间或一台 PLC 与一台计算机建立连接，一般称为链接（Link），而不能称为联网。

现场控制的 PLC 网络系统，极大地提高了 PLC 的控制范围和规模，实现了多个设备之间的数据共享和协调控制，提高了控制系统的可靠性和灵活性，增加了系统监控和科学管理水平，便于用户程序的开发和应用。

21 世纪的今天，信息网络已成为人类社会步入知识经济时代的标志。而 PLC 之间及其与计算机之间的通信网络已成为全集成自动化系统的特征。

2. 网络结构和通信协议

网络结构又称为网络的拓扑结构，它主要指如何从物理上把各个节点连接起来形成网络。常用的网络结构包括链接结构和联网结构。

（1）链接结构　链接结构较简单，它主要指通过通信接口和通信介质（如电缆线等）把两个节点链接起来。链接结构按信息在设备间的传送方向可分为单工通信方式、半双工通信方式、全双工通信方式。

假设有 A 和 B 两个节点。单工通信方式是指数据传送只能由 A 流向 B，或只能由 B 流向 A。而半双工通信方式是指在两个方向上都能传送数据，即对某节点 A 或 B 既能接收数据，也能发送数据，但在同一时刻只能朝一个方向进行传送。全双工通信方式是指同时在两个方向上都能传送数据。

由于半双工和全双工通信方式可实现双向数据传输，故在 PLC 链接及联网中较为常用。

（2）联网结构　指多个节点的连接形式，常用连接方式有 3 种，如图 8-12 所示。

1）星形结构。只有一个中心节点，网络上其他各节点都分别与中心节点相连，通信功能由中心节点进行管理，并通过中心节点实现数据交换，如图 8-12a 所示。

2）总线结构。这种结构的所有节点都通过相应硬件连接到一条无源公共总线上，任何一个节点发出的信息都可沿着总线传

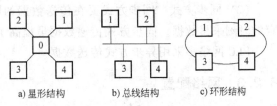

a) 星形结构　　b) 总线结构　　c) 环形结构

图 8-12　联网结构示意图

输，并被总线上其他任意节点接收，它的传输方向是从发送节点向两端扩散传送，如图 8-12b所示。

3）环形结构。环形结构中的各节点通过有源接口连接在一条闭合的环形通信线路中，是点对点式结构，即一个节点只能把数据传送到下一个节点。若下一个节点不是数据发送的目的节点，则再向下传送直到目的节点接收为止。

（3）网络通信协议　在通信网络中，各网络节点，各用户主机为了进行通信，就必须共同遵守一套事先制定的规则，称为协议。1979 年国际标准化组织（ISO）提出了开放式系

统互连（Open Systems Interconnection，OSI）参考模型，该模型定义了各种设备连接在一起进行通信的结构框架。所谓开放，就是指要遵守这个参考模型的有关规定，任何两个系统都可以连接并实现通信。网络通信协议共有 7 层，从低到高分别是物理层、数据链接层、网络层、传输层、会话层、表示层、应用层。其中 1、2、3 层称为低层组，是计算机和网络共同执行的功能；4、5、6 层称为高层组，是通信用户与计算机之间执行的通信控制功能。在实际中，低层组的 3 层并不是严格分开的，故不一定要受此限制。PLC 通信网络很少完全使用这些协议，最多只是采用其中的一部分。

8.2.2 通信方式

1. 并行数据传送与串行数据传送

（1）并行数据传送 并行数据传送时所有数据位是同时进行的，以字或字节为单位传送。并行传输速度快，但通信线路多、成本高，适合近距离数据高速传送。PLC 通信系统中，并行通信方式一般发生在内部各元件之间、基本单元与扩展模块或近距离智能模板的处理器之间。

（2）串行数据传送 串行数据传送时所有数据是按位进行的。串行通信仅需要一对数据线就可以，在长距离数据传送中较为合适。PLC 网络传送数据的方式绝大多数为串行方式，而计算机或 PLC 内部数据处理、存储都是并行的。若要串行发送、接收数据，则要将相应的串行数据转换成并行数据后再处理。

2. 异步方式与同步方式

串行通信数据的传送是一位一位分时进行的。根据串行通信数据传输方式的不同可以分为异步方式和同步方式。

（1）异步方式 异步方式又称为起止方式。它在发送字符时，要先发送起始位，然后才是字符本身，最后是停止位，字符之后还可以加入奇偶校验位。

异步传送较为简单，但要增加传送位，将影响传输速率。异步传送是靠起始位和波特率来保持同步的。

（2）同步方式 同步方式要在传送数据的同时，也传递时钟同步信号，并始终按照给定的时刻采集数据。同步方式传递数据虽提高了数据的传输速率，但对通信系统要求较高。

PLC 网络多采用异步方式传送数据。

8.2.3 网络配置

网络配置与建立网络的目的、网络结构以及通信方式有关，但任何网络其配置都包括硬件、软件两个方面。

1. 硬件配置

硬件配置主要考虑两个问题，一是通信接口，二是通信介质。

（1）通信接口 PLC 网络的通信接口多为串行接口，主要功能是进行数据的并行与串行转换、控制传送的波特率及字符格式、进行电平转换等。常用的通信接口有 RS-232、RS-422、RS-485。

RS-232 接口是计算机普遍配置的接口，其接口的应用既简单又方便。它采用串行的通信方式，数据传输速率低，抗干扰能力差，适用于传输速率和环境要求不高的场合。

RS-422 接口的传输线采用平衡驱动和差分接收的方法，电平变化范围为（12±6）V，因而它能够允许更高的数据传输速率，而且抗干扰性更高。它克服了 RS-232 接口容易产生共模干扰的缺点。RS-422 接口属于全双工通信方式，在工业计算机上配备得较多。

RS-485 接口是 RS-422 接口的简化，它属于半双工通信方式，依靠使能控制实现双方的数据通信。

计算机一般不配 RS-485 接口，但工业计算机配备 RS-485 接口较多。PLC 的不少通信模块也配用 RS-485 接口，如西门子公司的 S7 系列 CPU 均配置了 RS-485 接口。

（2）通信介质　通信口主要靠介质实现相连，以此构成信道。常用的通信介质有多股屏蔽电缆、双绞线、同轴电缆及光缆。此外，还可以通过电磁波实现无线通信。

RS-485 接口多用双绞线实现连接。

2. 软件配置

要实现 PLC 的联网控制，就必须遵循一些网络协议。不同公司的机型、通信软件各不相同。软件一般分为两类，一类是系统编程软件，用以实现计算机编程，并把程序下载到 PLC，且监控 PLC 工作状态。如西门子公司的 STEP 7-Micro/WIN 软件。另一类为应用软件，各用户根据不同的开发环境和具体要求，用不同的语言编写通信程序。

8.3　S7-200 系列 CPU 与计算机设备的通信

8.3.1　S7-200 系列 CPU 的通信性能

S7-200 系列 CPU 的通信性能来自它们标准的网络通信能力。

1. 西门子公司的网络层次结构

西门子公司 PLC 的网络 SIMATIC NET 是一个对外开放的通信系统，具有广泛的应用领域。西门子公司的控制网络结构由 4 层组成，从下到上依次为执行器与传感器级、现场级、车间级、管理级，其网络结构图如图 8-13 所示。

西门子的网络层次结构由 4 个层次、3 级总线复合而成。最底一级为 AS-1 总线，它是用于连接执行器、传感器、驱动器等现成器件实现通信的总线标准。其扫描时间为 5ms，传输媒体为未屏蔽的双绞线，线路长度

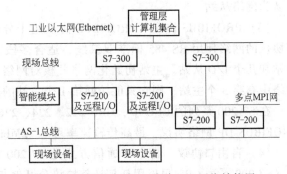

图 8-13　西门子公司 S7 系列 PLC 网络结构图

为 300m，最多为 31 个从站。中间一级是 PROFIBUS 总线。它是一种工业现场总线，采用数字通信协议，用于仪表和控制器的一种开放、全数字化、双向、多站的通信系统，其传输媒体为屏蔽的双绞线（最长 9.6km）或光缆（最长 90km），最多可接 127 个从站。最高一级为工业以太网，使用通用协议，负责传送生产管理信息，网络规模可达 1024 站，长度可达 1.5km（电气网络）或 200km（光学网络）。

在这一网络体系中，PROFIBUS 总线是目前最成功的现场总线之一，已得到了广泛的应

用。它是不依赖生产厂家的、开放的现场总线,各种各样的自动化设备均可通过同样的接口交换信息。为众多的生产厂家提供了优质的 PROFIBUS 产品,用户可以自由地选择最合适的产品。

2. S7 系列的通信协议

西门子公司工业通信网络的通信协议包括通用协议和公司专用协议。西门子公司的协议基于开放系统互连(OSI)7 层通信结构模型。协议定义了两类网络设备:主站与从站。主站可以对网络上任一个设备进行初始化申请,从站只能响应来自主站的申请,从站不能初始化本身。S7-200 系列 CPU 支持多种通信协议,所使用的通信协议有以下 3 个标准和 1 个自由口协议。

(1)PPI 协议　PPI(Point-to-point-Interface,点对点接口)协议,是 1 个主/从协议。协议规定主站向从站发出申请,从站进行响应。从站不能初始化信息,当主站发出申请或查询时,从站才对其响应。

PPI 通信接口是西门子专为 S7-200 系列 PLC 开发的 1 个通信协议,可通过普通的 2 芯屏蔽双绞电缆进行联网。波特率为 9.6kbit/s、19.2kbit/s 和 187.5kbit/s。

S7-200 系列 CPU 上集成的编程口同时就是 PPI 通信接口。

主站可以是其他 CPU 主机(如 S7-200 等)、SIMATIC 程序器或 TD200 文本显示器等。网络中的所有 S7-200 系列 CPU 都默认为从站。

对于任何一个从站有多少个主站与它通信,PPI 协议没有限制,但在 PPI 网络中最多只能有 32 个主站。

(2)MPI 协议　MPI(Multi-Point Interface,多点接口)协议,可以是主/主协议或主/从协议,协议如何操作有赖于设备的类型。

如果网络中有 S7-300 系列 CPU,则可建立主/从连接。因为 S7-300 系列 CPU 都默认为网络主站,如果设备中有 S7-200 系列 CPU,则可建立主/从连接。因为 S7-200 系列 CPU 都默认为网络从站。

(3)PROFIBUS 协议　PROFIBUS 协议用于分布式 I/O 设备(远程 I/O)的高速通信。该协议的网络使用 RS-485 标准双绞线,适合多段、远距离通信。PROFIBUS 网络常有 1 个主站和几个 I/O 从站。主站初始化网络并核对网络上的从站设备和配置中的匹配情况。如果网络中有第 3 个主站,则它只能访问第 1 个主站的从站。

在 S7-200 系列的 CPU 中,CPU 222、224、226 都可以通过增加 EM227 扩展模块来支持 PROFIBUS-DP 网络协议,最高传输速率可达 12Mbit/s。

(4)自由口协议　自由口通信方式是 S7-200 系列 CPU 很重要的功能。在自由口模式下,S7-200 系列 CPU 可以用任何通信协议公开地与其他设备进行通信,即 S7-200 系列 CPU 可以由用户自己定义通信协议(如 ASCII 协议)来提高通信范围,使控制系统配置更加灵活、方便。

在自由口模式下,主机只有在 RUN 方式时,用户才可以用相关的通信指令编写用户控制通信口的程序。当主机处于 STOP 方式时,自由口通信被禁止,通信口自动切换到正常的 PPI 协议操作。

3. 通信设备

能够与 S7-200 系列 CPU 组网通信的相关网络设备主要有以下几种。

（1）通信口　S7-200 系列 CPU 主机上的通信口是符合欧洲标准 EN 50170 中的 PROFIBUS 标准的 RS-485，兼容 9 针 D 形连接器。

（2）网络连接器　网络连接器可以用来把多个设备连接到网络中。网络连接器有两种类型：一种仅提供连接到主机的接口；另一种则增加了 1 个编程接口。两种连接器都有两组螺丝端子，可以连接网络的输入和输出。

（3）通信电缆　通信电缆主要有网络电缆和 PC/PPI 电缆。

1）网络电缆。现场 PROFIBUS 总线使用屏蔽双绞线电缆。网络连接时，网络段的电缆长度与电缆类型和波特率要求有很大关系。网络段的电缆越长，传输速率越低。

2）PC/PPI 电缆。许多电子设备都配置有 RS-232 标准接口，如计算机、编程器和调制解调器等。PC/PPI 电缆可以借助 S7-200 系列 CPU 的自由口功能把主机和这些设备连接起来。

PC/PPI 电缆的一端是 RS-485 端口，用来连接 PLC 主机；另一端是 RS-232 端口，用于连接计算机等设备。电缆中部有 1 个开关盒，上面有 4 个或 5 个 DIP 开关，用来设置波特率、传送字符数据格式和设备模式。5 个 DIP 开关与 PC/PPI 通信方式如图 8-14 所示。

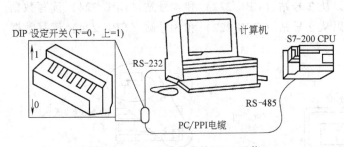

图 8-14　PC/PPI 方式的 CPU 通信

（4）网络中继器　网络中继器在 PROFIBUS 网络中，可以用来延长网络的距离，允许给网络加入设备，并且提供 1 个隔离不同网络段的方法。每个网络中最多有 9 个中继器，每个中继器最多可再增加 32 个设备。

（5）其他设备　除了以上设备之外，常用的还有通信处理器、多机接口卡和 EM277 通信模块等。

8.3.2　PC 与 S7-200 系列 CPU 之间的联网通信

1. 链接

S7-200 系列 CPU 与计算机直接相连，结构简单，易于实现，如图 8-14 所示，它包括 1 个 CPU 模块、1 台个人计算机、PC/PPI 电缆或 MPI 卡和西门子公司 STEP7-Micro/WIN 编程软件。

在 PPI 通信时，PC/PPI 电缆提供了 RS-232 到 RS-485 的接口转换，从而把个人计算机 PC 和 S7-200 CPU 连接起来，传输速率为 9.6kbit/s。此时个人计算机为主站，站地址默认为 0，S7-200 CPU 为从站，站地址范围在 2~126 之间，默认值为 2。

2. PC／PPI 网络

PC/PPI 网络是由 1 个主机和多个 PLC 从机组成的通信网络，如图 8-15 所示。在该网络结构中，S7-200 系列 CPU 的个数不超过 30 个，站地址范围为 2~31。网络线长 1200m 以内，无需中继器。若使用中继器，则最多可以连接 125 台 CPU。安装有 STEP7-Micro/WIN 软件的计算机每次只能同其中 1 台 CPU 通信。这里个人计算机是唯一的主机，所有 S7-200 系列 CPU 站都必须是从机。各从机的 CPU 不能使用网络指令 NETR 和 NETW 来发送信息。

在网络结构中所有的 CPU 都通过自身携带的 RS-485 口和网络连接器连接到 1 条总线上。

3. 多主机网络

当网络中主机数大于 1 时，MPI 卡必须装到个人计算机上，MPI 卡提供的 RS-485 端口可使用直通电缆来连接进而组成 MPI 网络，如图 8-16 所示。在该网络图中，2 号站和 4 号站的网络连接器有终端和偏置，因为它们处于网络末端，并且站 2、3 和 4 的网络连接器必须带有编辑口。该网络系统可以实现以下通信功能。

1）STEP7-Micro/WIN32（在 0 号站）可以监视 2 号站的状态，同时 TD 200（5 号和 1 号站）和 CPU 224 模块（3 号站和 4 号站）可以实现通信。

2）2 个 CPU 224 模块可以通过网络指令 NETR 和 NETW 相互发送信息。

3）3 号站可以从 2 号站（CPU 222）和 4 号站（CPU 224）读写数据。

4）4 号站可以从 2 号站（CPU 222）和 3 号站（CPU 224）读写数据。

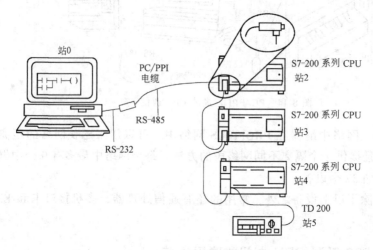

图 8-15 利用 PC/PPI 电缆和几个 S7-200 系列 CPU 通信

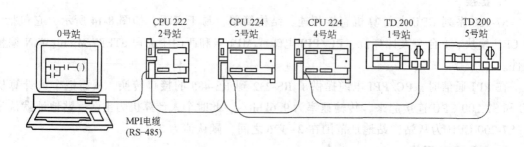

图 8-16 利用 MPI 卡和 S7-200 系列 CPU 通信

8.4 S7-200 系列 PLC 自由口通信

自由口通信是指用户程序在自定义的协议下，通过端口 0 控制 PLC 主机与其他的带编程口的智能设备（如打印机、条形码阅读器、显示器等）进行通信。

在自由口通信模式下，主机处于 RUN 方式时，用户可以用接收中断、发送中断和相关的通信指令来编写程序控制通信口的运行；当主机处于 STOP 方式时，自由口通信被终止，通信口自动切换到正常的 PPI 协议运行。

8.4.1 相关的特殊功能寄存器

1. 自由口的初始化

用特殊功能寄存器中的 SMB30 和 SMB130 的各个位设置自由口模式，并配置自由口的通信参数，如通信协议、波特率、奇偶校验和有效数据位等。

SMB30 控制和设置通信端口 0，如果 PLC 主机上有通信端口 1，则用 SMB130 来进行控制和设置。SMB30 和 SMB130 的对应数据位功能相同，每位的含义如下。

P	P	D	B	B	B	M	M

1）PP 位：奇偶校验。00 和 10 表示无奇偶校验；01 表示奇校验；11 表示偶校验。

2）D 位：有效位数。0 表示每个字符有效数据位为 8 位；1 表示每个字符有效数据位为 7 位。

3）BBB 位：自由口波特率。000 表示 38.4kbit/s；001 表示 19.2kbit/s；010 表示 9.6kbit/s；011 表示 4.8kbit/s；100 表示 2.4kbit/s；101 表示 1.2kbit/s；110 表示 600bit/s；111 表示 300bit/s。

4）MM 位：协议选择。00 表示 PPI 协议从站模式；01 表示自由口协议；10 表示 PPI 协议主站模式；11 表示保留（默认设置为 PPI 从站模式）。

2. 特殊标志位及中断事件

1）特殊标志位。SM4.5 和 SM4.6 分别表示端口 0 和端口 1 处于发送空闲状态。

2）中断事件

① 字符接收中断：中断事件 8（端口 0）和 25（端口 1）。

② 发送完成中断：中断事件 9（端口 0）和 26（端口 1）。

③ 接收完成中断：中断事件 23（端口 0）和 24（端口 1）。

3. 特殊存储器字节

接收信息时要用到一系列特殊功能存储器。端口 0 用 SMB86 到 SMB94；端口 1 用 SMB186 到 SMB194，各字节的功能描述见表 8-1。

表 8-1 特殊存储器功能

端口 0	端口 1	功能描述
SMB86	SMB186	接收信息状态字节
SMB87	SMB187	接收信息控制字节
SMB88	SMB188	信息字符的开始

（续）

端口 0	端口 1	功能描述
SMB89	SMB189	信息的终止符
SMB90	SMB190	信息间的空闲时间设定,空闲后收到的第1个字符是新信息的首字符
SMB92	SMB192	信息内定时器设定,超过这一时间则终止接收信息
SMB94	SMB194	1条信息要接收的最大字符数(0～255)

1）接收信息状态字节。状态字节 SMB86 和 SMB186 的位数据含义如下。

N	R	E	0	0	T	C	P

① N=1 表示用户通过禁止命令结束接收信息操作。

② R=1 表示因输入参数错误或缺少起始结束条件引起的接收信息结束。

③ E=1 表示接收到字符。

④ T=1 表示超时,接收信息结束。

⑤ C=1 表示字符数超长,接收信息结束。

⑥ P=1 表示奇偶校验错误,接收信息结束。

2）接收信息控制字节。接收信息控制字节 SMB97 和 SMB187 主要用于定义和识别信息的判据,各数据位的含义如下。

EN	SC	EC	IL	C/M	TMR	BK	0

① EN 表示接收允许。为 0,禁止接收信息;为 1,允许接收信息。

② SC 表示是否使用 SMB88 或 SMB188 的值检测起始信息。为 0,忽略;为 1,使用。

③ EC 表示是否使用 SMB89 或 SMB189 的值检测结束信息。为 0,忽略;为 1,使用。

④ IL 表示是否使用 SMB90 或 SMB190 的值检测空闲信息。为 0,忽略;为 1,使用。

⑤ C/M 表示定时器定时性质。为 0,内部字符定时器;为 1,信息定时器。

⑥ TMR 表示是否使用 SMB92 或 SMB192 的值终止接收。为 0,忽略;为 1,使用。

⑦ BK 表示是否使用中断条件来检测起始信息。为 0,忽略;为 1,使用。

通过对接收控制字节各个位的设置,可以实现多种形式的自由口接收通信。

8.4.2 自由口发送与接收指令

自由口发送与接收指令的指令格式及功能见表 8-2。

表 8-2 自由口发送与接收指令的指令格式及功能

LAB	STL	功 能 描 述
XMT EN ENO TBL PORT	XMT TABLE,PORT	发送指令 XMT,输入使能端有效时,激活发送的数据缓冲区(TABLE)中的数据。通过通信端口 PORT 将缓冲区(TABLE)的数据发送出去
RCV EN ENO TBL PORT	RCV TABLE,PORT	接收指令 RCV,输入使能端有效时,激活初始化或结束接收信息服务。通过指定端口(PORT)接收从远程设备上传送来的数据,并放到缓冲区(TABLE)

自由口发送与接收指令说明如下。

1) XMT、RCV 指令只有在 CPU 处于 RUN 模式时，才允许进行自由口通信。

2) 操作数类型。TABLE：VB，IB，QB，MB，SMB，*VD，*AC，SB。

　　　　　　　 PODRT：0，1。

3) 数据缓冲区（TABLE）的第 1 个数据指明了要发送/接收的字节数，从第 2 个数据开始是要发送/接收的内容。

4) XMT 指令可以发送 1 个或多个字符，最多有 255 个字符缓冲区。通过向 SMB30（端口 0）或 SMB130（端口 1）的协议选择区置 1，可以允许自由口模式。当处于自由口模式时，不能与可编程设备通信。当 CPU 处于 STOP 模式时，自由口模式被禁止。通信端口恢复正常 PPI 模式，此时可以与可编程设备通信。

5) RCV 指令可以接收 1 个或多个字符，最多有 255 个字符。在接收任务完成后产生中断事件 23（对端口 0）或事件 24（对端口 1）。如果有 1 个中断服务程序连接到接收完成事件上，则可实现相应的操作。

8.4.3　自由口发送与接收应用举例

1. 控制要求

在自由口通信模式下，实现 1 台本地 PLC（CPU 226）与 1 台远程 PLC（CPU 226）之间的数据通信。本地 PLC 接收远程 PLC 20 个字节数据，接收完成后，信息再次发回对方。

2. 硬件要求

2 台 CPU 226；网络连接器 2 个，其中 1 个带编程口；网络线 2 根，其中 1 根 PPI 电缆。

3. 参数设置

CPU 226 通信口设置为自由口通信模式。通信协议比特率为 9.6kbit/s，无奇偶校验，每字符 8 位。接收和发送用 1 个数据缓冲区，首地址为 VB200。

4. 程序

程序包括主程序、中断程序，主程序如图 8-17a 所示。实现的功能是初始化通信口为自由口模式，建立数据缓冲区，建立中断联系，并允许全局中断。

中断程序 INT-0，当接收完成后，启动发送命令，将信息发回对方，梯形图如图 8-17b 所示。

中断程序 INT-1，当发回对方的信息结束时，显示任务完成，通信结束，梯形图如图 8-17c 所示。

8.4.4　网络通信运行

在实际应用中，S7-200 系列 PLC 经常采用 PPI 协议。如果一些 S7-200 系列 CPU 在用户程序中允许做主站控制器，则这些主站可以在 RUN 模式下，利用相关的网络通信指令来读写其他 PLC 主机的数据。

1. 控制寄存器和传送数据表

（1）控制寄存器　将特殊标志寄存器中的 SMB30 和 SMB130 中的内容设置为 $(2)_{16}$，

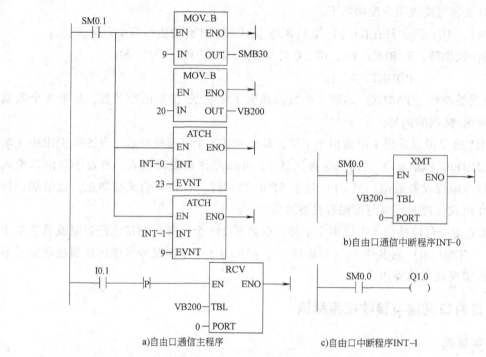

图 8-17 自由口通信的主程序、中断程序

则可将 S7-200 系列 CPU 设置为 PPI 协议主站模式。

（2）传递数据表的格式及定义 执行网络读写指令时，PPI 主站与从站之间的数据以数据表的格式传送，具体数据表的格式如图 8-18 所示。

图 8-18 网络读写数据表

在图 8-18 数据表的第 1 个字节中，D 表示操作是否完成，D=1 表示完成，D=0 表示未完成；A 表示操作是否排队，A=1 表示排队有效，A=0 表示排队无效；E 表示操作返回是否有错误，E=1 表示有错误，E=0 表示无误。E1、E2、E3、E4 错误编码，执行指令后 E=1 时，则由这 4 位返回一个错误码。这 4 位组成的错误码及其含义见表 8-3。

表 8-3　错误码说明

E1、E2、E3、E4	错误代码	含　义
0000	0	无错误
0001	1	超时错误,远程站无响应
0010	2	接收错误
0011	3	脱机错误,重复站地址失败,硬件引起冲突
0100	4	队列溢出错误,多于 8 个 NETR 和 NETW 方框被激活
0101	5	违反协议:未起动 AMB30 内的 PPI 而执行网络指令
0110	6	非法参数:NETR/NETW 表包含非法或无效数值
0111	7	无资源:远程站忙(正在进行上装或下载操作)
1000	8	第 7 层错误:违反应用协议
1001	9	信息错误:数据地址错误或数据长度不正确
1010~1111	A~F	未开发

2. 网络运行指令

西门子公司 S7-200 系列 CPU 的网络指令有两条,分别是网络读(NETR)指令和网络写(NETW)指令,网络运行指令的格式及功能见表 8-4。

表 8-4　网络运行指令的格式及功能

LAB	STL	功能描述
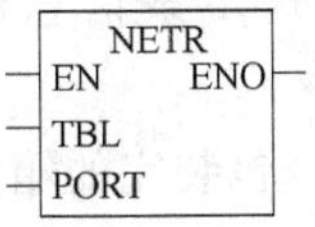 NETR EN ENO TBL PORT	NETR TABLE,PORT	网络读取(NETR)指令,在使能端输入有效时,指令初始化操作,并通过端口 PORT 从远程设备接收数据,形成数据表
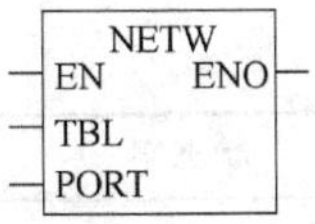 NETW EN ENO TBL PORT	NETW TABLE,PORT	网络写入(NETW)指令,在使能端输入有效时,指令初始化通信操作,并通过指定端口 PORT 将数据表中的数据发送到远程设备

说明如下:

1) 数据表最多可以有 16 个字节的信息。

2) 操作数类型:TABLE：VB, MB, * VD, * AC。

　　　　　　　PORT：0, 1。

3) 设定 ENO＝0 的错误条件:SM4.3(运行时间),0006(间接寻址错误)。

3. 网络读/写指令举例

(1) 系统功能描述　如图 8-19 所示,某产品自动装箱生产线将产品送到 4 台包装机中的某一台上,包装机把每 10 个产品装到 1 个纸箱中,1 个分流机控制着产品流向各个包装机(4 个)。CPU 221 模块用于控制包装机。1 个 CPU 222 模块安装了 TD 200 文本显示器,用来控制分流机。

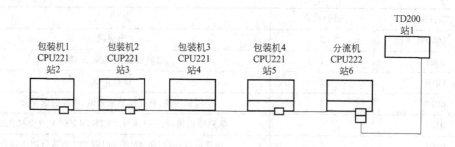

图 8-19　某产品自动装箱生产线控制结构图

（2）操作控制要求　网络站 6 要读写 4 个远程站（站 2、站 3、站 4、站 5）的状态字和计数值。CPU 222 通信端口号为 0。从 VB200 开始设置接收和发送缓冲区。接收缓冲区从 VB200 开始，发送缓冲区从 VB300 开始，具体分区见表 8-5。

表 8-5　接收、发送数据缓冲区划分表

VB200	接收缓冲区（站 2）	VB300	发送缓冲区（站 2）
VB210	接收缓冲区（站 3）	VB310	发送缓冲区（站 3）
VB221	接收缓冲区（站 4）	VB320	发送缓冲区（站 4）
VB230	接收缓冲区（站 5）	VB330	发送缓冲区（站 5）

CPU 222 用 NETR 指令连续地读取每个包装机的控制和状态信息。每当某个包装机装完 100 箱，分流机（CPU 222）会注意到这个事件，并用 NETW 指令发送 1 条信息清除状态字。

下面以站 2 包装机为例，编制其对单个包装机需要读取的控制字节、包装完的箱数和复位包装完的箱数的管理程序。

分流机 CPU 222 与站 2 包装机进行通信的接收/发送缓冲区划分见表 8-6。

表 8-6　站 2 包装机通信用数据缓冲区划分

VB200	状态字	VB300	状态字
VB201	远程站地址	VB301	远程站地址
VB202		VB302	
VB203	指向远程站（&VB100）	VB303	指向远程站（&VB100）的数据区
VB204	的数据区指针	VB304	指针
VB205		VB305	
VB206	数据长度 = 3B	VB306	数据长度 = 2B
VB207	控制字节	VB307	0
VB208	状态（最高有效字节）	VB308	0
VB209	状态（最低有效字节）		

（3）程序清单及注释　网络站 6 通过网络读/写指令管理站 2 的程序及其注释，如图 8-20 所示。

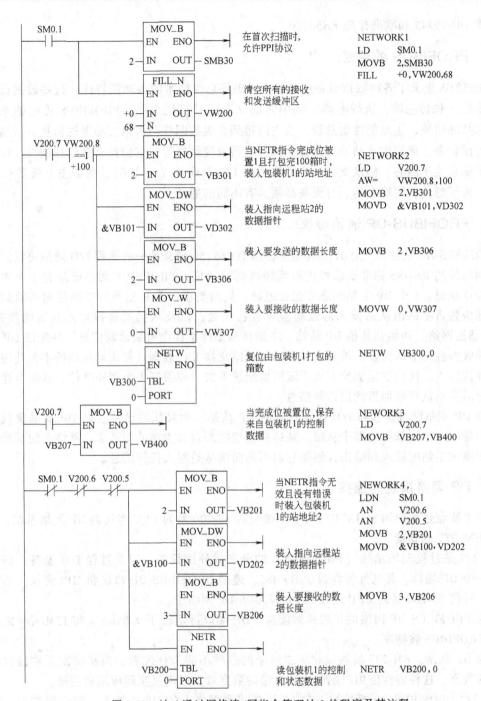

图 8-20　站 6 通过网络读/写指令管理站 2 的程序及其注释

8.5　S7-200 系列 CPU 的 PROFIBUS-DP 通信

　　PROFIBUS 是目前最通用的现场总线之一。它依靠生产厂家开放式的现场总线，使各种自动化设备均可通过同样的接口交换信息，因此得到了广泛的应用。PROFIBUS 已成为德国

243

国家标准 DIN19245 和欧洲标准 EN50170。

8.5.1 PROFIBUS 的组成

PROFIBUS 定义了各种数据设备连接的串行现场总线技术的各功能特性，这些数据设备可以从底层（如传感器、执行电器）到中间层（车间）广泛分布。PROFIBUS 连接的系统由主站和从站组成，主站能控制总线，当主站得到总线控制权时可以主动发送信息。从站为简单的外围设备，典型的从站为传感器、执行电器及变频器等。它们没有总线控制权，仅对接收到的信息给予回答。协议支持 1 个网络上的 127 个地址（0~126），网络段上最多有 32 个主站。为了通信，网络上的所有设备必须具有不同的地址。

8.5.2 PROFIBUS-DP 通信协议

PROFIBUS-DP 是欧洲 EN50170 和国家标准 IEC61158 定义的一种远程 I/O 通信协议。该协议的网络使用 RS-485 标准双绞线进行远距离高速通信。PROFIBUS 网络通常有 1 个主站和几个 I/O 从站。1 个 DP 主站组态应包含地址、从站类型以及从站所需要的任何参数赋值信息，还应告诉主站由从站读入的数据应放置在何处，以及从何处获得写入从站的数据。DP 主站通过网络，初始化其他 DP 从站。主站从从站那里读出有关诊断信息，并验证 DP 从站已经接收参数和 I/O 配置。然后主站开始与从站交换 I/O 数据。每次对从站的事务处理为写输出和读输入。这种数据交换方式无限期地继续下去。如果有 1 个例外事件，从站会通知主站，然后主站从从站那里读出诊断信息。

一旦 DP 主站已将参数和 I/O 配置写入到 DP 从站，而且从站已从主站 DP 那里接收到参数和配置，则主站就拥有那个从站。从站只能接收来自其主站的写请求。网络上的其他主站可以读取该主站的输入和输出，但是它们不能向该从站写入任何信息。

8.5.3 DP 网络系统的连接

本节主要叙述如何用 SIMATIC EM 277 模块将 S7-200 系列 CPU 连接到 DP 网络系统。

1. EM 277 的功能

EM 277 是过程现场总线（PROFIBUS）的分布式外围设备，以及过程 I/O 设备。该设备上有一个 DP 端口，其电气特性属于 RS-485，遵循 PROFIBUS-DP 协议和 MPI 协议。通过该端口，可将 S7-200 系列 CPU 连接到 PROFIBUS-DP 网络上。

作为 PROFIBUS-DP 网络的扩展从站模块，DP 端口可运行于 9.6kbit/s 和 12Mbit/s 之间的任何 PROFIBUS 波特率。

作为 DP 从站，EM 277 模块接收从主站来的多种不同 I/O 配置，向从站发送和接收不同数量的数据。这种特性使用户能修改所传输的数据量，以满足实际应用的需要。

EM 277 PROFIBUS-DP 模块的 DP 端口可连接到网络上的 DP 主站上，但仍能作为 1 个 MPI 从站与同一网络上，如 SIMATIC 编程器或 S7-400 等，其他主站进行通信。图 8-21 是利用 EM 277 PROFIBUS-DP 模块组成的 1 个典型 PROFIBUS 网络。

图 8-21 中 CPU 315-2 是 DP 主站，并且已通过 1 个带有 STEP 7 编程软件的 SIMATIC 编程器进行组态。CPU 224 是 CPU 315-2 所拥有的 1 个 DP 从站，ET200B I/O 模块也是 CPU 315-2 的从站。S7-400 CPU 连接到 PROFIBUS 网络，并且借助于 S7-400 CPU 用户程序中的 XGET 指令，可以从 CPU 224 读取数据。

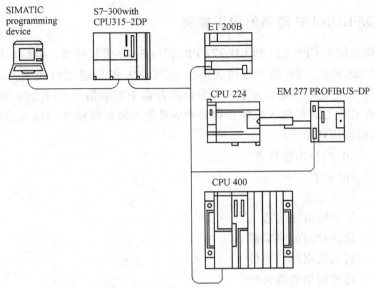

图8-21　EM277 PROFIBUS-DP 模块和 CPU 224 组成的 PROFIBUS 网络

2. 相关的特殊功能寄存器

SMB 200 至 SMB 299 提供有关从站模块的状态信息。若 DP 端是 I/O 链中的第 1 个智能模块，EM 277 的状态从 SMB 200 至 SMB 249 获得。如果 DP 尚未建立与主站的通信，那么这些 SM 存储单元显示缺省值。当主站已将参数和 I/O 组态写入到模块后，这些 SM 存储单元显示 DP 主站的组态集。有关 SMB 200 至 SMB 299 专用存储器单元的详细内容见表8-7。

表 8-7　SMB 200 至 SMB 299 的专用存储器字节

DP 是第 1 个智能模块	DP 是第 2 个智能模块	说　明
SMB 200 至 SMB 215	SMB 200 至 SMB 215	模块名（16 ASCII）"EM 277 PROFIBUS-DP"
SMB 216 至 SMB 219	SMB 266 至 SMB 269	S/W 版本号（4 ASCII 字符）
SMW 220	SMW 270	错误代码
		$(0000)_{16}$　　　　　　　无错误
		$(0001)_{16}$　　　　　　　无用户电源
		$(0002)_{16}$ 至 $(FFFF)_{16}$　　保留
SMW 222	SMW 272	DP 模块的从站地址，由地址开关（0~99 十进制）设定
SMW 223	SMW 273	保留
SMW 224	SMW 274	DP 标准协议状态字节 MSB　　　　　　　LSB 0 0 0 0 0 0 S1 S0 S1S0 DP 标准状态字节描述 0 0 上电后，DP 通信未初始化 0 1 组态、参数化错误 1 0 处于数据交换状态 1 1 退出数据交换状态
SMW 225	SMW 275	DP 标准协议——从站的主站地址（0~125）
SMW 226	SMW 276	DP 标准协议——输出缓冲区的 V 存储器地址，作为从 VB0 开始的输出缓冲区的偏移量
SMW 228	SMW 278	DP 标准协议——输出数据的字节数
SMW 229	SMW 279	DP 标准协议——输入数据的字节数
SMW 230 至 SMB 249	SMW 280 至 SMB 299	保留——电源接通时清除

8.5.4 PROFIBUS-DP 通信的应用实例

某通信网络结构由 CPU 224 和 EM 277 PROFIBUS-DP 模块构成，通信程序中 DP 缓冲区的地址由 SMW 226 确定。DP 缓冲区的大小由 SMW 228 和 SMW 229 确定。程序驻留在 DP 从站的 CPU 里。使用这些信息以复制 DP 输出缓冲器中的数据到 CPU 224 的过程映像寄存器中。同时，在 CPU 224 的输入映像寄存器中的数据可被复制到 V 的输入缓冲区。

DP 从站的组态信息如下：

SMW220	DP 模块出错状态
SMB224	DP 状态
SMB225	主站地址
SMW226	V 中输出的偏移
SMB228	输出数据的字节数
SMB229	输入数据的字节数
VD1000	输出数据的指针
VD1004	输入数据的指针

DP 从站实现数据通信实例程序如图 8-22 所示。

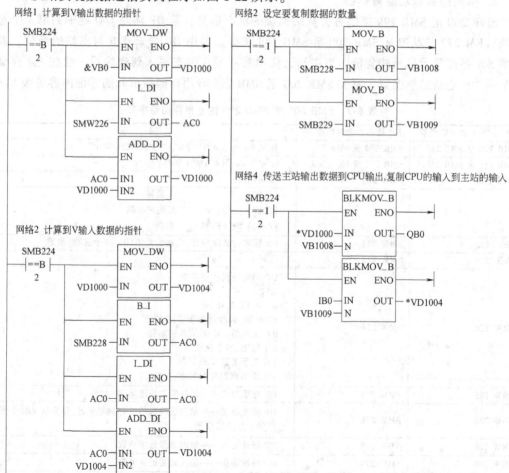

图 8-22　DP 从站实现数据通信实例程序

习　题

8-1　在设计 PLC 应用系统时，应遵循的基本原则是什么？

8-2　PLC 的选择主要包括哪几方面？

8-3　PLC 输入/输出有哪几种接线方式？为什么？

8-4　开关量交流输入单元与直流输入单元各有什么特点？它们分别适用于什么场合？

8-5　若 PLC 的输入端或输出端接有感性元件，应采取什么措施来保证 PLC 的可靠运行？

8-6　数据通信方式有几种？它们分别有哪些特点？

8-7　PLC 采用什么方式通信？其通信特点是什么？

8-8　带 RS-232 接口的计算机怎样与带 RS-485 接口的 PLC 连接？

第9章

PLC在逻辑控制系统中的应用实例

PLC因其可靠性高和应用简便的优点，在国内外得到迅速普及和应用。复杂设备的电气控制柜正在被PLC所占领，PLC从替代继电器的局部范围进入到过程控制、位置控制及通信网络等领域。

本章结合典型的实例来介绍PLC在逻辑控制系统中的应用。

9.1 PLC在工业自动生产线中的应用

9.1.1 PLC在输送机分检大小球控制装置中的应用

1. 控制要求

图9-1所示为分检大、小球的自动装置的示意图，其工作过程如下。

1）当输送机处于起始位置时，上限位开关SQ3和左限位开关SQ1被压下，极限开关SQ断开。

2）启动装置后，操作杆下行，一直到SQ闭合。此时，若碰到的是大球，则SQ2仍为断开状态，若碰到的是小球则SQ2为闭合状态。

3）接通控制吸盘的电磁阀线圈Q0.1。

4）假设吸盘吸起的是小球，则操作杆向上行，碰到SQ3后，操作杆向右行；碰到右限位开关SQ4（小球的右限位开关）后，再向下行，碰到SQ2后，将小球释放到小球箱里，然后返回到原位。

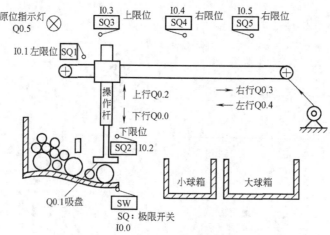

图9-1 大、小球自动分检装置示意图

5) 如果启动装置后, 操作杆下行一直到 SQ 闭合后, SQ2 仍为断开状态, 则吸盘吸起的是大球, 操作杆右行碰到右限位开关 SQ5 (大球的右限位开关) 后, 将大球释放到大球箱里, 然后返回到原位。

2. I/O 地址分配

I/O 地址分配图如图 9-2 所示, 采用 S7-200 系列 PLC 实现控制。

3. 设计顺序功能图

自动分检顺序控制功能图如图 9-3 所示。分检装置自动控制过程如下: 图中 SM0.1 产生初始脉冲, 使顺序继电器 S0.1~S1.3 均复位, 再将初始顺序继电器 S0.0 置位; 此时操作杆在最上端 I0.3 接通, 最左端 I0.1 接通, 并且吸盘控制线圈 Q0.1 断开; 状态由 S0.0 转移到 S0.1, Q0.0 通电使操作杆向下移动, 直至极限开关 SQ (I0.0) 闭合, 进入选择序列的两个分支电路。

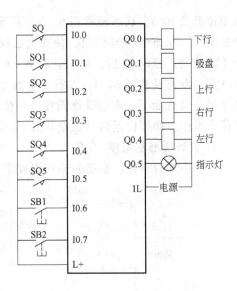

图 9-2　I/O 地址分配图

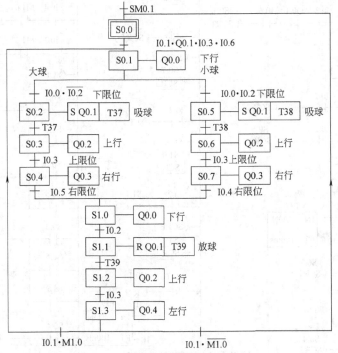

图 9-3　自动分检控制顺序功能图

此时如果吸盘吸起的是大球, 则 I0.2 的常开触点仍为断开状态, 而常闭触点闭合, 状态由 S0.1 转移到 S0.2; 若吸盘吸起的是小球, 则 I0.2 的常开触点闭合, 状态由 S0.1 转移到 S0.5。

当状态转移到 S0.2 后, 吸盘电磁阀 Q0.1 被置位, Q0.1 通电吸起大球, 同时定时器 T37 开始延时; 延时 1s 后, 状态转移到 S0.3, 使上行继电器 Q0.2 通电, 操作杆上行, 直到压下上限位开关 I0.3, 状态转移到 S0.4; 右行继电器 Q0.3 通电, 使操作杆右行, 直到压下右限位开关 I0.5，状态转移到 S1.0；下行继电器 Q0.0 通电，操作杆下行，直到压下下限位开关 I0.2，状态转移到 S1.1，使得电磁阀 Q0.1 复位，将大球释放在大球箱内，其动作时间由 T39 控制；延时 1s 后，状态转移到 S1.2，使得电磁阀 Q0.2 通电，使操作杆上行，压下 I0.3 后，状态转移到 S1.3；左行继电器 Q0.4 通电，操作杆左行，左行到位压下左限位开关 I0.1 后，又开始下一次的操作循环。当按下停止按钮 I0.7 时，当前工作周期的工作结束后，才停止操作，操作杆返回到初始状态 S0.0。系统中小球的检出过程和大球的检出过程相同。

4. 设计梯形图程序

大、小球分检控制系统的梯形图程序如图 9-4 所示。

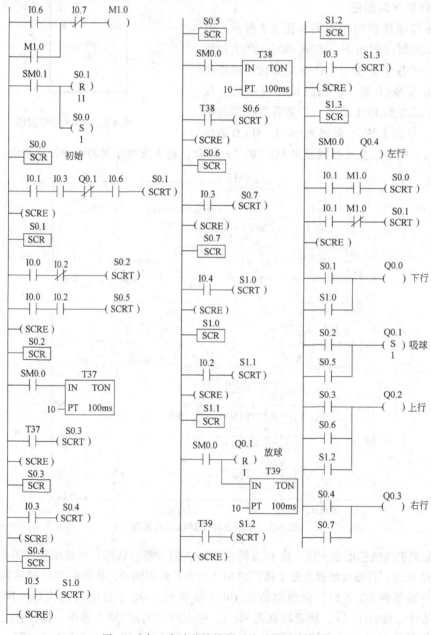

图 9-4 大、小球分检控制系统的梯形图程序

9.1.2　PLC 在电镀生产线控制系统中的应用

1. 控制要求

电镀生产线采用专用行车，行车架装有可升降的吊钩，行车和吊钩各由一台电动机拖动，行车进、退和吊钩升、降由限位开关控制，生产线定为 3 槽位，工作流程如下：

1）原位，表示设备处于初始状态，吊钩在下限位，行车在左限位。

2）自动工作过程为：起动→吊钩上升→上限位开关闭合→右行至 1 号槽→SQ1 闭合→吊钩下降进入 1 号槽内→下限行程开关闭合→电镀延时→吊钩上升……由 3 号槽内吊钩上升，左行至左限位，吊钩下降至下限位（即原位）。

3）当吊钩回到原位后，延时一段时间（装卸工件），自动上升右行，按照工作流程要求不停地循环。当回到原位后，按下停止按钮系统不再循环，电镀生产线示意图如图 9-5 所示。

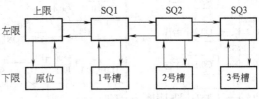

图 9-5　电镀生产线示意图

2. I/O 地址分配表

I/O 地址分配表见表 9-1。

表 9-1　I/O 地址分配表

输入地址		输出地址	
上限位开关	I0.0	上升	Q0.0
下限位开关	I0.1	下降	Q0.1
左限位	I0.2	右行	Q0.2
1 号槽位限位开关 SQ1	I0.3	左行	Q0.3
2 号槽位限位开关 SQ2	I0.4	原位	Q0.4
3 号槽位限位开关 SQ3	I0.5		
起动按钮	I1.0		
停止按钮	I1.1		

3. 设计顺序功能图

根据控制要求设计出的电镀生产线顺序功能图如图 9-6 所示。

4. 设计梯形图程序

根据顺序功能图设计出的梯形图程序如图 9-7 所示。

5. 原理分析

行车和吊钩位于原点时 Q0.4 指示灯亮，下限位开关 I0.1 和左限位开关 I0.2 为 ON。此时按下起动按钮 I1.0，Q0.0 为 ON，吊钩上升。上升到位压下上限位开关 I0.0，行车右行（Q0.2 为 ON）。右行至 1 号槽位限位开关 I0.3 闭合，吊钩开始下降至 1 号槽内，I0.1 为 ON，由 T37 实现电镀延时 30s。当延时时间到，吊钩上升。上升到位压下 I0.0，行车右行（Q0.2 为 ON）。右行至 2 号槽位限位开关 I0.4 闭合，吊钩开始下降至 2 号槽内，I0.1 为 ON，由 T38 实现延时 30s。延时时间到，吊钩上升，上升到位压下 I0.0，行车右行（Q0.2 为 ON）。当右行至 3 号槽位限位开关 I0.5 闭合，吊钩开始下降至 3 号槽内，I0.1 为 ON，由

T39 实现延时 30s。延时时间到，吊钩上升（Q0.0 为 ON），上升到位压下 I0.0，行车左行（Q0.3 为 ON）。左行到位压下 I0.2，吊钩下降（Q0.1 为 ON）。下降到位 I0.1 为 ON，回到原点，原点指示灯 Q0.4 亮。在原点时由人工卸件。由 T40 的常开触点实现自动循环，按下停止按钮 I1.1 实现停车。

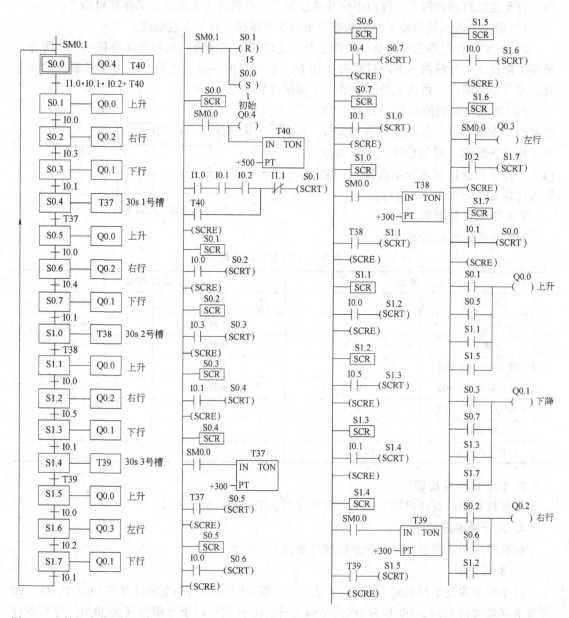

图 9-6 电镀生产线顺序功能图   图 9-7 电镀生产线梯形图程序

9.1.3 PLC 在交通信号灯控制中的应用

1. 控制要求

当按下起动按钮 SB1 时，东西方向红灯亮 30s，南北方向绿灯亮 25s，绿灯闪亮 3s，每秒闪亮 1 次，然后黄灯亮 2s。当南北方向黄灯熄灭后，东西方向绿灯亮 25s，绿灯闪亮 3 次，每秒闪亮 1 次，然后黄灯亮 2s，南北方向红灯亮 30s，就这样周而复始地不断循环。当按下停止按钮 I0.1 时，系统并不能马上停止，要完成 1 个工作周期后方可停止工作。

2. I/O 地址分配表

I/O 地址分配表见表 9-2。

表 9-2　I/O 地址分配表

输 入 地 址		输 出 地 址	
I0.0	起动按钮	Q0.0	东西红灯
I0.1	停止按钮	Q0.1	东西绿灯
		Q0.2	东西黄灯
		Q0.3	南北红灯
		Q0.4	南北绿灯
		Q0.5	南北黄灯

3. 设计顺序功能图

根据控制要求设计的顺序功能图如图 9-8 所示。

4. 设计梯形图程序

根据顺序功能图使用以转换为中心的编程方法设计出的梯形图如图 9-9 所示。

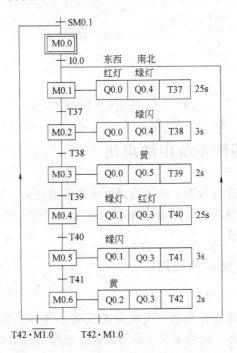

图 9-8　交通灯顺序功能图

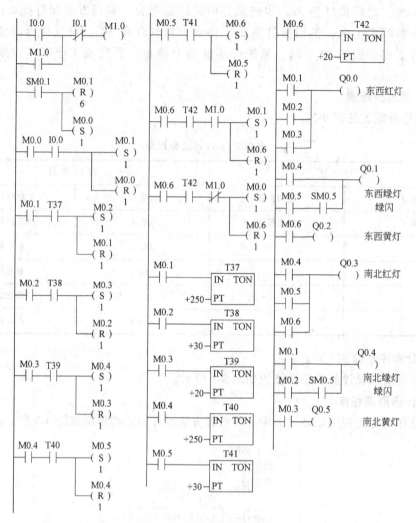

图 9-9　交通灯梯形图程序

9.2　PLC 在灯光装饰系统中的应用

我们利用彩灯对铁塔进行装饰，从而达到烘托铁塔的效果。针对不同的场合对彩灯的运行方式也有不同的要求，当要求彩灯有多种不同运行方式时，采用 PLC 中的一些特殊指令来进行控制就显得尤为方便。

9.2.1　PLC 在铁塔之光中的应用

1. 控制要求

PLC 运行后，灯光自动开始显示，有时每次只亮一盏灯，顺序从上向下，或是从下向上；有时从下向上全部点亮，然后又从上向下熄灭。运行方式多样，读者可自行设计。

本例为灯光与对应的七段译码管一一对应自动显示，每次只亮一盏灯，顺序从上向下依次点亮，自动循环，当按下停止按钮时，所有指示灯熄灭。

铁塔之光的结构示意图如图 9-10 所示。

2. I/O 地址分配表

I/O 地址分配表见表 9-3。

表 9-3　I/O 地址分配表

输 入 地 址		输 出 地 址			
起动按钮 SB1	I0.0	彩灯 L1	Q0.7	七段译码管 D0	Q0.0
停止按钮 SB2	I0.1	彩灯 L2	Q1.0	七段译码管 D1	Q0.1
		彩灯 L3	Q1.1	七段译码管 D2	Q0.2
		彩灯 L4	Q1.2	七段译码管 D3	Q0.3
		彩灯 L5	Q1.3	七段译码管 D4	Q0.4
		彩灯 L6	Q1.4	七段译码管 D5	Q0.5
		彩灯 L7	Q1.5	七段译码管 D6	Q0.6
		彩灯 L8	Q1.6		
		彩灯 L9	Q1.7		

3. 设计顺序功能图

根据控制要求设计的铁塔之光顺序功能图如图 9-11 所示。此图是采用 7 段译码指令设计的顺序功能图，比通用的方法简单易懂。

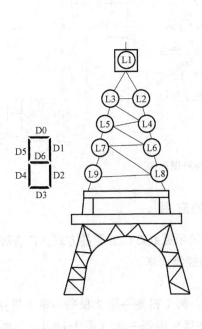

图 9-10　铁塔之光的结构示意图

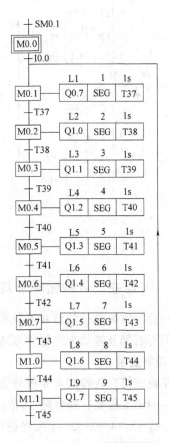

图 9-11　铁塔之光顺序功能图

4. 设计梯形图程序

根据铁塔之光的顺序功能图设计的梯形图如图9-12所示。

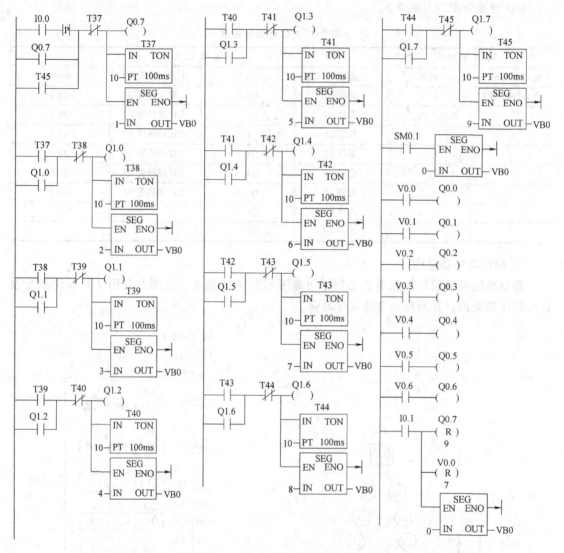

图9-12 铁塔之光的梯形图程序

9.2.2 PLC在广告牌循环彩灯控制系统中的应用

各行业为宣传自己的行业形象和新产品等，常采用霓虹灯广告屏的方式。广告屏灯管的亮灭、闪烁时间及流动方向等均可通过PLC来达到控制要求。

1. 控制要求

设某霓虹灯广告牌共有8根灯管，亮的顺序为：第1根亮→第2根亮→第3根亮→第4根亮→…→第8根亮，即每隔1s依次点亮，全部亮后，闪烁一次（亮1s灭1s），再反过来按8→7→6→5→4→3→2→1反序熄灭，时间间隔仍为1s，全部灭后，停1s再从第1根灯管点亮，如此循环。

2. I/O 地址分配表

I/O 地址分配表见表 9-4。

表 9-4 I/O 地址分配表

输 入 地 址		输 出 地 址	
起动按钮	I0.0	8 根霓虹灯管 KA1~KA8	Q0.0~Q0.7
停止按钮	I0.1		

3. 设计梯形图程序

根据彩灯的控制要求，采用传送指令及移位寄存器指令设计的梯形图如图 9-13 所示。

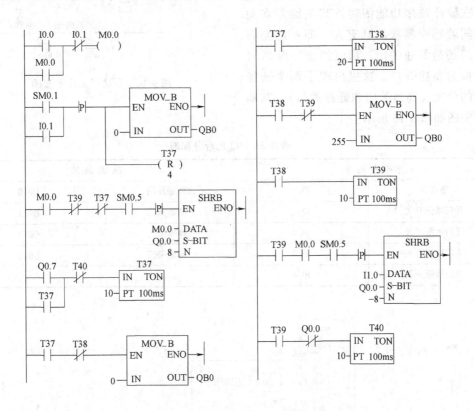

图 9-13 广告牌循环彩灯控制梯形图

9.3 PLC 在自动门控制中的应用

1. 控制要求

图 9-14 所示为某自动门工作示意图。

1）开门控制，当有人靠近自动门时，感应器检测到信号，执行高速开门动作；当门开到一定位置，开门减速开关 I0.1 动作，变为低速开门；当碰到开门极限开关 I0.2 时，门全部开展。

2）门开展后，定时器 T37 开始延时，若在 3s 内感应器检测到无人，即转为关门动作。

3）关门控制，先高速关门，当门关到一定位置碰到减速开关 I0.3 时，改为低速关门，碰到关门极限开关 I0.4 时停止。

在关门期间若感应器检测到有人（I0.0 为 ON），停止关门，T38 延时 1s 后自动转换为高速开门。

2. I/O 地址分配表

I/O 地址分配表见表 9-5。

3. 设计顺序功能图

在设计顺序功能图时，其关键是在关门期间若感应器检测到有人，即不论是高速关门还是低速关门，都应停止，1s 后自动转换为高速开门。这里出现了两个选择序列的分支（高速关门和低速关门），其顺序功能图如图 9-15 所示。

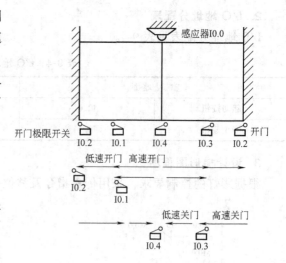

图 9-14　自动门工作示意图

表 9-5　I/O 地址分配表

输入地址		输出地址	
感应器	I0.0	高速开门	Q0.0
开门减速开关	I0.1	低速开门	Q0.1
开门极限开关	I0.2	高速关门	Q0.2
关门减速开关	I0.3	低速关门	Q0.3
关门极限开关	I0.4		

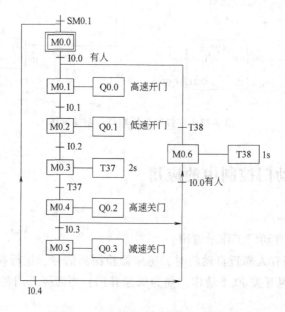

图 9-15　自动门控制系统顺序功能图

4．设计梯形图程序

根据顺序功能图使用起保停电路的编程方法设计的自动门控制系统梯形图程序如图9-16所示。

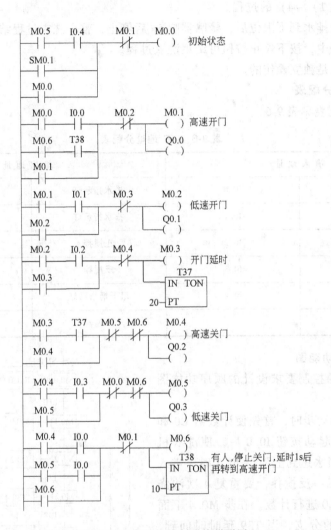

图9-16 自动门控制系统梯形图

9.4 PLC在全自动洗衣机中的应用

全自动洗衣机的控制方式可分为手动控制洗衣、自动控制洗衣和预定时间洗衣等。下面只介绍全自动洗衣过程。

1．控制要求

1）洗衣机接通电源后，按下起动按钮，首先进水阀打开，进水指示灯亮。

2）当水位达到上限位时，进水指令灯灭，搅轮正转进行正向洗涤40s；时间到停2s后，再进行反向洗涤40s，正反向洗涤需重复4次。

3）等待洗涤重复 4 次后，再等待 2s，开始排水，排水指示灯亮。后甩干桶甩干，指示灯亮。

4）当水位到下限位后，排水完成，指示灯灭。又开始进水，进水指示灯亮。

5）重复 4 次 1）~4）的过程。

6）当第 4 次排水到下限位后，蜂鸣器响 5s 后停止，整个洗衣过程结束。

7）操作过程中，按下停止按钮可结束洗衣过程。

8）手动排水是独立操作的。

2. I/O 地址分配表

I/O 地址分配表见表 9-6。

表 9-6　I/O 地址分配表

输入地址		输出地址	
起动按钮	I0.0	进水指示灯	Q0.0
停止按钮	I0.1	排水指示灯	Q0.1
上限位开关	I0.2	正搅拌	Q0.2
下限位开关	I0.3	反搅拌	Q0.3
手动排水开关	I0.4	甩干桶指示灯	Q0.4
		蜂鸣器	Q0.5

3. 设计顺序功能图

根据洗衣机的控制要求设计的顺序功能图如图 9-17 所示。

当 M0.0 为活动步时，首先使计数器 C0 和 C1 复位。当按下起动按钮 I0.0 后，使洗衣机进入进水阶段，当水达到上限位 I0.2 时，进入正搅拌 40s→停 2s→反搅拌，要重复 4 次洗涤过程，所以采用 C0 进行计数。在步 M0.4 下面出现了选择序列的分支，当 T39 延时时间到，其常开触点闭合，此时向哪条路线转换，就取决于 C0 的常开触点与常闭触点的动作情况，若计数器的当前值小于设定值，C0 常闭触点接通，使步 M0.2 为活动步继续正搅拌；若 C0 的当前值等于设定值，其 C0 的常开触点闭合，每一次洗涤完毕，使步 M0.5 为活动步。在步 M0.6 下面也出现了选择分支，分析方法与上相似，C1 的作用与 C0 相同。

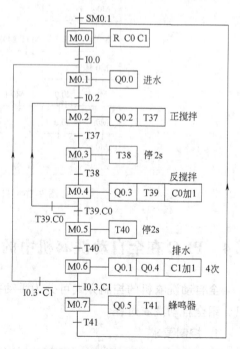

图 9-17　全自动洗衣机顺序功能图

4. 设计梯形图程序

根据顺序功能图设计的梯形图程序如图 9-18 所示。

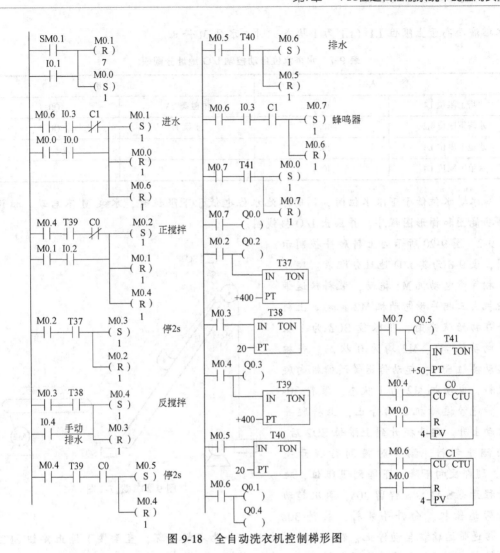

图9-18 全自动洗衣机控制梯形图

习 题

9-1 图9-19所示为水塔水位自动控制示意图，表9-7所示为水塔水位自动控制I/O地址分配表。当水池液面低于下限位L4（L4为1状态）时，电磁阀YV打开进行注水，水位高于下限位L4（L4为0状态）。当水池液面高于上限位L3（L3为1状态）时，电磁阀YV关闭。

当水塔水位低于下限位L2（L2为1状态）时，水泵M工作，向水塔供水（L2为0状态），表示水位高于下限位。

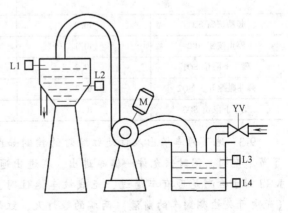

图9-19 题9-1图

当水塔液面高于上限位 L1（L1 为 1 状态）时，水泵 M 停止。

表 9-7　水塔水位自动控制 I/O 地址分配表

输　　入		输　　出	
水塔上限位 L1	I0.1	电磁阀 YV	Q0.1
水塔下限位 L2	I0.2	水泵 M	Q0.2
水池上限位 L3	I0.3		
水池下限位 L4	I0.4		

　　当水塔水位低于下限水位时，同时水池水位也低于下限位时，水泵 M 不启动。试设计顺序功能图和梯形图程序，并画出 I/O 接线图。

　　9-2　图 9-20 所示为上料爬斗控制示意图，表 9-8 为其 I/O 地址分配表。爬斗由三相异步电动机 M1 拖动，装料传送带运输机由三相异步电动机 M2 拖动。上料爬斗在初始状态时，下限位 SQ3 为 1 状态，电动机 M1、M2 均为 0 状态。当按下起动按钮 SB1，起动传送带运输机向爬斗装料，电动机 M2 为 1 状态。装料 30s 后，传送带运输机自动停止，上料爬斗则自动上升。爬斗提升到上限位 SQ2 后，自动翻斗卸料，翻斗时撞到行程开关 SQ1，随即反向下降，下降到下限位，碰撞行程开关 SQ3 后，停留 30s，再次起动传送带运输机，向料斗装料，装料 30s

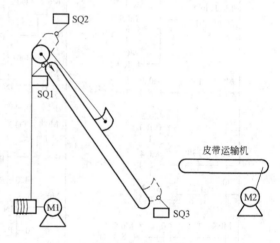

图 9-20　题 7-2 图

后，传送带运输机自动停止，料斗则自动上升。如此不断循环，直至按下停止按钮 SB2 时工作结束。试设计顺序功能图和梯形图程序，并画出 I/O 接线图。

表 9-8　上料爬斗控制 I/O 地址分配表

输　　入		输　　出	
起动按钮 SB1	I0.0	爬斗电动机 M1	Q0.1
停止按钮 SB2	I0.1	皮带运输机电动机 M2	Q0.2
爬斗上限位 SQ1	I0.2		
翻斗碰撞开关 SQ2	I0.3		
爬斗下限位 SQ3	I0.4		

　　9-3　地下停车场出入口处红绿灯的控制如图 9-21 所示，其 I/O 地址分配见表 9-9。为了节省空间，同时只允许一辆车进出，在进出通道的两端设置有红绿灯，光电开关 KG1 和 KG2 用于检测是否有车通过，光线被车遮住时，KG1 或 KG2 为 1 状态。有车进入通道时（光电开关检测到车的前沿）两端的绿灯灭，红灯亮，以警示两方后来的车辆不可再进入通道。车开出通道时，光电开关检测到车的后沿，两端的红灯灭，绿灯亮，别的车辆可以进入

通道。试设计顺序功能图和梯形图程序，并画出 I/O 接线图。

输	入	输	出
光电开关 KG1	I0.0	红灯	Q0.0
光电开关 KG2	I0.1	绿灯	Q0.1

9-4　多种液体自动混合装置如图 9-22 所示，其 I/O 地址分配见表 9-10。液体传感器 L1、L2、L3 被液体淹没时为 1 状态，YV1、YV2、YV3 和 YV4 均为电磁阀，线圈通电时打开，线圈断电时关闭。在初始状态时，容器是空的，各阀门均为关闭状态，各液体传感器均为 0 状态。当按下起动按钮后，打开电磁阀 YV1 和电磁阀 YV2，注入液体 A 与 B，当液面高度为 L2 时（此时 L2 和 L3 均为 1 状态），停止注入，关闭电磁阀 YV1 和电磁阀 YV2，打开电磁阀 YV3，液体 C 注入容器。当液面高度为 L1 时（L1 为 1 状态），停止注入，关闭电磁阀 YV3，电动机 M 开始运行，搅拌液体，60s 后停止搅拌，打开电磁阀 YV4，放出混合液，当液面高度降至 L3 后（L3 为 0 状态），再过 5s，容器放空，关闭电磁阀 YV4，打开电磁阀 YV1 和电磁阀 YV2，又开始下一周期的操作。当按下停止按钮时，当前工作周期结束后，才停止工作，返回并停留在初始状态。试设计顺序功能图和梯形图程序，并画出 I/O 接线图。

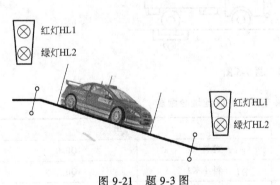

图 9-21　题 9-3 图

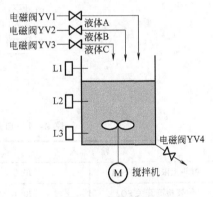

图 9-22　题 9-4 图

输	入	输	出
起动按钮	I0.0	电磁阀 YV1	Q0.0
停止按钮	I0.1	电磁阀 YV2	Q0.1
上限位传感器 L1	I0.2	电磁阀 YV3	Q0.2
中限位传感器 L2	I0.3	电磁阀 YV4	Q0.3
下限位传感器 L3	I0.4	搅拌机 M	Q0.4

9-5　图 9-23 所示为自动送料装车系统示意图，其 I/O 地址分配见表 9-11。自动送料装车系统控制要求如下：初始状态，红灯 HL2 灭，绿灯 HL1 亮，表示允许汽车进来装料。料斗 K2，电动机 M1、M2、M3 均为 0 状态。当汽车到来时，开关 SQ2 接通，红灯 HL2 亮，绿

灯 HL1 灭，M3 运行，电动机 M2 在 M3 接通 5s 后运行，电动机 M1 在 M2 起动 5s 后运行，延时 5s 后，料斗 K2 打开出料。当汽车装满后，开关 SQ2 断开，料斗 K2 关闭，电动机 M1 延时 5s 后停止，M2 在 M1 停止 5s 后停止，M3 在 M2 停止 5s 后停止。指示灯 HL1 亮，HL2 灭，表示汽车可以开走。SQ1 是料斗上限位检测开关，其触点闭合时表示料满，K2 可以打开。SQ1 断开时，表示料斗内未满，K1 打开，K2 不打开。试设计顺序功能图和梯形图程序，并画出 I/O 接线图。

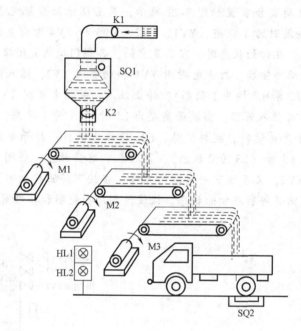

图 9-23　题 9-5 图

表 9-11　自动送料装车系统 I/O 地址分配表

输　入		输　出	
料斗上限位开关 SQ1	I0.0	送料 K1	Q0.0
位置检测开关 SQ2	I0.1	料斗 K2	Q0.1
		电动机 M1	Q0.2
		电动机 M2	Q0.3
		电动机 M3	Q0.4
		绿灯 HL1	Q0.5
		红灯 HL2	Q0.6

9-6　图 9-24 是用双面钻孔的组合机床在工件相对的两面钻孔，机床由动力滑台提供进给运动，刀具电动机固定在动力滑台上。双面钻孔的组合机床 I/O 地址分配表见表 9-12，工件装入夹具后，按下起动按钮 SB1，工件被夹紧，限位开关 SQ1 为 1 状态。此时两侧在左、右动力滑台同时进行快速进给、工作进给和快速退回的加工循环，同时刀具电动机也起动工作。两侧的加工均完成后，系统将工件松开，松开到位，系统返回原位，一次加工的工作循环结束。试设计顺序控制功能图和梯形图程序，并画出 I/O 接线图。

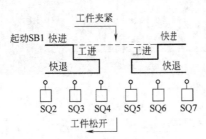

图 9-24 题 9-6 图

表 9-12 双面钻孔的组合机床 I/O 地址分配表

输 入		输 出	
起动按钮 SB1	I0.0	工件夹紧电磁阀 YV	Q0.0
停止按钮 SB2	I0.1	工件放松电磁阀 YV1	Q0.1
工件夹紧到位开关 SQ1	I0.2	左快进电磁阀 YV2、YV3	Q0.2、Q0.3
工件放松到位开关 SQ2	I0.3	左工进电磁阀 YV3	Q0.3
左快进到位开关 SQ3	I0.4	左快退电磁阀 YV4	Q0.4
左工进到位开关 SQ4	I0.5	右快进电磁阀 YV5、YV6	Q0.5、Q0.6
左快退到位开关 SQ5	I0.6	右工进电磁阀 YV6	Q0.6
右快进到位开关 SQ6	I0.7	右快退电磁阀 YV7	Q0.7
右工进到位开关 SQ7	I1.0		
右快退到位开关 SQ8	I1.1		

附　录

附录 A　低压电器产品型号编制方法

一、全型号组成形式

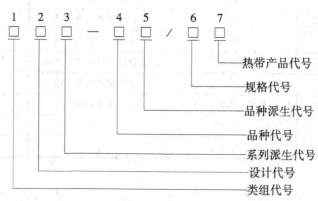

1. 类组代号　用两位或三位汉语拼音字母表示，第一位为类别代号，第二、三位为组别代号，代表产品名称，由型号颁发单位按表 A-1 确定。

2. 设计代号　用阿拉伯数字表示，位数不限，其中设计编号为两位及两位以上时，首位数"9"表示船用；"8"表示防爆用；"7"表示纺织用；"6"表示农业用；"5"表示化工用。由型号颁发单位按□□□□统一编制。

3. 系列派生代号　用一位或两位汉语拼音字母，表示全系列产品变化的特征，由型号颁发单位根据表 A-2 统一确定。

4. 品种代号　用阿拉伯数字表示，位数不限，根据各产品的主要参数确定，一般用电流、电压或容量参数表示。

5. 品种派生代号　用一位或两位汉语拼音字母，表示系列内个别品种的变化特征，由型号颁发单位根据表 A-2 统一确定。

6. 规格代号　用阿拉伯数字表示，位数不限，表示除品种以外的需进一步说明的产品特征，如极数、脱扣方式、用途等。

7. 热带产品代号　表示产品的环境适应性特征，由型号颁发单位根据表 A-2 确定。

二、型号含义及组成

1. 产品型号代表一种类型的系列产品，但亦可包括该系列产品的若干派生系列。类组代号与设计代号的组合（含系列派生代号）表示产品的类别，类组代号的汉语拼音字母方案见表 A-1。如需要三位的类组代号，在编制具体型号时，其第三位字母以不重复为原则，可临时拟定。

2. 产品全型号代表产品的系列、品种和规格，但亦可包括该产品的若干派生品种，即在产品型号之后附加品种代号、规格代号以及表示变化特征的其他数字或字母。

三、汉语拼音应根据下列原则之一选用

1. 优先采用所代表对象名称的汉语拼音第一个音节字母。
2. 其次采用所代表对象名称的汉语拼音非第一个音节字母。
3. 如确有困难时，可选用与发音不相关的字母。

表 A-1 低压电器产品型号类组代号表

代号 名称	H 刀开关和 转换开关	R 熔断器	D 断路器	K 控制器	C 接触器	Q 起动器	J 控制继电器	L 主令电器	Z 电阻器	B 变阻器	T 调整器	M 电磁铁	A 其他
A					按钮式			按钮					
B								板式元件					触电保护器
C		插入式			磁力	电磁式			冲片元件	旋臂式			插销
D	刀开关						漏电		带型元件		电压		信号灯
E												阀用	
G				鼓型	高压				管型元件				
H	封闭式 负荷开关	汇流排式											接线盒
J					交流	减压		接近开关	锯齿型元件				交流接触器节电器
K	开启式 负荷开关				真空			主令控制器					
L		螺旋式	照明				电流			励磁			电铃
M		封闭管式	灭磁		灭磁								
N													
P				平面	中频		频率			频敏			
Q									起动			牵引	
R	熔断器式 刀开关						热		非线性 电力电阻				
S	转换开关	快速	快速		时间	手动	时间	主令开关	烧结元件	石墨			
T		有填料 管式		凸轮	通用		通用	脚踏开关	铸铁元件	起动调速			
U					油浸			旋钮		油浸起动			
W			万能式		无触点		温度	万能转 换开关		液体起动			起重
X		限流	限流		星三角			行程开关	电阻器	滑线式			
Y		其他	其他	其他	其他	其他	其他	其他	硅碳电 阻元件	其他			液压
Z	组合开关	自复	装置式		直流	综合	中间						制动

表 A-2　加注通用派生字母对照表

派生字母	代 表 意 义
A、B、C、D…	结构设计稍有改进或变化
C	插入式，抽屉式
D	达标验证攻关
E	电子式
J	交流，防溅式，较高通断能力型，节电型
Z	直流，自动复位，防震，重任务，正向，组合式，中性接线柱式
W	无灭弧装置，无极性，失电压，外销用
N	可逆，逆向
S	有锁住机构，手动复位，防水式，三相，三个电源，双线圈
P	电磁复位，防滴式，单相，两个电源，电压的，电动机操作
K	开启式
H	保护式，带缓冲装置
M	密封式，灭磁，母线式
Q	防尘式，手车式，柜式
L	电流的，摺板式，漏电保护，单独安装式
F	高返回，带分励脱扣，纵缝灭弧结构式，防护盖式
X	限流
G	高电感，高通断能力型
TH	湿热带型
TA	干热带型

附录 B　电气简图用图形及文字符号一览表

名　称	GB 4728—2005、2008 图形符号	GB 7159—1987 文字符号	名　称	GB 4728—2005、2008 图形符号	GB 7159—1987 文字符号
直流电	= = =		插座		X
交流电	∿		插头		X
交直流电	≋		滑动（滚动）连接器		E
正、负极	+ ―		电阻器一般符号		R
三角形联结的三相绕组	△		可变（可调）电阻器		R
星形联结的三相绕组	Y		滑动触点电位器		RP
导线			电容器一般符号		C
三根导线			极性电容器		C
导线连接	●		电感器、线圈、绕组、扼流圈		L
端子	○		带铁心的电感器		L
可拆卸的端子	∅				
端子板	1 2 3 4 5 6 7 8	X			
接地		E	电抗器		L

（续）

名　　称	GB 4728—2005、2008 图形符号	GB 7159—1987 文字符号	名　　称	GB 4728—2005、2008 图形符号	GB 7159—1987 文字符号
可调压的单相自耦变压器		T	普通刀开关		Q
有铁心的双绕组变压器		T	普通三相刀开关		Q
三相自耦变压器星形联结		T	按钮开关常开触点（起动按钮）		SB
电流互感器		TA	按钮开关常闭触点（停止按钮）		SB
电机扩大机		AR	位置开关常开触点		ST
串励直流电动机		M	位置开关常闭触点		ST
并励直流电动机		M	熔断器		FU
他励直流电动机		M	接触器常开主触点		KM
			接触器常开辅助触点		KM
三相笼型异步电动机		M3~	接触器常闭主触点		KM
			接触器常闭辅助触点		KM
三相绕线转子异步电动机		M3~	继电器常开触点		KA
			继电器常闭触点		KA
永磁式直流测速发电机		BR	热继电器常闭触点		FR

（续）

名　　称	GB 4728—2005、2008 图形符号	GB 7159—1987 文字符号	名　　称	GB 4728—2005、2008 图形符号	GB 7159—1987 文字符号
延时闭合的动合触点		KT	电磁阀		YV
延时断开的动合触点		KT	电磁制动器		YB
延时闭合的动断触点		KT	电磁铁		YA
延时断开的动断触点		KT	照明灯一般符号		EL
接近开关动合触点		SQ	指示灯、信号灯一般符号		HL
接近开关动断触点		SQ	电铃		HA
气压式液压继电器动合触点		SP	电喇叭		HA
气压式液压继电器动断触点		SP	蜂鸣器		HA
速度继电器动合触点		KS	电警笛、报警器		HA
速度继电器动断触点		KS	普通二极管		VD
操作器件一般符号接触器线圈		KM	普通晶闸管		VTH
缓慢释放继电器的线圈		KT	稳压二极管		VS
缓慢吸合继电器的线圈		KT	PNP 晶体管		VT
热继电器的驱动器件		FR	NPN 晶体管		VT
电磁离合器		YC	单结晶体管		VU
			运算放大器		N

附录 C S7-200 系列可编程序控制器寻址范围及特殊标志存储器

表 C-1 特殊标志存储器 SM

SM 位	描　述
SM0.0	该位始终为 1
SM0.1	该位在首次扫描时为 1，用途之一是调用初始化子程序
SM0.2	若保持数据丢失，则该位在一个扫描周期中为 1。该位可用作错误存储器位，或用来调用特殊启动顺序功能
SM0.3	开机后进入 RUN 方式，该位将 ON 一个扫描周期。该位可用作在启动操作之前给设备提供一个预热时间
SM0.4	该位提供了一个时钟脉冲，30s 为 1，30s 为 0，周期为一分钟。它提供了一个简单易用的延时，或 1min 的时钟脉冲
SM0.5	该位提供了一个时钟脉冲，0.5s 为 1，0.5s 为 0，周期为 1s。它提供了一个简单易用的延时，或 1s 的时钟脉冲
SM0.6	该位为扫描时钟，本次扫描时置 1，下次扫描时置 0。可用作扫描计数器的输入
SM0.7	该位指示 CPU 工作方式开关的位置（0 为 TERM 位置，1 为 RUN 位置）。当开关在 RUN 位置时，用该位可使自由口通信方式有效，那么当切换至 TERM 位置时，同编程设备的正常通信也会有效
SM1.0	当执行某些指令，其结果为 0 时，将该位置 1
SM1.1	当执行某些指令，其结果溢出，或查出非法数值时，将该位置 1
SM1.2	当执行数学运算，其结果为负数时，将该位置 1
SM1.3	试图除以零时，将该位置 1
SM1.4	当执行 ATT（Add to Table）指令时，试图超出表范围时，将该位置 1
SM1.5	当执行 LIFO 或 FIFO 指令时，试图从空表中读数时，将该位置 1
SM1.6	当试图把一个非 BCD 数转换为二进制数时，将该位置 1
SM1.7	当 ASCII 码不能转换为有效的十六进制数时，将该位置 1
SM2.0	在自由端口通信方式下，该字符存储从口 0 或口 1 接收到的每一个字符
SM3.0	口 0 或口 1 的奇偶校验错（0＝无错，1＝有错）
SM3.1~SM3.7	保留
SM4.0	当通信中断队列溢出时，将该位置 1
SM4.1	当输入中断队列溢出时将该位置 1
SM4.2	当定时中断队列溢出时，将该位置 1
SM4.3	在运行时刻，发现编程问题时，将该位置 1
SM4.4	该位指示全局中断允许位，当允许中断时，将该位置 1
SM4.5	当（口 0）发送空闲时，将该位置 1
SM4.6	当（口 1）发送空闲时，将该位置 1
SM4.7	当发生强置时，将该位置 1
SM5.0	当有 I/O 错误时，将该位置 1
SM5.1	当 I/O 总线上连接了过多的数字量 I/O 点时，将该位置 1
SM5.2	当 I/O 总线上连接了过多的模拟量 I/O 点时，将该位置 1

（续）

SM 位	描　述
SM5.3	I/O 总线上连接了过多的智能 I/O 模块时，将该位置 1
SM5.4 ~ SM5.6	保留
SM5.7	当 DP 标准总线出现错误时，将该位置 1

注：其他特殊存储器标志位可参见 S7-200 系统手册。

表 C-2　S7-200 系列 CPU 编程元器件的有效范围

描　述	CPU 221	CPU 222	CPU 224	CPU 226
用户程序大小	2kW	2kW	4kW	4kW
用户数据大小	1kW	1kW	2.5kW	2.5kW
输入映像寄存器	I0.0~I15.7	I0.0~I15.7	I0.0~I15.7	I0.0~I15.7
输出映像寄存器	Q0.0~Q15.7	Q0.0~Q15.7	Q0.0~Q15.7	Q0.0~Q15.7
模拟量输入（只读）	—	AIW0~AIW30	AIW0~AIW62	AIW0~AIW62
模拟量输出（只写）		AQW0~AQW30	AQW0~AQW62	AQW0~AQW62
变量存储器（V）	VB0.0~VB2 047.7	VB0.0~VB2 047.7	VB0.0~VB5 119.7	VB0.0~VB5 119.7
局部存储器（L）	LB0.0~LB63.7	LB0.0~LB63.7	LB0.0~LB63.7	LB0.0~LB63.7
位存储器（M）	M0.0~M31.7	M0.0~M31.7	M0.0~M31.7	M0.0~M31.7
特殊存储器（SM）只读	SM0.0~SM179.7 SM0.0~SM29.7	SM0.0~SM179.7 SM0.0~SM29.7	SM0.0~SM179.7 SM0.0~SM29.7	SM0.0~SM179.7 SM0.0~SM29.7
定时器范围	T0~T255	T0~T255	T0~T255	T0~T255
记忆延迟 1ms	T0, T64	T0, T64	T0, T64	T0, T64
记忆延迟 10ms	T1~T4, T65~T68	T1~T4, T64~T68	T1~T4, T65~T68	T1~T4, T65~T68
记忆延迟 100ms	T5~T31 T69~T95	T5~T31 T69~T95	T5~T31 T69~T95	T5~T31 T69~T95
接通延迟 1ms	T32, T96	T32, T96	T32, T96	T32, T96
接通延迟 10ms	T33~T36 T97~T100	T33~T36 T97~T100	T33~T36 T97~T100	T33~T36 T97~T100
接通延迟 100ms	T37~T63 T101~T255	T37~T63 T101~T255	T37~T63 T101~T255	T37~T63 T101~T255
计数器	C0~C255	C0~C255	C0~C255	C0~C255
高速计数器	HC0,HC3,HC4,HC5	HC0,HC3,HC4,HC5	HC0~HC5	HC0~HC5
顺序控制继电器	S0.0~S31.7	S0.0~S31.7	S0.0~S31.7	S0.0~S31.7
累加寄存器	AC0~AC3	AC0~AC3	AC0~AC3	AC0~AC3
跳转/标号	0~255	0~255	0~255	0~255
调用/子程序	0~63	0~63	0~63	0~63
中断时间	0~127	0~127	0~127	0~127
PID 回路	0~7	0~7	0~7	0~7
通信端口	Prot 0	Prot 0	Prot 0	Prot 0, Prot 1

表 C-3　S7-200 系列 CPU 操作数有效范围

存取方式	CPU 221		CPU 222		CPU 224，CPU 226	
位存取	V	0.0~2047.7	V	0.0~2047.7	V	0.0~5119.7
	I	0.0~15.7	I	0.0~15.7	I	0.0~15.7
	Q	0.0~15.7	Q	0.0~15.7	Q	0.0~15.7
	M	0.0~31.7	M	0.0~31.7	M	0.0~31.7
	SM	0.0~179.7	SM	0.0~179.7	SM	0.0~179.7
	S	0.0~31.7	S	0.0~31.7	S	0.0~31.7
	T	0~255	T	0~255	T	0~255
	C	0~255	C	0~255	C	0~255
	L	0.0~63.7	L	0.0~63.7	L	0.0~63.7
字节存取	VB	0~2047	VB	0~2047	VB	0~5119
	IB	0~15	IB	0~15	IB	0~15
	QB	0~15	QB	0~15	QB	0~15
	MB	0~31	MB	0~31	MB	0~31
	SMB	0~179	SMB	0~179	SMB	0~179
	SB	0~31	SB	0~31	SB	0~31
	LB	0~63	LB	0~63	LB	0~63
	AC	0~3	AC	0~3	AC	0~3
	常数		常数		常数	
字存取	VW	0~2046	VW	0~2046	VW	0~5118
	IW	0~14	IW	0~14	IW	0~14
	QW	0~14	QW	0~14	QW	0~14
	MW	0~30	MW	0~30	MW	0~30
	SMW	0~178	SMW	0~178	SMW	0~178
	SW	0~30	SW	0~30	SW	0~30
	T	0~255	T	0~255	T	0~255
	C	0~255	C	0~255	C	0~255
	LW	0~62	LW	0~62	LW	0~62
	AC	0~3	AC	0~3	AC	0~3
	常数		常数		常数	
双字存取	VD	0~2044	VD	0~2044	VD	0~5116
	ID	0~12	ID	0~12	ID	0~12
	QD	0~12	QD	0~12	QD	0~12
	MD	0~28	MD	0~28	MD	0~28
	SMD	0~176	SMD	0~176	SMD	0~176
	SWD	0~28	SWD	0~28	SWD	0~28
	LD	0~60	LD	0~60	LD	0~60
	AC	0~3	AC	0~3	AC	0~3
	HC	0，3，4，5	HC	0，3，4，5	HC	0~5
	常数		常数		常数	

表 C-4　操作数寻址范围

数据类型	寻址范围
BYTE	IB，QB，MB，SMB，VB，SB，LB，AC，常数，＊VD，＊AC，＊LD
INT/WORD	IW，QW，MW，SW，SMW，T，C，VW，AIW，LW，AC，常数，＊VD，＊AC，＊LD
DINT	ID，QD，MD，SMD，VD，SD，LD，HC，AC，常数，＊VD，＊AC，＊LD
REAL	ID，QD，MD，SMD，VD，SD，LD，AC，常数，＊VD，＊AC，＊LD

注：输出（OUT）操作数寻址范围不含常数项，＊VD 间接寻址。

参 考 文 献

[1]　张万忠，刘明芹. 电器与 PLC 控制技术 [M]. 3 版. 北京：化学工业出版社，2012.

[2]　王永华. 现代电气及 PLC 应用技术 [M]. 4 版. 北京：北京航空航天大学出版社，2016.

[3]　王仁祥. 常用低压电器原理及其控制技术 [M]. 2 版. 北京：机械工业出版社，2008.

[4]　许翏. 工厂电气控制设备 [M]. 3 版. 北京：机械工业出版社，2009.

[5]　许翏. 电机与电气控制技术 [M]. 3 版. 北京：机械工业出版社，2015.

[6]　廖常初. PLC 编程及应用 [M]. 4 版. 北京：机械工业出版社，2014.

[7]　孙平. 可编程序控制器原理及应用 [M]. 2 版. 北京：机械工业出版社，2017.

[8]　高勤. 电器与 PLC 控制技术 [M]. 2 版. 北京：高等教育出版社，2008.

[9]　许翏. 王淑英. 电气控制与 PLC 应用 [M]. 4 版. 北京：机械工业出版社，2009.

[10]　华满香，刘小春. 电气控制与 PLC 应用. [M]. 4 版. 北京：人民邮电出版社，2018.

[11]　张伟林，李海霞. 电气控制与 PLC 综合应用技术 [M]. 2 版. 北京：人民邮电出版社，2015.

[12]　徐国林. PLC 应用技术 [M]. 2 版. 北京：机械工业出版社，2017.

[13]　闫和平. 常用低压电器应用手册 [M]. 北京：机械工业出版社，2006.